演化机器学习

（第2版）

Create initial population

Mutate some randomly

Select elites

Breed new generation

徐 华 著

清华大学出版社
北京

U0659301

内 容 简 介

本书针对基于演化的机器学习的一些关键问题进行深入探索。全书共 20 章,分为 3 篇。

上篇为第 1~6 章,探索了深度改进的分布估计算法,提出了基于共轭先验分布的两层分布估计算法、带有链接学习的量子演化算法和问题规模自适应的基于分解的多目标分布估计算法。中篇为第 7~13 章,针对学习分类器与特征选择方法,重点研究两者的融合策略,将学习分类器的分类模型构建过程与特征选择的特征子集搜索过程统一集成在基于演化的机器学习框架下,同时改善了分类算法的预测性能与运行效率。下篇为第 14~20 章,从提高规则空间的搜索质量出发,立足于分类问题,介绍基于分布估计算法的学习分类器。

本书可作为演化计算、智能优化、大数据及人工智能等专业方向研究生教材,也可供相关领域研究者参考。

图书在版编目 (CIP) 数据

演化机器学习:第 2 版 / 徐华著. -- 北京:清华大学出版社,2025. 2. -- ISBN 978-7-302-68208-0

Ⅰ. TP181

中国国家版本馆 CIP 数据核字第 2025W811B6 号

责任编辑:白立军　战晓雷
封面设计:刘　乾
责任校对:韩天竹
责任印制:丛怀宇

出版发行:清华大学出版社
　　　　网　　　址:https://www.tup.com.cn,https://www.wqxuetang.com
　　　　地　　　址:北京清华大学学研大厦 A 座　　　　邮　　编:100084
　　　　社 总 机:010-83470000　　　　邮　　购:010-62786544
　　　　投稿与读者服务:010-62776969,c-service@tup.tsinghua.edu.cn
　　　　质量反馈:010-62772015,zhiliang@tup.tsinghua.edu.cn
　　　　课件下载:https://www.tup.com.cn,010-83470236
印 装 者:三河市君旺印务有限公司
经　　销:全国新华书店
开　　本:185mm×230mm　　　印　张:19　　　字　数:393 千字
版　　次:2025 年 3 月第 1 版　　　印　次:2025 年 3 月第 1 次印刷
定　　价:69.00 元

产品编号:102355-01

前　言

　　近年来，一种名为学习分类器系统（Learning Classifier System，LCS，以下简称学习分类器）的机器学习新范式吸引了越来越多的研究者的注意。总的来说，学习分类器基于规则归纳的思想，主要致力于解决分类问题。在学习分类器中，处于中心地位的规则学习单元通常是演化计算中的遗传算法，因此在一些文献中又将其称为基于遗传的机器学习。通过将学习性能指标定义为优化目标函数，学习分类器实质上将作为学习问题的分类任务转化为传统的优化问题进行求解，继而基于遗传算法的全局优化能力确保规则知识表示的假设空间中一定强度的随机化搜索，以期在合理的运算时间内收敛到较优性能的问题解，从而更好地平衡了算法性能与计算效率的矛盾。

　　遗传算法是现代启发式算法的典型代表之一。这类算法与最优算法不同，并不以求得最优解为目的，而是在一个可以接受的计算代价下得到问题的一个可行解。分布估计算法是近年来被提出并逐步发展起来的一类演化算法。与遗传算法不同，分布估计算法不再使用交叉、变异等来源于生物学的概念，而是将概率模型及其演化作为算法的核心，不同的概率模型和不同的模型演化策略塑造了不同的分布估计算法。基于先进的分布估计算法与学习分类器融合，从而打造优异的学习分类器，也是机器学习领域发展的重要趋势之一。

　　在实际的学习分类器中，存在以下主要问题：首先，在基础演化优化方法层面，学习分类器所依赖的分布估计算法仍然面临着遗传漂移与多样性保持、全局搜索和局部搜索平衡、变量之间依赖关系的有效学习等问题；其次，在学习分类器的应用层面，在真实场景中采集的原始数据不可避免地包含冗余乃至噪声的属性信息，这些不相关的特征将对学习分类器算法的学习性能与计算效率造成负面影响；最后，在实际应用中的学习性能方面，学习分类器以显式规则表示目标概念，在监督学习或强化学习机制的基础上，利用演化算法对规则空间进行搜索，从而完成学习任务，规则空间的有效搜索是影响学习分类器性能的关键。针对上述问题，本书分为上、中、下三篇，分别对学习分类器中的重要内容加以介绍。上篇为第1~6章，重点介绍典型的组合优化方法——分布估计算法的最新进展，深入探索了深度改进的分布估计算法，提出了基于共轭先验分布的两层分布估计算法、带有链接学习的量子演化算法和问题规模自适应的基于分解的多目标分布估计算法。 中篇为第 7～13 章，重点介绍学习分类器与特征选择方法，重点对两者的整合研究内容加以介绍，将学习分类器的分类模型构建过程与特征选择的特征子集搜索过程统一集成在基于遗传的机器学习框架下，同时改善了分类算法的预测性能与运行效率。 下篇为第 14～20 章，从提高规则空间的搜索质量出发，着眼于分类问题，介绍了基于分布估计算法的学习分类器。 相关成果已经在演化计算领域的权威国际会议 ACM GECCO、IEEE CEC 和知名国际期刊 *Information Sciences*、*Neurocomputing*、*Applied Soft Computing* 等上发表。 为了能够系统地呈现学术界和笔者团队近年来在演化学习与智能优化领域学习分类器方面的研究成果，本书梳理了相关工作内容并进行了完整论述。

第 2 版在第 1 版的基础上扩展了如下基础性的理论内容。 针对在基础演化优化方法层面学习分类器所依赖的分布式估计方法仍然面临着遗传漂移与多样性保持、全局搜索和局部搜索平衡、变量之间的依赖关系的有效学习等问题，探索了深度改进的分布估计算法，提出了基于共轭先验分布的两层分布估计算法（THEDA）、带有链接学习的量子演化算法（QEALL）和问题规模自适应的基于分解的多目标分布估计算法（s-MEDA/D）。

笔者的研究团队将继续梳理和归纳总结相关的最新研究成果，以演化学习与智能优化系列学术专著的形式呈献给读者。 本书既可以作为演化学习、智能优化等专业方向的研究生教材，也可以作为优化调度、演化学习、智能系统等领域的系统与产品研发的理论方法参考书。 本书相关资料（算法、代码、数据集等）可在开源社区下载（下载地址可查阅 THUAIR 官网或联系作者索取）。 由于演化学习领域的学习分类器是一个快速发展的崭新研究领域，限于笔者的学识和知识，书中不足之处在所难免，笔者衷心地希望读者提出宝贵的意见和建议。

本书中介绍的相关研究工作得到国家自然科学基金项目（编号为 61673235、61175110、60875073、60575057）的持续资助。 在本书编写过程中，清华大学计算机科学与技术系智能技术与系统国家重点实验室陈小飞、黄嘉宇等同学做了大量书稿整理工作。 本书内容中也包含了温赟、杨甲东、王勃、袁源等同学在相关研究方向上与笔者持续合作的创新工作成果。 笔者感谢各位团队成员的努力。

徐 华

2024 年 10 月于清华大学

目　录

下篇　分布估计的学习分类器

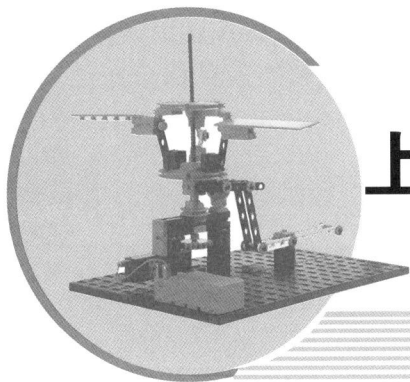

上篇

深度改进的分布
估计算法

作为当前演化计算领域的重要研究分支,分布估计算法常常被用于传统的组合优化问题。近年来,随着演化计算与机器学习的深度融合,为充分利用分布估计算法简单、高效的优势,出现了基于分布估计算法的学习分类器。为了能够清晰地呈现分布估计算法在优化求解中的显著优势以及与学习分类器融合的潜力,本篇从组合优化问题求解的角度论述分布估计算法的基本知识和当前单变量分布估计算法的研究进展与成果,以便为后续篇章介绍基于分布估计算法的学习分类器打好基础。

分布估计算法是一类新型的演化算法。分布估计算法通过建立概率模型并对其采样来引导算法的搜索。模型类型和模型的更新是分布估计算法的核心。单变量分布估计算法具有简单、高效的优点。但是,当前的单变量分布估计算法仍存在如下两个主要的问题:首先,作为一种演化算法,分布估计算法同样存在遗传漂移与多样性保持、全局搜索和局部搜索关系等问题；其次，单变量分布估计算法使用概率向量作为其概率模型，因此这一类算法不能有效学习变量之间的依赖关系。本篇针对一般组合优化问题、多峰组合优化问题和多目标组合优化问题，分别提出了基于共轭先验分布的两层分布估计算法、带有链接学习的量子演化算法和问题规模自适应的基于分解的多目标分布估计算法。

第1章 上篇导言

1.1 研究背景

组合优化(Combinatorial Optimization,CO)是运筹学(Operational Research,OR)的一个分支,旨在从离散的或者可以离散化的可行解中寻找最优解。组合优化问题广泛存在于生产和生活的各个领域,包括工业工程、计算机辅助设计、计算生物学和经济管理等。现实世界中的问题被抽象成不同的理论问题,如最小生成树问题、背包问题、旅行商问题、车辆路径规划问题等。早期的研究主要集中在寻找这些问题的最优算法。但计算复杂性理论的发展使人们认识到一些组合优化问题是 NP 完全问题,例如上述的背包问题、旅行商问题、车辆路径规划问题都是 NP 完全问题,这些问题可能不存在多项式时间的算法。虽然计算机自从诞生以来取得了长足的发展,计算能力不断提高,但是对于很多现实中的问题,由于没有多项式时间的算法,一旦问题规模过大,就无法利用已知的优化算法在可以接受的时间内得到结果。这迫使人们寻求其他解决办法。

现代启发式算法[1](Heuristic Algorithm,HA)为处理这类问题提供了新的思路。启发式算法主要包括模拟退火(Simulated Annealing,SA)算法、禁忌搜索(Tabu Search,TS)算法、遗传算法[2](Genetic Algorithm,GA)和人工神经网络(Artificial Neural Network,ANN)等。这类算法与优化算法不同,并不以求得最优解为目的,而是在一个可以接受的计算代价下得到问题的一个可行解。启发式算法有如下几个优点:第一,启发式算法一般来自对自然界的现象或者规律的抽象和模拟,其方法和原理简单,易于理解和实现;第二,启发式算法是一类计算框架,与具体问题无关。通过在算法中引入和问题相关的知识可以提高算法的性能,但这类算法也可以作为黑盒方法直接使用;第三,启发式算法的收敛速度较快。这些优点使得启发式算法得到了广泛的重视,并被应用于许多实际问题。

分布估计算法[3-5](Estimation of Distribution Algorithm,EDA)是近年来被提出并逐步发展起来的一类演化算法(Evolutionary Algorithm,EA)。与经典演化算法——遗传算法不同,分布估计算法不再使用交叉、变异等来源于生物学的概念,而是将概率模型及其演化作为算法的核心。不同的概率模型和不同的模型演化策略塑造了不同的分布估计算法。其中一类分布估计算法使用简单的概率向量作为基本模型,例如单变量边缘分布算法[6](Univariate Marginal Distribution Algorithm,UMDA)、紧致遗传算法(compact Genetic Algorithm,cGA)以及量子演化算法(Quantum-inspired Evolutionary Algorithm,QEA)等。使用概率向量作为基本模型使得这类算法框架简单,计算代价小,容易编码实现。但是简单的模型也存在如下两个主要问题:首先,概率向量中各个分量是相互独立的,它的使用隐含了变量独立这一假设,因此它不能学习变量之间的关系;其次,在种群数较少的情况下,概率向量的分量易于收敛,这会导致算法陷入近优解。

当前对于分布估计算法的研究主要集中在复杂概率模型的设计上。相对复杂的概率模型可以提高对问题的求解能力。其缺点也是显而易见的,主要体现在两方面:首先,采用复杂的模型,增加了算法的计算开销;其次,使用复杂的模型可能会削弱算法的泛化能力,即对于结构和模型相符合的问题具有较好的效果,而当问题结构和模型不适配时可能得不到理想的结果。

在算法设计方面,本篇主要探究了基于概率向量的分布估计算法在单目标单峰组合优化问题、单目标多峰组合优化问题和多目标组合优化问题上的改进方法。针对不同类型的问题,基于经典算法框架,提出了3个不同的演化算法。实验表明,改进的算法在测试问题上表现出的性能相比于经典算法有显著的提高,改善了基于概率向量的分布估计算法的性能。在方法研究方面,本篇通过探索针对概率向量的不同改进方法,从一个侧面说明,利用简单的模型与适当的结构和策略也可以实现优于复杂模型的结果。

1.2　主要内容

本篇主要内容如图 1-1 所示。

为了改进基于概率向量的分布估计算法,针对不同类型的组合优化问题,本篇从以下3方面展开研究工作。

首先,对于单目标单峰组合优化问题,在经典的单变量边缘分布算法(UMDA)的基础上,采用层次概率模型的思想,利用 Beta 分布为二项分布的共轭先验分布这一性质,设计了两层结构的算法框架。在此基础上,利用一个线性函数直接控制模型的学习速率。通过这种方式,可以控制算法全局搜索和局部搜索的不同侧重,从而增强算法的整体搜索能力。通过在 0-1 背包问题和 NK-Landscapes 问题上的实验,说明本篇所提出的算法的有效性。

其次,相比于多变量分布估计算法所采用的复杂模型,概率向量具有简单、高效的优点。但是它不能有效地学习并利用变量之间的链接关系,因此基于概率向量的分布估计

問題類型　　　　　算法框架和主要方法　　　　　算法

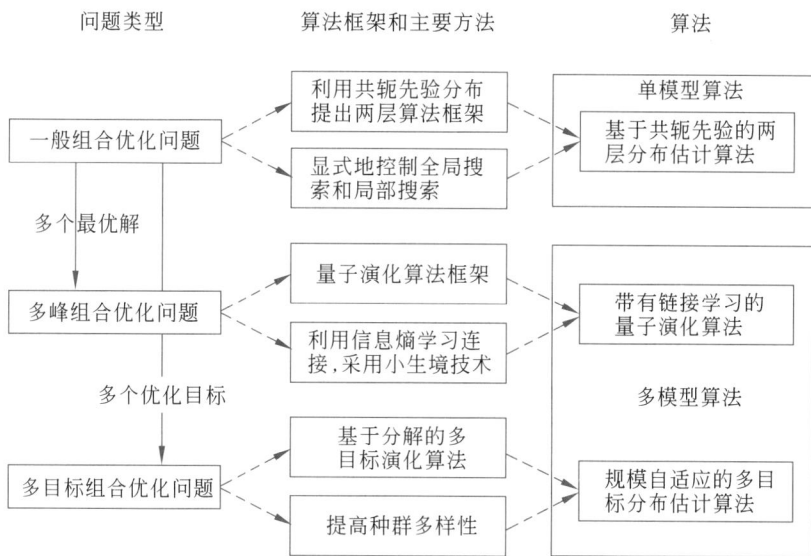

图 1-1　本篇主要内容

算法不能有效处理 Trap 问题等具有复杂变量依赖关系的问题。同时,由于问题存在多峰结构,不仅影响算法求解的最终结果的质量,还影响了算法的效率。为了解决这些问题,本篇在量子演化算法的框架下,通过引入概念引导算子并增加小生境方法,可以得到能处理复杂问题并且能求解多峰问题的算法,在连续 Trap 问题和重叠 Trap 问题上测试了算法学习变量间链接关系的能力,同时在图二分割问题上测试了算法处理多峰组合优化问题的能力。

　　最后,由于现实世界的许多问题都具有多个优化目标,本篇利用在演化计算 (Evolutionary Computation,EC)中提高种群多样性的思路,通过改进基于分解的多目标分布估计算法中概率向量的估计方法,得到了性能更好的算法。实验表明,改进算法的性能在多目标 0-1 背包问题上较经典的基于分解的多目标演化算法 (Multi-Objective Evolutionary Algorithm based on Decomposition,MOEA/D)具有显著的提高。

1.3　结构安排

本篇的内容安排如下。

　　第 1 章为上篇导言,首先介绍了分布估计算法的研究背景与现实意义,进而阐述了本篇中分布估计算法相关的三方面的研究成果,最后介绍了全篇的结构安排。

　　第 2 章为分布估计算法的研究综述。首先系统地介绍了本篇所涉及的组合优化问题,包括一般组合优化问题定义、多峰组合优化问题以及多目标组合优化问题。然后简要介绍了在演化计算领域内处理多峰优化问题的小生境技术和处理多目标优化问题的分解方法。最后综述了单变量分布估计算法。

第3章完整地介绍了基于Beta分布的两层分布估计算法。为了改进单变量分布估计算法的性能,借鉴贝叶斯推断的思路,利用Beta分布为二项分布的共轭先验分布这一性质,设计了两层分布估计算法。首先给出了Beta分布和二项分布的概念和性质。在详细地阐述了算法框架后,通过在0-1背包问题和NK-Landscapes问题上的实验,验证了算法的有效性。

第4章详细地介绍了基于量子演化算法框架改进的带有链接学习的量子演化算法。首先介绍了概念引导算子的原理和定义。进而在量子演化算法框架内引入概念指导算子。同时,为了提高算法的计算效率,采用了最邻近替换这一小生境技术。最后通过单峰和多峰问题测试了算法的性能。

第5章主要介绍了基于分解的多目标分布估计算法。该算法基于经典的分解演化算法框架,通过使用概率向量估计子问题中解的分布,并限制概率向量的变化范围以增强种群多样性并提高算法的性能。在多目标0-1背包问题上的实验表明,相比于经典的多目标演化算法,第5章提出的算法可以得到更好的结果。

第6章是本篇的总结与展望。在总结了本篇工作的基础上,提出了在分布估计算法研发领域值得继续深入研究的若干问题。

第 2 章 相关研究综述

2.1 概 述

组合优化问题种类繁多,按照不同的性质可以划分为不同的类型。例如,根据问题最优解的个数可以分为单峰优化问题和多峰优化问题。根据问题优化目标的数量可以分为单目标优化问题和多目标优化问题。不同类型的组合优化问题有不同的特点,同时在演化计算领域也针对这些问题提出不同的处理技术。分布估计算法并不是一个具体的算法,而是隶属于演化计算框架下的算法范式。与经典的遗传算法不同,分布估计算法的核心是概率模型的学习和更新。作为一种演化算法,分布估计算法也有演化算法的特点,同时也存在演化算法所具有的一般性问题,例如算法中下一代种群的选择方法、种群的遗传漂移与多样性保持、全局搜索和局部搜索的关系等。与此同时,分布估计算法也有其自身的特点,例如概率模型的学习速率与更新策略、变量依赖关系的学习方式以及采样方法等。本章首先对一般优化问题、多峰优化问题和多目标优化问题的定义和特点做了概述。其次简要介绍了处理多峰优化问题和多目标优化问题的方法。最后在给出分布估计算法框架的基础上,重点讨论了几种主要的单变量分布估计算法。

2.2 组合优化问题概述

优化即寻找最优解的过程。当问题的定义域是离散空间时,称为组合优化问题。组合优化问题是运筹学的一个分支。一般的组合优化问题可以形式化定义如下:

$$\max f(\boldsymbol{x})$$
$$\text{subject to } \boldsymbol{x} \in \Omega \tag{2-1}$$

其中,$f(\boldsymbol{x})$ 是优化目标函数;Ω 是可行域,即决策变量 $\boldsymbol{x}$ 的取值范围。离散组合优化问题的求解空间是离散的。当一个问题存在多个最优解时,称为多峰问题。也就是存在 x_1,x_2,$\cdots$,x_k 都使得目标函数取得最优值。对于演化算法,解决多峰问题是相对困难的。多个最优解的存在不仅会降低算法的求解效率,同时会影响最终解的质量。为了使演化算法可以很好地解决多峰问题,研究人员提出了小生境技术[7](niching method)。小生境即小生态环境的简称,其概念来源于生态学。在生物进化中,进化的基本单位是种群,各个局部生态环境中都有最适合环境的生物种群。这就是小生境技术思想的起源。其中,共享(sharing)[8]、清除(clearing)[9]、排挤(crowding)[10]等是小生境技术中的代表方法。聚类方法同样作为一种分割种群的小生境方法被引入演化计算[7]。有研究人员将小生境技术引入分布估计算法中以增强其在多峰问题上的能力。例如,Peña 等人[11]提出了贝叶斯网络非监督估计算法(Unsupervised Estimation of Bayesian Network Algorithm,UEBNA)。Emmendorfer 等人[12-15]将 PBIL 算法和聚类方法结合,提出了 φ-PBIL 算法。孤岛模型(islands model)是另一种处理多峰问题的小生境方法。在孤岛模型中,种群被分为多个子种群并独立演化。在满足一定条件时,子种群之间交换个体。量子演化算法(QEA)的结构类似于孤岛模型,但是 QEA 存在一个全局迁移过程使得 QEA 不能有效地处理多峰问题。小生境技术不仅是一种解决多峰问题的方法,在算法中适当采用小生境技术还可以有效提高算法的效率[16]。Chuang 等人[16]在扩展紧致遗传算法(Extended Compact Genetic Algorithm,ECGA)的基础上提出了多变量多模型的分布估计算法。这个算法可以通过一个启发式方法选择所使用模型的数量。与 ECGA 相比,这个算法可以同时获得多个全局最优解并且具有较快的收敛速度。

现实世界中的很多问题具有多个优化目标,这类问题称为多目标优化问题。本节首先介绍多目标优化问题的定义和相关概念,然后介绍主要的多目标优化演化算法。不失一般性,在本节中,所有问题的优化目标都假设为最大化。多目标优化问题可以形式化定义如下:

$$\max \boldsymbol{F}(\boldsymbol{x}) = [f_1(\boldsymbol{x}) \ f_2(\boldsymbol{x}) \ \cdots \ f_m(\boldsymbol{x})]^{\mathrm{T}}$$
$$\text{subject to } \boldsymbol{x} \in \Omega \tag{2-2}$$

其中,Ω 表示决策空间;$\boldsymbol{x} = [x_1 \ x_2 \cdots \ x_n]^{\mathrm{T}}$ 是决策向量,也就是对应问题的一个解。映射 $\boldsymbol{F}: \Omega \rightarrow \mathbb{R}^m$ 是 n 元向量值函数,由 m 个单目标函数组成。

多目标优化问题有以下几个重要的概念:

- 帕累托支配。给定 $\boldsymbol{g} = [g_1 \ g_2 \cdots \ g_m]^{\mathrm{T}}$,$\boldsymbol{h} = [h_1 \ h_2 \cdots \ h_m]^{\mathrm{T}} \in \mathbb{R}^m$,当且仅当对于每一个 $i \in \{1, 2, \cdots, m\}$ 都有 $g_i \geqslant h_i$ 并且至少存在一个 $j \in \{1, 2, \cdots, m\}$ 使得 $g_j > h_j$,则称 $\boldsymbol{g}$ 帕累托支配 $\boldsymbol{h}$,简称 $\boldsymbol{g}$ 支配 $\boldsymbol{h}$。
- 帕累托最优。对于决策变量 $\boldsymbol{x}^* \in \Omega$,如果不存在 $\boldsymbol{x} \in \Omega$ 使得 $\boldsymbol{F}(\boldsymbol{x})$ 支配 $\boldsymbol{F}(\boldsymbol{x}^*)$,则称 $\boldsymbol{x}^*$ 是帕累托最优的。
- 帕累托解集(Pareto Set,PS)。所有帕累托最优决策向量的集合称为帕累托解集。
- 帕累托前沿(Pareto Front,PF)。集合 $\text{PF} = \{f(\boldsymbol{x}) \in \mathbb{R}^m \mid \boldsymbol{x} \in \text{PS}\}$ 称为帕累托前沿。

演化算法是基于种群的优化算法框架。使用种群可以同时保持多个解，这个特性使演化算法特别适合解决多目标优化问题。在解决多目标优化问题时，我们希望获得一个非支配的解集，并且这个解集在目标空间中对应的点尽可能接近帕累托前沿。目前，多目标演化算法主要有 3 种框架。第一种是基于帕累托支配设计的演化算法。非支配排序遗传算法版本Ⅱ（Non-dominated Sorting Genetic Algorithm-versionⅡ，NSGA-Ⅱ）是这种框架中最具代表性的算法。第二种是基于分解的演化算法。这种框架将多目标优化问题通过不同的分解方法分解成多个单目标优化问题。基于分解的多目标演化算法（MOEA/D）是这一类方法的代表，取得了广泛的关注[17]。第三种框架是基于性能指标的算法[18]。这些算法使用某种性质的度量方法，例如以 Hypervolume[19] 作为种群选择依据。

2.3　单变量分布估计算法综述

分布估计算法是一种演化算法。分布估计算法并不是一个具体的算法，而是一种算法范式。分布估计是指利用概率模型估计种群的分布。分布估计算法的基本框架如算法 2-1 所示。

算法 2-1　分布估计算法框架

1：$t \leftarrow 0$
2：$M(0) \leftarrow$ 初始化概率模型
3：**while** 未达到终止条件 **do**
4：　　$P(t) \leftarrow$ 通过对模型 $M(t)$ 采样产生种群
5：　　$F(t) \leftarrow$ 使用目标函数评价种群 $P(t)$ 的个体
6：　　$S(t) \leftarrow$ 根据适应度 $F(t)$ 选择一部分个体作为子种群
7：　　$M(t+1) \leftarrow$ 根据子种群 $S(t)$ 建立概率模型
8：　　$t \leftarrow t+1$
9：**end while**

分布估计算法和遗传算法的基本框架类似，但是不再使用交叉变异等遗传算子产生新个体，而是对选出的子种群估计一个概率模型。并在此基础上对这个概率模型进行随机采样以产生新个体，即分布估计算法使用概率模型表示一个种群。一个分布估计算法的核心就是概率模型以及其更新策略。根据使用的概率模型，分布估计算法可以分为 3 个类型：单变量分布估计算法、双变量分布估计算法和多变量分布估计算法。单变量分布估计算法主要包括基于种群的增量学习[20]（Population-Based Incremental Learning，PBIL）算法、单变量边缘分布算法[6]（Univariate Marginal Distribution Algorithm，

UMDA)、紧致遗传算法[21]（cGA）、量子演化算法[22]（QEA）、单体量子遗传算法[23]（Single-Chromosome Quantum Genetic Algorithm，SCQGA）和基于置信向量的紧致遗传算法[24]（compact Genetic Algorithm using Belief Vector，cGABV）等。

单变量分布估计算法假设问题的所有决策变量是相互独立的。双变量分布估计算法假设存在两个变量之间的相关性。多变量分布估计算法考虑多个变量之间的相关性。不同的概率模型对问题的决策变量进行不同程度的分解。单变量分布估计算法具有一个很强的假设，而实际问题的变量之间往往存在着复杂的联系，但是假设变量独立可以简化模型的复杂程度。这一类算法使用概率向量作为其概率模型。概率向量是一个实向量，记为

$$\boldsymbol{P} = \begin{bmatrix} p_1 & p_2 & \cdots & p_n \end{bmatrix}^{\mathrm{T}} \tag{2-3}$$

其中，n 为概率向量的长度，与问题的规模一致。对于 $i=1,2,\cdots,n$，每个元素 $p_i \in [0,1]$。

PBIL 是最早的利用概率向量的分布估计算法。PBIL 的伪代码如算法 2-2 所示。

算法 2-2 PBIL

1： $\boldsymbol{P}$←初始化概率向量，每个分量为 0.5
2： **while** 未达到终止条件 **do**
3： 　　[Pop,F]←通过对 $\boldsymbol{P}$ 进行采样产生种群并进行评价以得到适应度
4： 　　Best←选取适应度最高的个体
5： 　　**for** $j=1,2,\cdots,n$ **do**
6： 　　　　$p_i \leftarrow p_i(1-L) + \mathrm{Best}_i * L$
7： 　　　　**if** random(0,1)$<P_{\mathrm{m}}$ **then**
8： 　　　　　　**if** random(0,1)<0.5**then**
9： 　　　　　　　　$p_i \leftarrow p_i(1-S)$
10： 　　　　　　**else**
11： 　　　　　　　　$p_i \leftarrow p_i(1-S) + S$
12： 　　　　　　**end if**
13： 　　　　**end if**
14： 　　**end for**
15： **end while**

在算法 2-2 中，L 是学习速率，P_{m} 是变异概率，S 是变异量。PBIL 在计算过程中维护一个概率向量，算法的核心就是概率向量的演化。通过对概率向量进行随机采样可以得到一个种群，选取适应度最高的个体作为目标，增量式地改变概率向量。同时该算法还包含一个变异过程，按照变异概率 P_{m} 选取概率向量的分量并附加一个变异操作。研究表明 PBIL 比标准遗传算法的性能要好[20]。PBIL 可以用更少的评价次数获得更好的结果。

PBIL 利用当前种群中最好的个体引导概率向量的演化。而单变量边缘分布算法

(UMDA)与 PBIL 不同,UMDA 在生成种群并计算每个个体的适应度后,通过选择算子选取出适应度最高的一些个体组成子种群,利用这个子种群,统计每个变量上编码的分布,作为下一代概率向量对应分量的值。其算法过程和算法 2-1 所示的分布估计算法一般框架一致。因为使用概率向量意味着假设变量之间相互独立,所以种群中解的分布即为每个分量分布的乘积,也就是 $p(\boldsymbol{x})=p(x_1,x_2,\cdots,x_n)=\prod\limits_{i=1}^{n}p(x_i)$。其中,$p(x_i)$ 为种群中第 i 个变量出现的概率,即变量的分布。

　　紧致遗传算法(cGA)同样使用概率向量作为基本模型。与 PBIL 和 UMDA 不同的是,cGA 并不使用种群。cGA 在每一轮迭代中只产生两个个体,通过比较这两个个体,用其中适应度较高的个体引导概率向量的演化。在每次更新概率向量的一个分量时,在分量上增加或者减少一个固定的值 $1/n$,其中 n 称为虚拟种群大小。当概率向量的每一个分量都收敛时,即对 $i=1,2,\cdots,n$,$p_i=0$ 或者 $p_i=1$ 时,算法终止。cGA 的伪代码如算法 2-3 所示。cGA 有两个主要的优点:首先,cGA 值包含一个用户定义的参数 n;其次,因为 cGA 不使用种群,相较于标准遗传算法,cGA 对内存的要求很低,这也是其称为紧致遗传算法的原因。

算法 2-3　cGA

1：$\boldsymbol{P}$←初始化概率向量,每个分量为 0.5
2：**while** $\boldsymbol{P}$ 未收敛 **do**
3：　　a,b←通过对 $\boldsymbol{P}$ 进行采样产生两个个体
4：　　winner,loser←计算 a、b 的适应度并比较
5：　　**for** $j=1,2,\cdots,n$ **do**
6：　　　　**if** winner$[i]!$＝loser$[i]$**then**
7：　　　　　　**if** winner$[i]$＝＝1 **then**
8：　　　　　　　　p_i←p_i+1/n
9：　　　　　　**else**
10：　　　　　　　　p_i←p_i-1/n
11：　　　　　　**end if**
12：　　　　**end if**
13：　　**end for**
14：**end while**

　　量子演化算法(QEA)仅仅使用了量子计算的一些概念,其本质是在经典计算机上运行的多模型演化算法。为了和以往文献一致,下面使用原始文献中的术语,包括量子比特、量子个体、量子门以及坍缩个体等。与传统的演化算法相比,QEA 最主要的特点是存储信息的基本单元不同。传统演化算法的基本单元是比特,一比特只能处在非 0 即 1 的状态。QEA 中借鉴了量子计算的概念,使用量子比特作为基本单元。一个量子比特在量

子计算过程中处在一个叠加态中,即同时处在不同的本征态上,只是在观测的时候会坍缩到一个本征态上。在 QEA 中,可以将其中的量子比特看作一个二项分布,其定义如下:

$$|\Psi\rangle = \alpha|0\rangle + \beta|1\rangle \tag{2-4}$$

其中,α 和 β 在量子演化算法中被限制为实数。α 和 β 的模平方分别表示 0 或者 1 的概率。因此 α 和 β 要满足归一化条件 $|\alpha|^2 + |\beta|^2 = 1$。用 α 和 β 作为 x 轴和 y 轴,在这种表示下,量子比特可以看作在单位圆第一象限中的一个向量。为了改变量子比特的状态,可以使用量子门。其本质是作用在量子比特上的一个算子,定义如下:

$$U(\Delta\theta) = \begin{bmatrix} \cos\Delta\theta & -\sin\Delta\theta \\ \sin\Delta\theta & \cos\Delta\theta \end{bmatrix} \tag{2-5}$$

在归一化条件下,量子门通过式(2-6)改变 α 和 β 的值。

$$\begin{bmatrix} \alpha_i^{t+1} \\ \beta_i^{t+1} \end{bmatrix} = \begin{bmatrix} \cos\Delta\theta & -\sin\Delta\theta \\ \sin\Delta\theta & \cos\Delta\theta \end{bmatrix} \begin{bmatrix} \alpha_i^t \\ \beta_i^t \end{bmatrix} \tag{2-6}$$

Han 等人[25]在 QEA 使用的量子门基础上提出了改进的量子门,称作 H_ε 门。H_ε 门可以防止量子个体收敛。一旦量子个体收敛,将不会再改变状态,这会导致算法进入局部最优解而无法改变。具体地,H_ε 门在改变量子个体时,同时会阻止量子比特演化到 $|0\rangle$ 或 $|1\rangle$ 两个状态上,也就是防止量子个体中的分量演化到 $\alpha=0, \beta=1$ 或者 $\alpha=1, \beta=0$ 这两个极限状态上。参数 α 和 β 被限制在 $[\varepsilon, \sqrt{1-\varepsilon^2}]$ 区间中,如图 2-1 所示。

实验表明,使用 H_ε 门的 QEA 可以取得更好的结果。量子个体由量子比特组成,每个量子个体都可以写成一组量子比特的形式,如下:

$$Q_j(t) = \begin{bmatrix} \alpha_1^t & \alpha_2^t & \cdots & \alpha_d^t \\ \beta_1^t & \beta_2^t & \cdots & \beta_d^t \end{bmatrix} \tag{2-7}$$

由于 α 和 β 需要满足归一化条件,量子个体等价于 $p_i = \beta_i^2$ 的概率向量。

$$PV(t) = \begin{bmatrix} |\beta_1^t|^2 & |\beta_2^t|^2 & \cdots & |\beta_d^t|^2 \end{bmatrix} \tag{2-8}$$

因此,每一个量子个体都是一个单变量的概率模型。在量子计算中,观测或者测量量子比特,量子比特会坍缩到一个本征态上,也就是会按照概率 α^2 和 β^2 坍缩到 0 或者 1 上。为了得到二进制的编码,每个

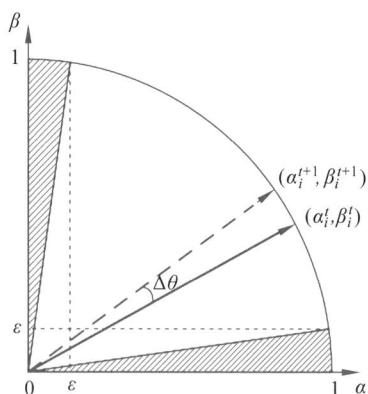

图 2-1　QEA 中的 H_ε 门

量子个体都需要被测量。在 QEA 中,通过对量子个体随机采样可以得到二进制的个体,称为坍缩个体。在计算中最好的结果被保存起来用于量子个体演化。

本质上,QEA 是一个使用多个单变量模型的分布估计算法。Platel 等人[26]系统地将

QEA 归类为多模型分布估计算法。和 PBIL 的模型更新策略一样,在 QEA 中,每个量子个体都对应一个吸引子,这个吸引子是相应的量子个体采样得到的最优秀的个体,这体现了精英主义策略(elitist strategy)。当吸引子的适应度高于坍缩个体时,对于吸引子和坍缩个体的编码不同的分量,使用量子门更新量子个体中对应的量子比特。QEA 通过这种方式实现模型的演化。在 QEA 中,各个量子个体之间还存在全局的和局部的迁移过程,以达到模型之间的信息交换的目的。

Zhou 等人[23]提出了单体量子遗传算法(SCQGA)。SCQGA 中仅使用一个量子个体,因此为单模型分布估计算法。和 PBIL 类似,SCQGA 通过采样生成一个种群并选取适应度最高的坍缩个体。SCQGA 比较这个坍缩个体和量子个体的适应度,确定是否对量子比特进行旋转以及旋转的角度。

Lee 等人[24]提出了基于置信向量的紧致遗传算法(cGABV)。cGABV 与 cGA 最大的区别在于使用了置信向量(Belief Vector,BV)。在置信向量中,每一个分量是一个高斯分布,用均值和标准差描述。这个高斯分布代表了概率向量中对应分量的分布。cGABV 使用了"分布的分布"或者"概率的概率"这一方法。基于正态分布向量学习的随机爬山算法[27](Stochastic Hill Climbing with Learning by Vectors of Normal Distributions,SHCLVND)就使用了这种思想。

单变量分布估计算法得到了广泛的研究。本篇在此基础上,针对一般组合优化问题、多峰组合优化问题以及多目标组合优化问题,设计了基于共轭先验分布的两层分布估计算法、基于概念引导组合算子和小生境技术的量子演化算法以及规模自适应的多目标分布估计算法。

第 3 章 基于共轭先验分布的单模分布估计算法

3.1 概　　述

本章主要介绍基于共轭先验分布的两层分布估计(Two-level Hierarchical Estimation of Distribution Algorithm,THEDA)算法。分布估计算法作为演化算法的一个分支,其全局搜索与局部搜索的关系仍是一个基本的问题[28]。全局搜索(exploration)是探索新空间的过程,强调搜索的广度;而局部搜索(exploitation)是探索已搜索空间邻域的过程,强调搜索的深度。全面而深入地搜索整个决策空间是最理想的方式。但是有限的计算资源要求算法合理地平衡这两种搜索策略。例如,在传统的遗传算法中,交叉算子主要体现了全局搜索策略,而变异算子则主要体现了局部搜索策略。仅强调全局搜索会产生质量较差的解,而过分强调局部搜索会使算法陷入近优解,因此一个演化算法需要合理平衡这两方面,以利用最少的计算资源获得最好的搜索效果。如果算法可以在计算的开始尽可能地探索更多的区域,并且随着计算的进行逐步过渡到局部搜索上去,就可以获得较好的性能。由于分布估计算法是根据已经选择的个体估计种群分布的概率模型,这可以看作一个根据已有样本推断其分布的过程。受到贝叶斯推断过程的启发,利用 Beta 分布是二项分布的共轭先验分布这一性质,本章提出了基于 Beta 分布的两层分布估计算法。与其他单变量分布估计算法相同,THEDA 也使用概率向量作为基本模型。但是 THEDA 不直接从种群估计对应的概率向量,而是估计概率向量可能的分布,即先估计一个 Beta 向量,其中每个元素表示对应的概率向量中元素的分布。通过 Beta 分布采样得到概率向量,最后通过概率向量采样得到新种群。使用"分布的分布"这一思想使得这种算法框架有两个主要的优点:首先,利用"分布的分布"有助于直接提高种群的多样性,并且通过限制 Beta 分布中参数的取值范围可以避免变量的收敛,这可以帮助已经陷入局部最优状态的算法获得改变状态的机会;其次,在这种框架下,通过控制 Beta 向量的参数更新过程,可以很好地控制运算中全局搜索和局部搜索的权重。在 0-1 背包问题和 NK-Landscapes 问题上的测试实验说明 THEDA 的性能显著优于其他单变量分布估计算法。

本章内容安排如下:3.2 节给出共轭先验分布的概念和基本性质,主要介绍 Beta 分布和二项分布的关系;3.3 节完整描述两层分布估计算法,包括算法框架以及模型的学习和演化过程;3.4 节利用 3 个测试问题测试算法的性能;3.5 节总结本章的内容。

3.2　Beta 分布与二项分布

频率推断和贝叶斯推断[29]是统计推断的两种主要方法。在频率推断方法中,未知参数被看作具有固定的取值。为了获得准确的结果,使用频率推断的方法需要较大规模的样本。在贝叶斯推断中,未知参数被看作一个随机变量,并且这个变量具有一个概率分布。这种方法可以避免极端情况下错误推断的产生。贝叶斯推断的核心是贝叶斯公式[30]:

$$p(\theta \mid X, H) = \frac{p(X \mid \theta)p(\theta \mid H)}{\int_\theta p(X \mid \theta)p(\theta \mid H)\mathrm{d}\theta} \tag{3-1}$$

其中,$p(\theta \mid X, H)$ 是后验概率,即根据数据 X 更新后的 θ 的概率。式(3-1)等号右侧的分子包含两部分:似然概率 $p(X \mid \theta)$ 和先验概率 $p(\theta \mid H)$。在 $p(\theta \mid H)$ 中,H 为超参数。理论上,先验分布本可以取任意形式的函数。然而选择共轭先验分布会减少计算量。假设一个 n 重伯努利实验具有未知参数 θ。可以通过做实验并利用实验结果推断参数 θ 的取值。在实验开始前,假设参数 θ 服从某个参数为 H 的概率分布,即 θ 服从 $p(\theta \mid H)$,这个分布也称作先验分布。通过 n 次实验,获得了实验结果 X,利用式(3-1)可以计算出在获得实验结果的情况下参数 θ 的分布情况。Beta 分布[31]是一个定义在区间[0,1]的连续概率分布,其概率密度函数定义如下:

$$p(\theta; \alpha, \beta) = \frac{1}{B(\alpha, \beta)} \theta^{\alpha-1}(1-\theta)^{\beta-1} \tag{3-2}$$

其中,$B(\alpha, \beta)$ 是 Beta 函数。Beta 分布中的两个参数 α 和 β 决定了概率密度函数的形状,如图 3-1 所示。

Beta 分布的一个重要性质是它为二项分布的共轭先验分布。假设在上述 n 重伯努利实验中出现 s 次正例和 $f = n - s$ 次反例,那么这组实验的采样分布为

$$p(s, f \mid \theta) = \binom{n}{s} \theta^s (1-\theta)^f \tag{3-3}$$

如果选取参数为 α 和 β 的 Beta 分布作为 θ 的先验分布。利用式(3-1)计算其后验概率:

$$p(\theta \mid s, f, \alpha, \beta) = \frac{p(s, f \mid \theta)p(\theta \mid \alpha, \beta)}{\int_\theta p(s, f \mid \theta)p(\theta \mid \alpha, \beta)\mathrm{d}\theta}$$

$$= \frac{\frac{\binom{s+f}{s}\theta^{s+\alpha-1}(1-\theta)^{f+\beta-1}}{B(\alpha, \beta)}}{\int_0^1 \frac{\binom{s+f}{s}\theta^{s+\alpha-1}(1-\theta)^{f+\beta-1}}{B(\alpha, \beta)}\mathrm{d}\theta}$$

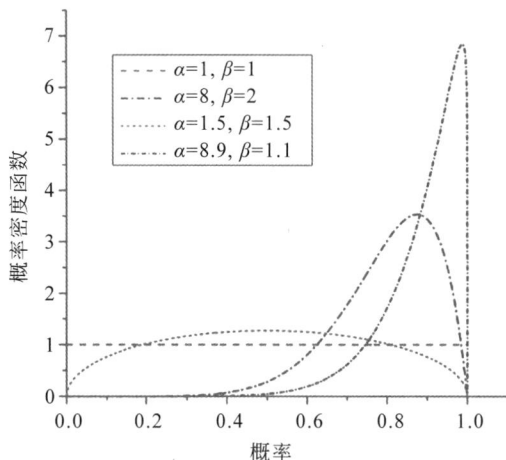

图 3-1 不同参数下 Beta 分布的概率密度函数

$$= \frac{\theta^{s+\alpha-1}(1-\theta)^{f+\beta-1}}{B(s+\alpha,f+\beta)}$$

$$= p(\theta \mid \alpha+s,\beta+f) \qquad (3\text{-}4)$$

θ 的后验分布也是一个 Beta 分布,只是两个参数变为 $\alpha+s$ 和 $\beta+f$。在这个问题上,Beta 分布的两个参数具有直观的物理意义,分别表示实验中正例和反例出现的次数。需要指出的是,这两个参数可以取非整数值。Beta 分布的概率函数的方差为

$$\mathrm{var}(\theta) = \frac{\alpha\beta}{(\alpha+\beta)^2(\alpha+\beta+1)} \qquad (3\text{-}5)$$

方差表明参数 θ 的不确定性。参数 α 和 β 同时增加会导致方差减小。其物理意义是,当实验结果中正例和反例的数量都增加时,参数的不确定性减小。参数 $\alpha=1$、$\beta=1$ 的 Beta 分布被称作贝叶斯先验分布,这时 Beta 分布为区间 $[0,1]$ 上的均匀分布。这时熵最大,表明没有关于 θ 的信息,θ 在区间 $[0,1]$ 上的取值是均匀的。

3.3 两层分布估计算法

3.3.1 算法框架

基于共轭先验分布的两层分布估计算法与其他算法的最大区别是采用了层次化模型。分布估计算法一般直接利用选择的个体估计概率模型并用以产生新个体。在两层分布估计算法中,选择的个体用来估计一个 Beta 向量,其定义如下。

定义 3-1 Beta 向量是由 Beta 分布组成的,每个分量包含定义在 $[1,+\infty)$ 区间上的

两个实数。如下所示：

$$
\mathrm{BetaV} = \begin{bmatrix} \alpha_1 & \alpha_2 & \cdots & \alpha_n \\ \beta_1 & \beta_2 & \cdots & \beta_n \end{bmatrix}
$$

其中，(α_i, β_i) 确定了一个 Beta 分布。因此，Beta 向量表示由 n 个 Beta 分布组成的概率分布数组。Beta 向量中每个参数的定义域为 $[1, +\infty)$，这是因为，Beta 分布的参数的定义域为 $[0, +\infty)$，并且当参数大于或等于 1 时，可以保证概率密度的最大值不会出现在两端。可以通过对 Beta 向量采样产生一个概率向量，再对这个概率向量采样得到新解。图 3-2 是 THEDA 的基本框架。其中，Pop 代表种群（Population），Sel 代表选择（Selection），Best 代表最优的或最好的个体。由图 3-2 可以看出，该算法的基本框架是一个两层结构，第一层是从 BetaV 到 PV，第二层是从 PV 到种群，因此该算法称为两层分布估计算法。在利用子种群估计下一代 BetaV 时，学习速率显式地由学习速率函数控制。模型更新和学习速率函数将在 3.3.2 节详细介绍。

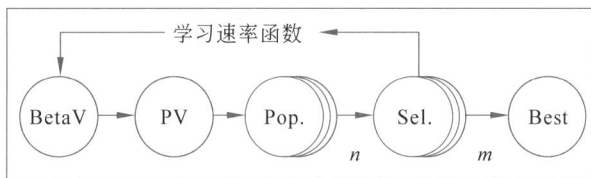

图 3-2　THEDA 的基本框架

　　计算过程中适应度最高的解将保留下来并作为算法最后的输出。算法 3-1 给出了 THEDA 的伪代码。算法具体过程描述如下。第 1～4 行为算法的初始化过程。首先，变量 t 为算法当前的迭代次数，初始化为 0。更新过程中的学习速率函数将根据 t 确定学习速率。算法开始时，学习速率较小，这时的算法倾向于随机搜索；随着 t 的增大，通过增大学习速率使模型尽可能多地进行局部搜索。第 2～4 行的循环用于将概率向量 PV 的每个元素初始化为 0.5。在这个条件下，算法采样得到的初始种群是符合均匀分布的。第 5～18 行是迭代的主循环。循环开始时，首先通过对 PV 采样得到本轮迭代的初始种群。对每个采样得到的个体 P_j，利用目标函数评价得到其适应度 F_j。在 THEDA 中，使用截断选择（truncation selection）算子从种群中选取最优秀的 $p_s \times n = m$ 个个体组成子种群 S。

算法 3-1　THEDA

1：　$t \leftarrow 0$
2：　**for** $i = 1, 2, \cdots, l$ **do**
3：　　　$\mathrm{PV}_i \leftarrow 0.5$

```
 4：  end for
 5：  while 未达到终止条件 do
 6：      for j = 1, 2, ··· , n do
 7：          for i = 1, 2, ··· , l do
 8：              Pⱼᵢ ← sampleBernoulli(PVᵢ)
 9：          end for
10：          Fⱼ ← evaluate(Pⱼ)
11：      end for
12：      S ← select(P, F)
13：      BetaV ← updateModel(S, t)
14：      for i = 1, 2, ··· , l do
15：          PVᵢ ← sampleBernoulli(BetaVᵢ)
16：      end for
17：      t ← t + 1
18：end while
```

利用选取的个体更新 Beta 向量,其具体方法如算法 3-2 所示。模型更新过程在 3.3.2 节介绍。主循环的最后一步是通过 Beta 向量采样得到一个新的概率向量。

算法 3-2   THEDA 的模型更新过程

```
 1：  procedure updateModel(S, t)
 2：      for i = 1, 2, ··· , l do
 3：          num1 ← 0
 4：          num0 ← 0
 5：          for j = 1, 2, ··· , m do
 6：              if Sⱼᵢ = 1 then
 7：                  num1 ← num1 + 1
 8：              else
 9：                  num0 ← num0 + 1
10：              end if
11：          end for
12：          (BetaVᵢ).α ← 1 + num1 × f_L(t)
13：          (BetaVᵢ).β ← 1 + num0 × f_L(t)
14：      end for
15：      return BetaV
16：end procedure
```

3.3.2　模型更新过程

如 2.3 节所述,模型与相应的模型更新策略是一个分布估计算法区别于其他分布估计算法的主要部分。理想的模型具有相对简单的形式并且可以通过较少的计算资源实现更新。模型更新的过程就是通过选取的子种群学习模型的过程。这个过程与贝叶斯推断有相似性。THEDA 从选取的个体推断其模型的分布。

Beta 分布的两个参数具有直观的物理意义。在贝叶斯推断中,参数 α 和 β 表示观测结果中正例和负例出现的次数。在二进制编码条件下,α 和 β 可以看作 0 和 1 的个数,因此可通过统计每个决策变量上所有个体中 0 和 1 的个数作为 Beta 向量对应元素的参数。但是直接将统计结果赋予参数 α 和 β 并不能产生理想的更新结果,因此要使用学习速率函数显式控制这个更新过程。学习速率函数的定义如下。

定义 3-2　学习速率函数是一个定义域为正整数、值域为实数的单调函数,记为 $f_L(t)$。

在 THEDA 中,学习速率函数的自变量为当前迭代的次数 t。理想的演化算法应该随着计算的进行由全局搜索逐步过渡到局部搜索。由 3.2 节可知,可以通过同时增加 Beta 分布的两个参数减小其方差,直接减小第一层采样的不确定性,进而加强局部搜索。因此,学习速率函数应该为单调增函数。这个性质可以保证算法随着计算的进行而逐渐加强局部搜索。

算法 3-2 为模型更新过程的伪代码。在更新过程中,首先统计选取的子种群中每个决策变量上所有个体中 0 和 1 的个数。为了利用学习速率函数控制算法的搜索,将 0 和 1 的个数乘以学习速率作为对应的 Beta 分布的参数,这样,Beta 分布的方差会随着计算的进行而逐步减小,算法逐渐加强局部搜索。在定义 3-2 中,Beta 分布的参数定义域为 $[1, +\infty)$,这本质上是一种加一平滑[32](add-one Smoothing)方法,广泛应用于自然语言处理等领域。当 num0 或者 num1 为 0 时,对于一个决策变量来说,种群中的所有个体都具有相同的取值。在这种情况下,若不使用平滑技术,那么这个变量会收敛到一个值上。从此以后,这个变量不会发生改变,进而使算法陷入近优解而无法跳出。例如,当 Beta 分布的一个参数为 0 时,不妨假设 $\alpha = 0$,这时 Beta 分布退化为一个单点分布,即 $p(x=1)=1$。在随后的采样中,概率向量中的对应分量只会为 1,这个分量已经收敛,随后所有产生的个体都具有相同的取值。所以,α 和 β 的值要再加上 1 以避免这种情况的发生。通过这种限制,可以保证 Beta 分布是在区间 $[0,1]$ 上的连续分布,且概率最大值不会出现在区间两端。在 THEDA 中,学习速率函数为简单的线性函数:

$$f_L(t) = c \times t \tag{3-6}$$

其中,c 为决定学习速率的系数,t 为当前迭代的次数。

3.4　测试与实验

3.4.1　测试问题

1. Onemax 问题

Onemax 问题是简单的与变量无关的单峰问题。其搜索空间为 $\{0,1\}^n$，其中 n 是问题的规模。目标函数定义如下：

$$f_{\text{Onemax}}(\boldsymbol{z}) = \sum_{i=1}^{n} z_i \tag{3-7}$$

优化目标是求解最大值，全局最优解为 $\boldsymbol{z} = [1\ 1\ \cdots\ 1]$，对应的目标函数值为 n。在本节中使用问题规模 $n = 1000$ 的实例，记为 $P_{\text{Onemax1000}}$。这个简单的问题用于测试算法参数对算法性能的影响。

2. 0-1 背包问题

0-1 背包问题是著名的组合优化问题[33]。问题描述如下：有一个物品的集合，其中每个物品具有重量和价值两个属性；同时有一个背包，具有一定容量。问题的求解目标是找到一个选取物品的方案，即选取一个物品集合的子集，最大化所有选取物品的价值并且满足总重量不超过背包的容量这一限制条件。0-1 背包问题的形式化定义如下：

$$\max f(x) = \sum_{i=1}^{N} p_i x_i$$

$$\text{subject to} \sum_{i=1}^{N} w_i x_i \tag{3-8}$$

其中，w_i 和 p_i 分别是第 i 个物品的重量和价值。这里使用了文献[22]中所采用的问题实例生成方法，即

$$w_i = \text{uniformly\_random}[1,10] \tag{3-9}$$

$$p_i = w_i + 5 \tag{3-10}$$

在测试中，使用了两种不同类型的背包容量：一种是将背包容量设定为所有物品总重量的一半；另一种是将背包容量设定为固定值 20。这两种容量分别记为 C_h 和 C_f。

$$C_h = \frac{1}{2} \sum_{i=1}^{N} w_i \tag{3-11}$$

$$C_f = 20 \tag{3-12}$$

在计算中生成的解可能不满足问题的限制条件，即不在可行域内。为了保证解满足限制条件，需要使用随机修复算子[22]。对于一个方案，随机修复算子的作用如下：当物

品总重量超过背包容量时,随机去除一些物品,直到满足限制条件;在物品总重量不超过背包容量时,随机增加一些物品以尽可能提高解的适应度。其具体过程如算法 3-3 所示。

算法 3-3　0-1 背包问题的随机修复算子

1：　**procedure** repairOperator(x)

2：　　　**if** $\sum\limits_{i=1}^{N} w_i x_i \leqslant C$ **then**

3：　　　　　feasible＝true

4：　　　**else**

5：　　　　　feasible＝false

6：　　　**end if**

7：　　　**while** !feasible **do**

8：　　　　　随机将 x 中的一个为 1 的元素改写为 0

9：　　　　　**if** $\sum\limits_{i=1}^{N} w_i x_i \leqslant C$ **then**

10：　　　　　　feasible＝true

11：　　　　　**end if**

12：　　　**end while**

13：　　　**while** feasible **do**

14：　　　　　随机将 x 中的一个为 0 的元素改写为 1,假设改写的元素为 x_i

15：　　　　　**if** $\sum\limits_{i=1}^{N} w_i x_i > C$ **then**

16：　　　　　　feasible＝false

17：　　　　　　$x_i = 0$

18：　　　　　**end if**

19：　　　**end while**

20：**end procedure**

　　修复算子首先判断给定解是否满足限制条件。当不满足限制条件时,随机将解向量中值为 1 的元素改写为 0,直到满足限制条件为止。这时再尝试增加 1 的个数,以尽可能提高解的质量。当解满足限制条件时,随机将解向量中值为 0 的元素改写为 1,以尽可能提高解的质量。

　　在章节实验中,问题的规模分别为 250、500、1000 和 2000。将实例记为 $P_{\text{knp}\_D\_\text{Ch}}$ 或者 $P_{\text{knp}\_D\_\text{Cf}}$。其中,$D$ 为问题规模的大小,Ch 和 Cf 分别表示 C_h 和 C_f 两种背包容量。

3. NK-Landscapes 问题

　　NK-Landscapes 是一个产生不同目标函数的模型[34,35]。它由 Kauffman 提出并且广泛应用在演化算法性能测试上[26,36-38]。其适应度函数定义如下:

$$F(x) = \frac{1}{N}\sum_{i=1}^{N} F_i(x_i; x_{i_1}, x_{i_2}, \cdots, x_{i_K}) \tag{3-13}$$

其中，$\{i_1, i_2, \cdots, i_K\} \subset \{1, \cdots, i-1, i+1, \cdots, N\}$。$N$ 是问题的规模；K 为每个变量邻域的大小，表示变量之间的相关程度。邻域的生成有两种方法：一种是选取位置相邻的 K 个基因位作为邻域；另一种是随机选取 K 个基因位组成邻域。Kauffman 研究了生成邻域的两种方法的性质。适应度贡献（fitness contribution）函数 $F_i(x_i; x_{i_1}, x_{i_2}, \cdots, x_{i_K})$ 是一个从二进制字符串到实数的映射，具体的对应关系由模型生成时随机产生。有研究从理论上已经证明[39]，当 $K \geqslant 3$ 并且采用随机邻域生成方法时，NK-Landscapes 模型产生的优化问题实例是 NP-完全的。本章实验使用随机邻域生成方法。问题的规模设定为 256、512、1024、2048 和 4096，K 取 $0\sim8$ 的所有整数，因此，总共有 $5\times9=45$ 个实例用于测试算法。

3.4.2　参数研究

THEDA 包含 3 个参数，分别为种群规模 n、选择压力 P_s 和学习速率 $f_L(t)$。本节将在 Onemax 问题上探究 3 个参数的选取对算法性能的影响。根据单一变量原则，本节的实验分为 3 部分。

为了测试种群大小的影响，将选择压力和学习速率函数设定为 $P_s=0.1$，$f_L(t)=0.5t$，参见式（3-6），问题的规模设定为 1000，测试中种群规模 n 设定为 20、100、200 和 500。记录算法在 50 次独立运算中的最好结果并求其均值和方差，结果如图 3-3 所示。实验结果表明，当种群规模 n 设定为 20、100 和 200 时，算法性能相近；当 $n=500$ 时，算法性能出现下降。这说明种群规模对算法性能的影响有限。

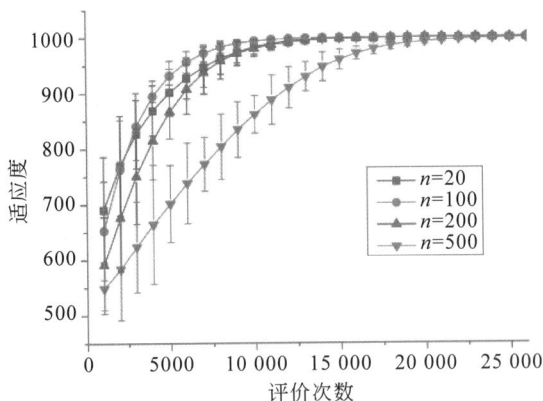

图 3-3　种群规模的影响

为了测试选择压力的影响,将种群规模 n 设定为 200,将学习速率函数设定为 $f_L(t) = 0.5t$,将选择压力设定为 0.05、0.1、0.2 和 0.5,结果如图 3-4 所示。当 P_s 等于 0.05、0.1 和 0.2 时,算法性能相近;当 P_s 等于 0.5 时,算法性能较差。导致这个结果有两个原因:首先,选择压力过小的时候无法有效驱使种群移动;其次,较小的选择压力会产生较大的子种群。模型的参数增长很快,Beta 向量中每个 Beta 分布的方差快速减小。这不利于多样性保持,影响了算法对搜索空间的搜索能力。

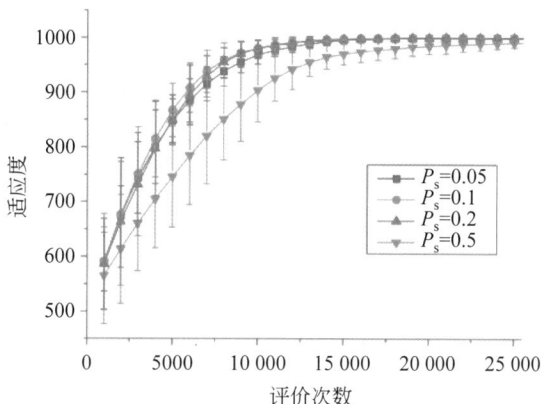

图 3-4　选择压力的影响

为了测试学习速率的影响,将种群大小设定为 200,将选择压力设定为 0.1。学习速率函数的系数 c 分别设定为 0.1、0.2、0.5、1.0 和 2.0。实验结果如图 3-5 所示。

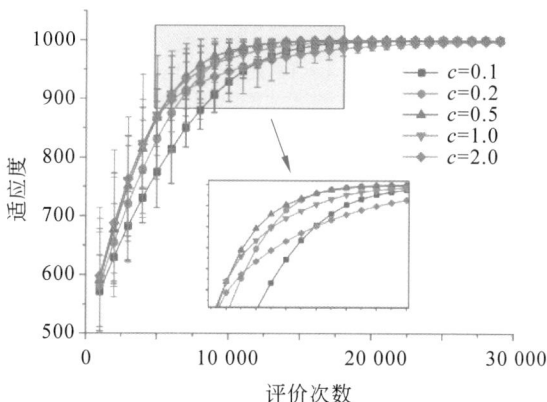

图 3-5　学习速率的影响

首先将 $c = 0.5$ 的实验结果作为基线。当系数减小时,算法的整体性能下降;当系数增加时,计算的开始阶段和基线的表现相近,评价次数超过 5000 次时算法的性能下降。

3.4.3　实验设置

本节将 THEDA 与 cGA、PBIL 和 QEA 进行对比。算法的性能都受到其参数设定的影响。

后 3 种算法的参数设定如下：

- 对于 cGA，其唯一的参数为虚拟种群规模 n。在本节实验中采用文献[40]中推荐的设置。在文献[26]中也使用了这个设置。
- PBIL 具有 4 个参数：学习速率 L、变异概率 P_m、变异偏移量 S 和种群规模 n。前 3 个参数分别设定为 0.1、0.02 和 0.05，这与文献[26]的设置相同。在本节所涉及两个实验中，PBIL 的性能受到种群规模的影响较大。通过在实例 $P_{knp\_500\_Ch}$ 测试了 $10,20,\cdots,100$ 共 10 个参数的结果，最终选取效果最好的取值，$n=20$。
- QEA 的所有参数采用其原始文献中的推荐设置[22]。

在 THEDA 中，根据 3.4.2 节的实验结果，种群规模、选择压力和学习速率 3 个参数分别设置为 $n=200$，$P_s=0.1$ 以及 $L=0.5$。本节涉及的 4 个算法的参数如表 3-1 所示。

表 3-1　4 个算法的参数设置

算　　法	参　　数
cGA	$n=\dfrac{\sqrt{\pi}}{2}\sqrt{D}\log_2 D$
PBIL	$n=20,L=0.1,P_m=0.02,S=0.05$
QEA	$n=10,\Delta\theta=0.01\pi,S_g=100,S_l=1$
THEDA	$n=200,P_s=0.1,f_L(t)$ 使用式(3-6)

算法在每个实例上独立运行 50 次。为了实现公平的比较，终止条件设定为最大的目标函数调用次数。对于所有 0-1 背包问题的实例，最大评价次数为 40 000；而对于 NK-Landscapes 问题的实例，最大评价次数设定为 10 000。算法发现的最好结果都被记录以用于计算统计信息（包括均值和方差）并用来比较显著性。在本节实验中，使用了 $\alpha=0.05$，即显著性为 95% 的威尔科克森符号秩检验（Wilcoxon signed-rank test）计算算法得到结果是否存在的显著差异。

3.4.4　实验结果

对于背包容量为 C_h 的实例，实验结果如图 3-6～图 3-9 所示。对于背包容量为 C_f

的实例,实验结果如图 3-10～图 3-13 所示。表 3-2 给出了 4 个算法在 NK-Landscapes 问题上的实验结果。

在图 3-6～图 3-9 中,均值用虚线表示,标准差用围绕在均值附近的实线表示。在实例 $P_{knp\_250\_Ch}$ 和 $P_{knp\_500\_Ch}$ 上,cGA、PBIL 和 THEDA 的性能相近。对于 $P_{knp\_250\_Ch}$ 实例,cGA 和 PBIL 的收敛速度较 THEDA 快,但是 THEDA 得到的最终结果较好。

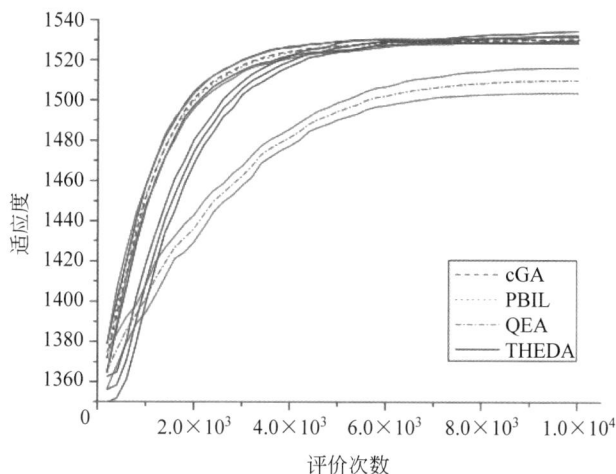

图 3-6　$P_{knp\_250\_Ch}$ 的实验结果

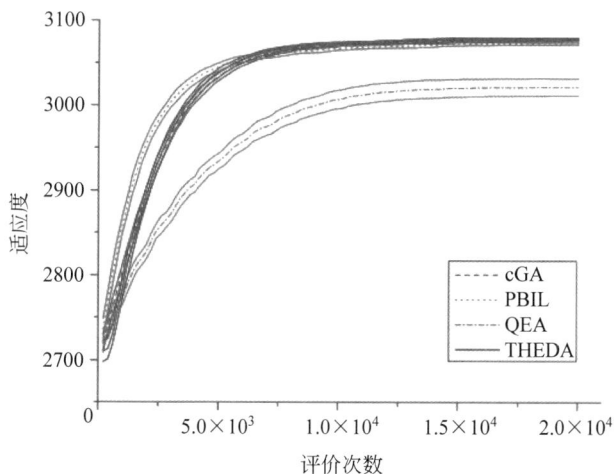

图 3-7　$P_{knp\_500\_Ch}$ 的实验结果

对于 $P_{knp\_1000\_Ch}$ 和 $P_{knp\_2000\_Ch}$,THEDA 具有性能上的优势。cGA 可以得到和

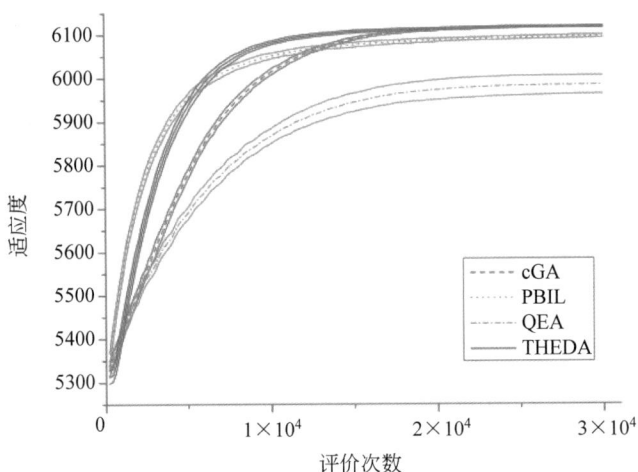

图 3-8 $P_{knp\_1000\_Ch}$ 的实验结果

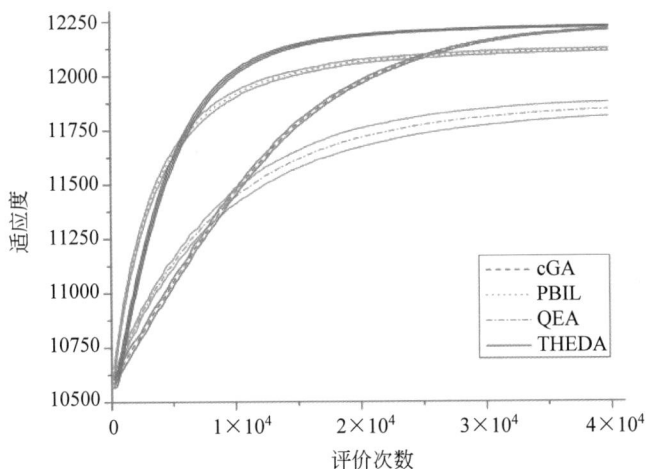

图 3-9 $P_{knp\_2000\_Ch}$ 的实验结果

THEDA 相近的最终结果,但是 cGA 的收敛速度比 THEDA 慢。PBIL 由于早熟导致最终结果比 THEDA 差。这说明 THEDA 在速度和解的质量上取得了平衡,其原因在于 THEDA 通过学习速率很好地控制了不同阶段的搜索侧重。

对于背包容量为 C_f 的实例,PBIL 和 THEDA 的表现优于 cGA 和 QEA。在实例 $P_{knp\_250\_Cf}$ 上,PBIL 在前 4000 次函数调用时比 THEDA 的收敛速度快,但是随后其收敛速度减慢。THEDA 的最终结果比 PBIL 好,体现在两方面:首先,其最优结果的均值优于 PBIL;其次,THEDA 计算结果的方差较 PBIL 的小。这说明 THEDA 在这一类问题上

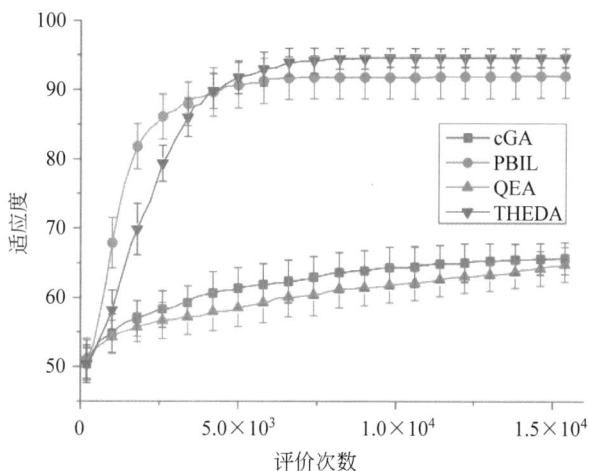

图 3-10 $P_{knp\_250\_Cf}$ 的实验结果

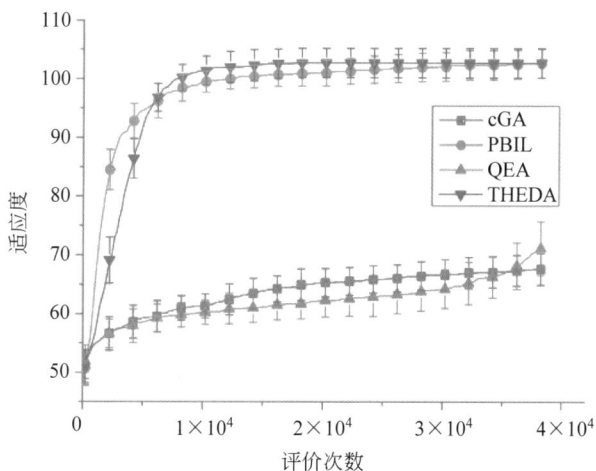

图 3-11 $P_{knp\_500\_Cf}$ 的实验结果

的性能稳定。

　　整体观察图 3-10～图 3-13，可以发现如下规律：早熟是 PBIL 存在的主要问题，并且这种现象随着问题规模的增大而增大。特别地，在实例 $P_{knp\_2000\_Cf}$ 上，PBIL 在前 10 000 次评价时都具有较快的速度，但是它陷入了局部最优结果中，平均适应度为 75；而 THEDA 的最优结果可以保持持续增长，直到评价次数达到 30 000 次。THEDA 在 $P_{knp\_2000\_Cf}$ 上的结果均值为 109.091，对应标准差为 1.8311。

　　表 3-2 中每个算法有两行数据，上面的数据是对应问题实例最优结果的均值，下面括

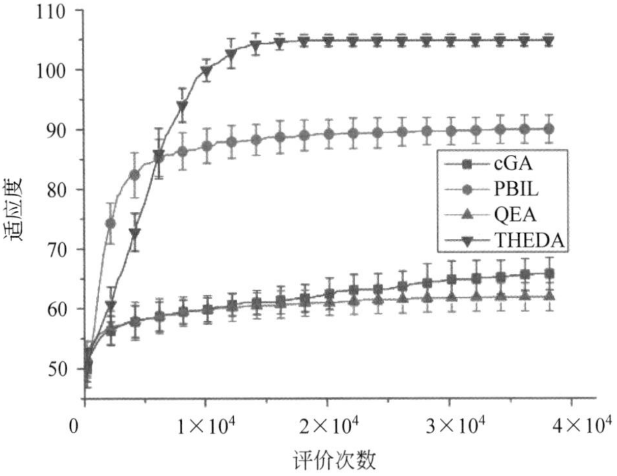

图 3-12　$P_{knp\_1000\_Cf}$ 的实验结果

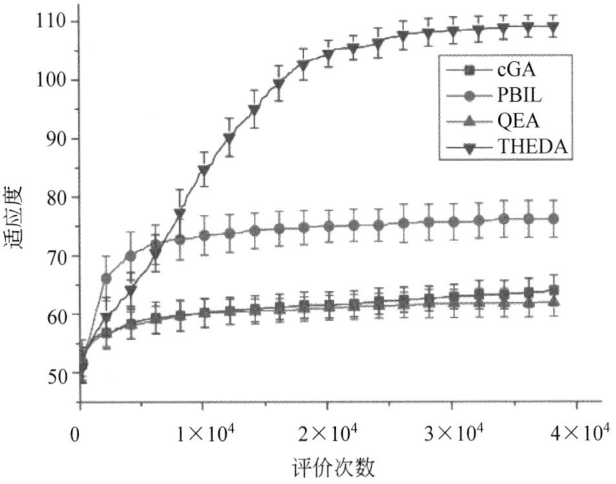

图 3-13　$P_{knp\_2000\_Cf}$ 的实验结果

号内的数据为方差。对于问题的每个实例,用威尔科克森符号秩检验对 4 个算法的结果进行两两比较。如果一个算法的结果显著优于其他 3 个算法,则结果用粗体标明。对于 $N=256$, $K=1,2,4,5$ 的实例,没有算法显著优于其他 3 个算法。对于 $N=512$, $K=0,1$ 的实例,cGA 得到了最好的结果。在 $N=1024,2048,4096$ 的所有实例上,THEDA 均显著优于 cGA、PBIL 和 QEA。

表 3-2　NK-Landscapes 问题实验结果

算法	K								
	0	1	2	3	4	5	6	7	8
					$N=256$				
cGA	0.641252 (0.000639)	0.697722 (0.003005)	0.715339 (0.005676)	0.718578 (0.007910)	0.727358 (0.008082)	0.714238 (0.009171)	0.711088 (0.008034)	0.703995 (0.008495)	0.698919 (0.007174)
PBIL	0.642170 (0.000473)	0.697342 (0.003175)	0.719601 (0.006325)	0.724593 (0.006647)	0.735050 (0.007652)	0.725144 (0.010061)	0.725791 (0.010665)	0.720824 (0.008373)	0.715214 (0.007610)
QEA	0.637570 (0.001423)	0.681395 (0.005467)	0.693284 (0.007880)	0.691700 (0.008092)	0.701041 (0.007666)	0.691674 (0.009777)	0.692305 (0.008657)	0.692704 (0.008595)	0.687919 (0.008467)
THEDA	**0.642431** **(0.000044)**	0.697479 (0.003685)	0.719743 (0.006369)	**0.727683** **(0.006923)**	0.737937 (0.008598)	0.728732 (0.009517)	**0.732219** **(0.008500)**	**0.725509** **(0.009094)**	**0.721787** **(0.009589)**
					$N=512$				
cGA	**0.654224** **(0.000286)**	**0.709360** **(0.002152)**	0.709543 (0.004170)	0.713899 (0.005913)	0.699010 (0.006628)	0.681813 (0.007169)	0.661516 (0.007959)	0.633900 (0.009649)	0.614623 (0.007255)
PBIL	0.651499 (0.000761)	0.700830 (0.002868)	0.703134 (0.004996)	0.712613 (0.005582)	0.711476 (0.007017)	0.710398 (0.006873)	0.707592 (0.007741)	0.701077 (0.005883)	0.696201 (0.006571)
QEA	0.634382 (0.003024)	0.662207 (0.005111)	0.655832 (0.004756)	0.658920 (0.007519)	0.656774 (0.007016)	0.655020 (0.005639)	0.656440 (0.005695)	0.652938 (0.005639)	0.652081 (0.006118)
THEDA	0.654077 (0.000277)	0.706179 (0.002751)	**0.712181** **(0.004986)**	**0.720308** **(0.007044)**	**0.717787** **(0.007034)**	**0.719314** **(0.005399)**	**0.714162** **(0.006424)**	**0.708734** **(0.006506)**	**0.703489** **(0.006129)**
					$N=1024$				
cGA	0.648232 (0.001271)	0.640274 (0.002375)	0.635574 (0.003778)	0.614064 (0.004660)	0.586556 (0.004116)	0.568639 (0.003818)	0.556786 (0.003429)	0.547318 (0.003436)	0.541821 (0.002367)
PBIL	0.658673 (0.001170)	0.668541 (0.002988)	0.686582 (0.004120)	0.690710 (0.003966)	0.684507 (0.004650)	0.680655 (0.004773)	0.679084 (0.003772)	0.673617 (0.004636)	0.668580 (0.003397)

续表

算法	K								
	0	1	2	3	4	5	6	7	8
QEA	0.624419 (0.002902)	0.615505 (0.004216)	0.623718 (0.005392)	0.625974 (0.004041)	0.620952 (0.004708)	0.616966 (0.004411)	0.619642 (0.003558)	0.617106 (0.004309)	0.617028 (0.004763)
THEDA	**0.665160** (0.000975)	**0.676989** (0.002180)	**0.696151** (0.003314)	**0.701849** (0.005103)	**0.695694** (0.004094)	**0.693086** (0.005711)	**0.689914** (0.004151)	**0.683638** (0.005314)	**0.674471** (0.005202)

$N = 2048$

算法	K								
	0	1	2	3	4	5	6	7	8
cGA	0.589031 (0.001419)	0.581530 (0.002088)	0.567904 (0.003851)	0.553999 (0.002500)	0.545029 (0.002244)	0.535523 (0.002719)	0.529628 (0.002799)	0.527372 (0.001770)	0.526312 (0.001916)
PBIL	0.634739 (0.001598)	0.649805 (0.002447)	0.657396 (0.003429)	0.656802 (0.003943)	0.656324 (0.003731)	0.648725 (0.004304)	0.642937 (0.003742)	0.637816 (0.003936)	0.632434 (0.003667)
QEA	0.591763 (0.003106)	0.592204 (0.003412)	0.592857 (0.003194)	0.591360 (0.003808)	0.591755 (0.002981)	0.589352 (0.003188)	0.588390 (0.002805)	0.587511 (0.003221)	0.586907 (0.002970)
THEDA	**0.645595** (0.001314)	**0.662890** (0.002552)	**0.670846** (0.002899)	**0.669722** (0.003222)	**0.667777** (0.004247)	**0.660937** (0.003678)	**0.652012** (0.004527)	**0.645109** (0.004169)	**0.637413** (0.004151)

$N = 4096$

算法	K								
	0	1	2	3	4	5	6	7	8
cGA	0.545996 (0.001289)	0.542634 (0.002375)	0.531850 (0.001602)	0.526075 (0.001424)	0.523887 (0.001516)	0.521163 (0.001032)	0.518870 (0.001396)	0.518327 (0.001143)	0.517876 (0.001321)
PBIL	0.605037 (0.001372)	0.619889 (0.001589)	0.620039 (0.002278)	0.619318 (0.002679)	0.617842 (0.003042)	0.612343 (0.002723)	0.606235 (0.002853)	0.601265 (0.003238)	0.595149 (0.002673)
QEA	0.564602 (0.002484)	0.567269 (0.002312)	0.563595 (0.002332)	0.563918 (0.002364)	0.565783 (0.002344)	0.565418 (0.002466)	0.563724 (0.002315)	0.562946 (0.002133)	0.562668 (0.002418)
THEDA	**0.617069** (0.001518)	**0.632464** (0.002110)	**0.631715** (0.002594)	**0.631146** (0.002382)	**0.627607** (0.002447)	**0.621313** (0.002529)	**0.612567** (0.002907)	**0.604486** (0.003620)	**0.597990** (0.002917)

综合上述实验可以得到几个结论。首先，在 0-1 背包问题上的实验说明总体上 THEDA 和 PBIL 性能优于 cGA 和 QEA。THEDA 和 PBIL 之间存在一个超越点，在大约 6000 次评价之前 PBIL 所得到的结果较好，随后 THEDA 的结果超过了 PBIL，在不同的实例上都有类似的现象。其次，$P_{knp\_2000\_Cf}$ 上的实验表明 THEDA 可以很好地平衡全局搜索和局部搜索。最后，THEDA 在所有实验中使用了相同的参数，并且随着问题规模的增大，其相对其他算法的优势也越来越显著。

3.5　本　章　小　结

本章主要介绍了两层分布估计算法。利用共轭先验分布构造两层分布估计算法框架，方便地引入了控制模型演化的方法。在 0-1 背包问题和 NK-Landscapes 问题上的实验表明，两层分布估计算法的性能优于其他单变量分布估计算法。并且其性能优势随着问题规模的增大而增加。

第4章 基于信息熵的多模分布估计算法

4.1 概　　述

本章介绍带有链接学习的量子演化算法（Quantum-inspired Evolutionary Algorithm with Linkage Learning，QEALL）。QEALL 基于量子演化算法（QEA）。虽然 QEA 借鉴了量子计算的一些概念，但是其本质是运行在经典计算机上的演化算法，适用于解决离散单目标的组合优化问题。在 QEA 中，种群由量子个体组成。每个量子个体等价于一个概率向量。因此，QEA 属于多模型单变量分布估计算法。QEA 作为一种新型演化算法，引起了广泛关注，出现了许多基于 QEA 的改进方法[41]。但是 QEA 还存在如下两个问题：首先，QEA 本质上是多模型单变量分布估计算法，所以它不能很好地发现并利用问题变量之间的关系；其次，QEA 虽然是多模分布估计算法，但是有一个全局同步过程不断在量子个体之间交换信息，并最终使所有模型收敛到一个结果上，这使得 QEA 不能很好地处理多峰问题，特别是对称问题。为了解决第一个问题，本章在原有 QEA 框架上引入了基于信息熵的概念引导组合（Concept-Guided Combination，CGC）算子[12]。为了解决第二个问题，将原 QEA 中全局同步过程改为最邻近替换过程。这种小生境方法的引入使算法有能力同时保存多个结果并且提高了算法的效率。

本章内容安排如下：4.2 节介绍概念引导组合算子的原理，4.3 节详细介绍 QEALL，4.4 节给出 QEALL 在单峰问题和多峰问题上的实验结果，4.5 节是本章的内容小结。

4.2　概念引导组合算子

单变量分布估计算法简单、高效，但是由于概率向量的变量相互独立，导致算法不能处理带有复杂变量关系的问题，这限制了单变量分布估计算法的应用范围。如何设计一个有效的方法，使单变量分布估计算法既不失概率向量简单、高效的优点，又能探测并利用变量关系，成为一个重要的研究目标。

Emmendorfer 等人[12-15]利用信息论中的概念提出了适用于概率向量的交叉算子。

这个算子仅使用一阶统计信息就能有效地学习变量之间的链接关系,避免了高阶模型需要较多的计算资源的问题。算子将两个父代概率向量重组为一个子概率向量。在重组前,首先计算概率向量中每个分量对种群的信息贡献,通过选取信息贡献最大的元素并将其组合成子概率向量以达到链接学习的目的。下面详细介绍概念引导组合算子的原理和具体计算方法。

在文献[12-15]提出的 φ-PBIL 算法中,种群 X 由 n 个二进制编码的个体组成,即

$$X = \begin{bmatrix} X_1 & X_2 & \cdots & X_n \end{bmatrix} \tag{4-1}$$

其中,X_i 是一个二进制编码的字符串,X_i 的第 j 个元素记为 x_i^j,$x_i^j \in \{0,1\}$。在每一轮迭代中,对整个种群用一个概率向量建模,并将这个概率向量记为 $\boldsymbol{P}$。$\boldsymbol{P}$ 的第 j 个元素 p^j 表示整个种群中第 j 个基因中出现 1 的概率。相应地,$1-p^j$ 表示整个种群中第 j 个基因中出现 0 的概率。进而利用 k-means 聚类算法将种群分为 K 个子种群,分别记为 S_1、S_2,$\cdots$,S_K。那么,将原始种群去除第 k 个子种群后形成的种群记为 $R_k = X - S_k$。对每个子种群 R_k,也估计一个对应的概率向量,用 $\boldsymbol{Q}_k$ 表示,其中 $\boldsymbol{Q}_k$ 的第 j 个元素记为 q_k^j。

定义

$$H^j = -p^j \log_2 p^j - (1-p^j)\log_2(1-p^j) \tag{4-2}$$

为种群 X 中第 j 个变量的信息熵。

相应地,也可以定义

$$h_k^j = -q^j \log_2 q_k^j - (1-q_k^j)\log_2(1-q_k^j) \tag{4-3}$$

为子种群 R_k 中第 j 个变量的信息熵。对于第 j 个变量,H^j 与 h_k^j 的差

$$w_k^j = H^j - h_k^j \tag{4-4}$$

为子种群 S_k 对第 j 个基因的信息贡献。定义矩阵 $\boldsymbol{W}$,其中第 k 行 j 列的元素为 w_k^j,称 $\boldsymbol{W}$ 为信息度量矩阵。CGC 算子基于信息度量矩阵 $\boldsymbol{W}$ 对两个概率向量进行重组。假设两个概率向量为 $\boldsymbol{Q}_s$ 和 $\boldsymbol{Q}_r$,其中 $s,r \in \{1,2,\cdots,K\}$。利用 CGC 算子对 $\boldsymbol{Q}_s$ 和 $\boldsymbol{Q}_r$ 组得到的子概率向量 $\boldsymbol{Q}_t$ 的元素的 q_t^j 定义为

$$q_t^j = \begin{cases} q_r^j, & w_r^j > w_s^j \\ q_s^j, & \text{其他} \end{cases} \tag{4-5}$$

通过这种方法得到的概率向量集成了两个父代概率向量中信息量最多的一些分量。如果变量之间存在相互依赖关系,那么这些变量会以一个整体进行变化,它们就会具有相近的信息量,在利用两个父代概率向量组合子概率向量的时候,这些相互关联的变量就比较容易被同时选取到子概率向量中。通过这种方法,可以达到链接学习的目的。

4.3   基于概念引导组合算子的多模分布估计算法

4.3.1   算法框架

QEALL 框架如图 4-1 所示。该算法由一些计算单元组成。每个计算单元包含 3 部分,分别是量子个体(quantum individual)、坍缩个体(collapsed individual)和吸引子(attractor),分别记为 Q_i、C_i 和 A_i。这些定义与 2.3 节中对 QEA 的描述一致。与 QEA 不同,QEALL 存在两种生成坍缩个体的方法,一种是直接从对应的量子个体采样,另一种是使用 CGC 算子生成。吸引子保存了其所在计算单元中历史上适应度最高的个体。量子门根据吸引子和坍缩个体修改量子个体。

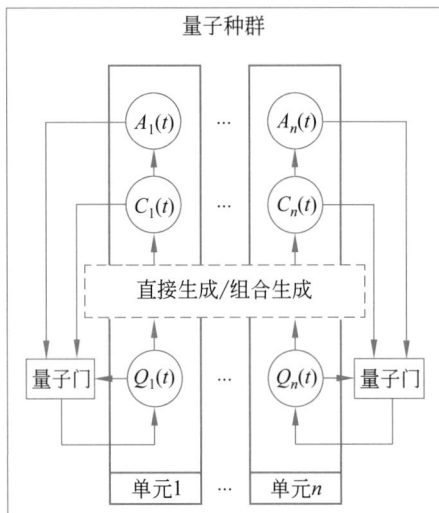

图 4-1   QEALL 框架

算法 4-1 给出了 QEALL 的伪代码。

算法 4-1   QEALL

1: 初始化 $Q=(Q_1, Q_2, \cdots, Q_N)$

2: 对 $Q=(Q_1, Q_2, \cdots, Q_N)$ 采样得到 $C=(C_1, C_2, \cdots, C_N)$

3: 利用目标函数评价 C,得到对应的适应度 $F=(f(Q_1), f(Q_2), \cdots, f(Q_N))$

4: $A \leftarrow C$

5: 初始化 $\boldsymbol{W}=(w_{i,j})=(0)$

6: **while** 未达到终止条件 **do**

7:     根据算法 4-2 由 Q 生成 C

```
 8：      for   i=1,2,⋯,N   do
 9：          if f(A_i)高于或等于 f(C_i)then
10：              updateModel(Q_i,C_i,A_i)
11：          else
12：              A_i ← C_i
13：          end if
14：      end for
15：      更新 W=(w_{i,j})
16：end while
17：procedure updateModel(Q_i,C_i,A_i)
18：      for j=1,2,⋯,d do
19：          if A_i^j ≠ C_i^j then
20：              根据式(2-6)将 Q_i^j 旋转 Δθ
21：          else
22：              根据式(2-6)将 Q_i^j 旋转 −Δθ
23：          end if
24：
25：      end for
26：end procedure
```

其具体过程描述如下。

第 1～5 行是初始化阶段。首先,将量子个体中量子比特 α 和 β 初始化为 $1/\sqrt{2}$。其次,对于第 i 个计算单元,通过采样量子个体 Q_i 得到坍缩个体 C_i,利用目标函数评价 C_i 得到其适应度。最后,将吸引子 A_i 赋值为对应的 C_i。由于量子个体都初始化为相同的值,因此其所具有的信息量也是相同的,信息度量矩阵初始化为 0 矩阵。

第 6～16 行是主循环,其终止条件可以设定为最大迭代次数、已经收敛的量子个体数目或者其他用户定义的指标。

第 7 行是本算法的核心,其具体过程如算法 4-2 所示。总体上,由 Q 生成 C 这一过程包含两种具体的生成方法。在所有的 C 中,有 $N \times p_s$ 个个体采样自 CGC 算子生成的临时概率向量。其余的 $N \times (1-p_s)$ 个个体直接采样自对应的量子个体。如果一个坍缩个体来自 CGC 算子生成的概率向量,那么它来源于两个计算单元。如果其适应度较其父代概率向量好,那么它会替换其中一个父代概率向量的吸引子。在替换过程中,使用最邻近替换策略。通过使用 CGC 算子,算法可以识别并利用变量之间的链接关系。其具体过程将在 4.3.2 节介绍。

第 8～14 行是模型的更新过程。对于每个计算单元,其中的量子个体 Q_i 和吸引子 A_i 将会根据 A_i 和 C_i 的适应度进行更新。用 $f(A_i)$ 和 $f(C_i)$ 分别表示 A_i 和 C_i 的适应度。如果 $f(A_i)$ 高于或者等于 $f(C_i)$,也就意味着吸引子不比当前的坍缩个体差,那么就不改变吸引子,并用它继续指导量子个体的演化;否则,应将吸引子替换为当前的坍缩个体。

第 15 行为信息矩阵 W 的更新过程。其元素 $w_{i,j}$ 由式(4-12)得出。

模型更新的伪代码如算法 4-1 中第 17~26 行所示。其中吸引子 A_i 和坍缩个体 C_i 的第 j 个分量记为 A_i^j 和 C_i^j。

4.3.2 坍缩个体的生成过程

在 QEA 中,量子个体是一个相对简单的模型。通过在 QEA 框架中引入 CGC 算子,可以增强 QEA 的性能。这一改变主要体现在坍缩个体的生成过程中。生成坍缩个体的伪代码如算法 4-2 所示。

算法 4-2 坍缩个体生成算法

1: **procedure** generate(Q,C)
2:     **for** $j=1,2,\cdots,N\times p_c$ **do**
3:         在种群中随机选择两个量子个体 Q_r、Q_s
4:         根据式(4-13),利用 Q_r、Q_s 生成临时量子个体 Q_{temp}
5:         通过对 Q_{temp} 采样得到临时坍缩个体 C_{temp}
6:         **if** $\mathrm{Dist_H}(C_r,C_{temp})$ 高于或等于 $f(C_i,C_{temp})$ **then**
7:             $C_r \leftarrow C_{temp}$
8:         **else**
9:             $C_s \leftarrow C_{temp}$
10:         **end if**
11:     **end for**
12:     对 C 中所有未采样的 C_i,通过对 Q_i 采样进行更新
13: **end procedure**

参数 p_c 为组合生成概率,它决定了两种生成方法的使用比例。$N\times p_c$ 个坍缩个体采样自 CGC 算子生成的概率向量,而其余的 $N\times(1-p_c)$ 个坍缩个体由直接采样得到。在 φ-PBIL 中,每个概率向量对应一个子种群。在 QEA 中,量子个体是组成种群的基本单元。为了应用 CGC 算子,这里假设每个量子个体是一个虚拟种群的分布估计模型,这个虚拟种群包含 V 个虚拟坍缩个体,那么整个种群包含 $N\times V$ 个虚拟个体。下面定义适用于量子个体的 CGC 算子。定义

$$H^j = -p_0^j\log_2 p_0^j - (1-p_0^j)\log_2(1-p_0^j) \tag{4-6}$$

为基因位 j 的信息熵。其中:

$$p_0^j = \frac{1}{NV}\sum_k((\alpha_k^j)^2 V) \tag{4-7}$$

$$p_1^j = \frac{1}{NV}\sum_k((\beta_k^j)^2 V) \tag{4-8}$$

p_0^j 表示在整个虚拟种群中第 j 个基因中值为 0 的比例,p_1^j 表示在整个虚拟种群中第 j 个基因位上值为 1 的比例。由于 $[\alpha_k^j, \beta_k^j]$ 是第 k 个个体中第 j 个量子比特,$(\alpha_k^j)^2 V$ 为第 k 个量子个体所代表的虚拟种群中第 j 个基因位上 0 的数量,$(\beta_k^j)^2 V$ 为相应基因位 j 上 1 的数量。令

$$h_k^j = -p_{k,0}^j \log_2 p_{k,0}^j - (1 - p_{k,0}^j) \log_2 (1 - p_{k,0}^j) \qquad (4\text{-}9)$$

为除去第 i 个量子个体后虚拟种群第 j 个基因位的信息熵,其中:

$$p_{k,0}^j = \frac{\sum\limits_{k \in \{1,2,\cdots,N\}/\{k\}} (\alpha_k^j)^2 V}{(N-1)V} \qquad (4\text{-}10)$$

$$p_{k,1}^j = \frac{\sum\limits_{k \in \{1,2,\cdots,N\}/\{k\}} (\beta_k^j)^2 V}{(N-1)V} \qquad (4\text{-}11)$$

H^j 与 h_k^j 的差

$$w_k^j = H^j - h_k^j \qquad (4\text{-}12)$$

表示由于第 i 个量子个体的引入而导致的第 j 个基因位信息熵的增量。当用两个量子个体(例如 Q_r 和 Q_s)交叉组合一个新两个个体时,每个量子比特定义为

$$[\alpha^j, \beta^j] = \begin{cases} [\alpha_r^j, \beta_r^j], & w_r^j > w_s^j \\ [\alpha_s^j, \beta_s^j], & \text{其他} \end{cases} \qquad (4\text{-}13)$$

其中,$[\alpha_r^j, \beta_r^j]$ 是 Q_r 的第 j 个量子比特,$[\alpha_s^j, \beta_s^j]$ 是 Q_s 的第 j 个量子比特。使用 CGC 算子生成一个临时量子个体后,通过对量子个体采样可以得到坍缩个体。由于这个坍缩个体来自两个计算单元中的量子个体,需要一种合适的方法更新原有的两个计算单元。本章使用了两种替换策略,分别是随机替换和最邻近替换。和经典小生境方法——拥挤方法一样,这里通过用新生成的坍缩个体替换最邻近的个体实现小生境方法。因为坍缩个体为二进制编码,所以使用海明距离作为其相似性的度量,定义如下:

$$\text{Dist}_H(\boldsymbol{x}_1, \boldsymbol{x}_2) = \sum_{i=1}^{m} |x_{1i} - x_{2i}| \qquad (4\text{-}14)$$

通过在原始的 QEA 中移除迁移过程,可也避免全局种群都收敛到一个解上,进而使算法可以发现并保持多个结果。

重复这个过程 $N \times p_c$ 次,得到 $N \times p_c$ 个由 CGC 算子生成的解。其余 $N \times (1 - p_c)$ 个计算单元中的坍缩个体并没有更新,因此通过直接对相应的量子个体采样进行更新。图 4-2 给出了利用两种方式生成坍缩个体的过程。本算法中坍缩个体的生成过程主要有 3 个作用。首先,通过引入 CGC 算子,使得量子个体可以学习变量间的链接关系。其次,由于采用了最邻近替换的策略,生成过程本身就包含了在不同量子个体之间交换信息的过程。虽然去除了 QEA 中的同步过程,QEALL 还是可以实现信息的交换。最后,最邻

近替换策略实质上是一种小生境方法,这个方法的引入提高了算法的效率。

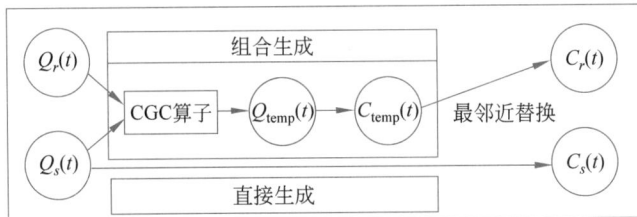

图 4-2　利用两种方式生成坍缩个体的过程

在图 4-2 中,假设 $p_c=0.5$,那么通过组合生成方式生成的量子个体数为 $2 \times 0.5=1$。Q_{temp} 是由 Q_r 和 Q_s 通过 CGC 算子生成的临时量子个体。C_{temp} 是 Q_{temp} 的采样结果。通过计算 C_{temp} 到 C_r 和 C_s 的距离,用 C_{temp} 替代最邻近的一个(假设 C_{temp} 和 C_r 更相近)。C_s 还未改变,因此通过直接对同一单元中的 Q_s 采样进行更新。

4.4　测试与实验

本节利用 4 种类型的组合优化问题测试 QEALL 的性能。

4.4.1　测试问题

本节实验的测试问题包含了单峰问题和多峰问题,包括 Trap-5 问题[42]、重叠 Trap-5 问题[43]、Twomax 问题和图二分割问题。对于 Trap-5 问题[42]和重叠 Trap-5 问题[43],由于变量之间存在复杂的联系,并且局部最优解较多,传统的演化算法不能很好地解决问题。分布估计法可以通过概率模型学习问题中变量之间的关系,因此可以处理这一类问题。但是,对于重叠 Trap-5 问题,由于积木块(building block)互相重叠,使问题的难度增加,即使是贝叶斯优化算法(Bayesian Optimization Algorithm,BOA)这种使用复杂模型的分布估计算法也很难处理。

1. Trap-5 问题

Trap-5 问题是加性可分解问题。一个 Trap-5 问题的实例由多个 Trap-5 函数组合而成,完整的目标函数定义如下:

$$f_{trap}(z) = \sum_{i=1}^{\frac{n}{5}} \text{trap}(z_{5i-4}, z_{5i-3}, \cdots, z_{5i}) \tag{4-15}$$

其中,

$$\text{trap}(z) = \begin{cases} 5, & u=5 \\ 4-u, & \text{其他} \end{cases} \tag{4-16}$$

Trap-5 问题的优化目标是最大化目标函数。Trap-5 问题具有 $2^{n/5}-1$ 个局部最优解,只有一个全局最优解,为 $z=(1,1,\cdots,1)$,对应的目标函数值为 n。在本章实验中,使用了 n 分别为 30、60 和 90 的 3 个实例,分别记为 P_{trap30}、P_{trap60} 和 P_{trap90}。

2. 重叠 Trap-5 问题

重叠 Trap-5 问题是一个重叠的加性可分解问题。积木块之间共享一些相邻的变量,每个积木块是一个 Trap-5 函数。每个 Trap-5 函数中的两端的变量和相邻的 Trap-5 函数共享。全局最优解为 $z=(1,1,\cdots,1)$,对应的目标函数值为 $5n/3$。在本章实验中,使用了 n 分别为 30、60 和 90 的 3 个实例,分别记为 $P_{\text{o-trap30}}$、$P_{\text{o-trap60}}$ 和 $P_{\text{o-trap90}}$。

3. Twomax 问题

Twomax 问题是多峰优化问题,具有两个对称的全局最优解。其决策空间为 $\{0,1\}^n$,其中 n 是问题的规模。目标函数定义如下:

$$f_{\text{twomax}}(z)=\left|\frac{n}{2}-\sum_{i=1}^{n}z_i\right| \tag{4-17}$$

Twomax 问题同样是最大化问题。两个最优解分别为 $z_0=(0,0,\cdots,0)$ 和 $z_1=(1,1,\cdots,1)$,对应的目标函数值为 $n/2$。在本章实验中,使用了 $n=50$ 的实例用于展示 QEA 和 QEALL 在处理多峰问题时的动态过程,这个实例记为 P_{twomax50}。

4. 图二分割问题

将一个图分成顶点数相同的多个子图的方案称为一个分割。在一个分割方案中,连接两个子图的边称为割边。图分割问题的优化目标是找到一个分割方案,使得割边的数量最少[44]。为了使优化目标变为最大值,在本章实验中,设定目标函数为原图顶点数与割边的差。本章只考虑图二分割问题。在这个问题上,还要求分割形成的两个子图具有相等的顶点数目。将每个分割方案都编码为一个长度为 n 的二进制向量,该向量中第 i 个分量代表第 i 个顶点所属的类别。由于分割方案需要满足两个子图的顶点数相等这一条件,要求编码中 0 和 1 的数量相等,因此存在很多不可行解。本章使用了随机修复算子用于处理不可行解,以提高算法效率。随机修复算子首先统计编码中 0 和 1 的数量,通过随机翻转数量较多的元素逐渐减小两个子图顶点数的差,重复这个过程,直到解满足限制条件,具体如算法 4-3 所示。

算法 4-3　图二分割问题随机修复算子

1：　**procedure** repairOperator(x)

2：　　　num $=\sum\limits_{i=1}^{n}x_i$

3：　　　　**while** num$>n/2$ **do**

```
4:              随机将 x 中的一个为 1 的元素改写为 0
5:              num＝num－1
6:          end while
7:          while num＜n/2 do
8:              随机将 x 中的一个为 0 的元素改写为 1
9:              num＝num＋1
10:         end while
11: end procedure
```

本章实验中使用了 3 类图分割问题实例[11]。第一类实例是网格图形,如图 4-3(a)所示。本章实验中使用了 n 分别为 16、36 和 64 的 3 个实例,分别记为 P_{grid16}、P_{grid36} 和 P_{grid64}。其余实例所涉及的图都是由多个子图组成的复合图,每个子图是由 7 个顶点组成的中心对称的图。第二类实例是将子图顺序连接形成的图,如图 4-3(b)所示,分别包含 4、6、8 个子图,即 28、42、56 个顶点,分别记为 P_{cat28}、P_{cat42} 和 P_{cat56}。上述 6 个实例都有两个对称的全局最优解。第三类实例是将子图连接成环形,如图 4-3(c)和图 4-3(d)所示。

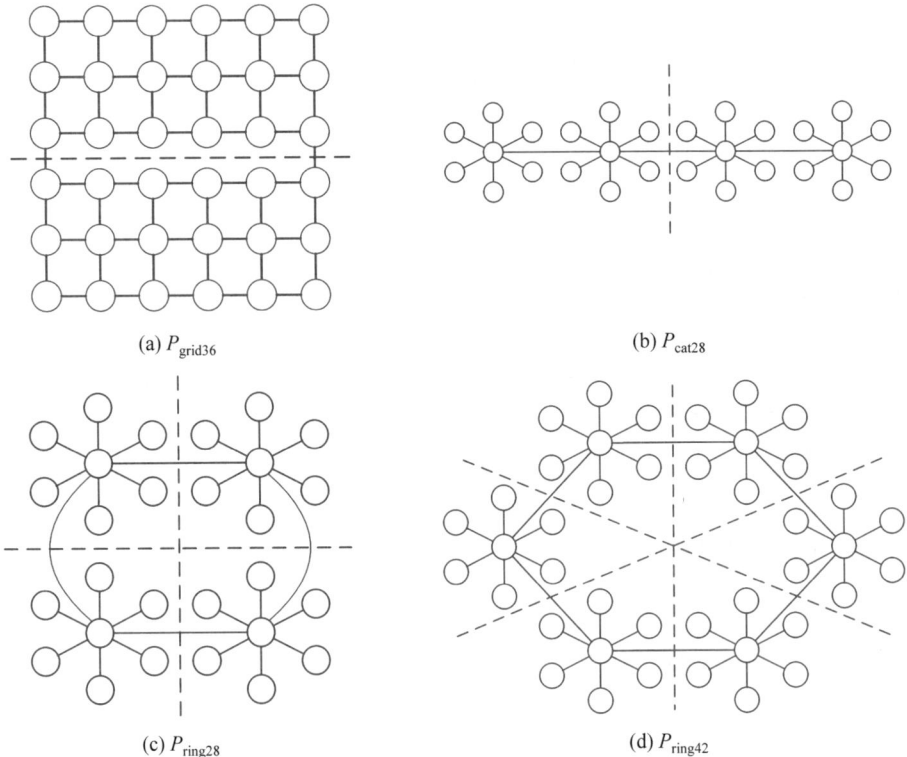

(a) P_{grid36}

(b) P_{cat28}

(c) P_{ring28}

(d) P_{ring42}

图 4-3　图二分割问题实例

两个实例分别记为 P_{ring28} 和 P_{ring42}。其中,P_{ring28} 有 4 个全局最优解,P_{ring42} 有 6 个全局最优解。

4.4.2　实验设置

QEALL 主要包含 4 个参数,分别为种群规模 N、量子门下界 ε、量子门旋转角度 $\Delta\theta$ 和组合生成概率 p_c。在 Trap-5 问题和重叠 Trap-5 问题的实验中,参数 ε、$\Delta\theta$ 和 p_c 分别设为 0.1、0.03π 和 0.5,如表 4-1 所示。

表 4-1　QEALL 参数设置

参　　数	意　　义	默　认　值
N	种群规模	
ε	量子门下界	0.1
$\Delta\theta$	量子门旋转角度	0.03π
p_c	组合生成概率	0.5

为了测试不同种群规模对算法性能的影响,实验中使用了 3 种种群规模,分别为 10、25 和 50。为了和经典的分布估计算法 BOA 比较,QEALL 在每个实例上独立运行了 50 次,保存每次计算的最优结果。一般地,BOA 需要较大的种群规模,以便算法通过统计信息发现变量之间的关系。如果 BOA 使用的种群规模过小,会导致算法收敛到局部最优解。然而,过大的种群规模需要更多的评价次数,浪费了计算资源。为了实现公平的比较,终止条件设定为最大目标函数调用次数。在 P_{trap30}、P_{trap60} 和 P_{trap90} 上,BOA 使用的种群规模分别为 1000、3000 和 5000。图 4-4(a)、图 4-4(b) 和图 4-4(c) 展示了相应的实验结果。定义实验成功率为发现最优解的运行次数和总运行次数的比例。对于重叠 Trap-5 问题的实例,BOA 具有较高的成功率,分别为 43/50、49/50 和 48/50。当种群规模为 50 时,QEALL 的性能较 BOA 好。成功率为 50/50、49/50 和 49/50。并且 QEALL 的收敛速度要快于 BOA。当问题规模增大时,QEALL 相对于 BOA 的优势也有所增加。当种群规模为 10 和 25 时,QEALL 并不能在每次运行时都得到全局最优解,但是具有更快的收敛速度。

为了测试最邻近替换方法的有效性,在比较算法时,去除了算法 4-2 中第 6～10 行并将其修改为随机替换方法,将这个对比算法记为 QEALL_RR。随机替换方法意味着当 CGC 算子生成一个新的坍缩个体时,随机替换其父代中的一个坍缩个体,而不进行相似性比较。本章实验在 P_{trap30}、P_{trap60} 和 P_{trap90} 3 个实例上测试了 QEALL_RR 算法的性能,结果如图 4-4(a)、图 4-4(b) 和图 4-4(c) 所示。实验结果表明,在相同条件下,由于小生境

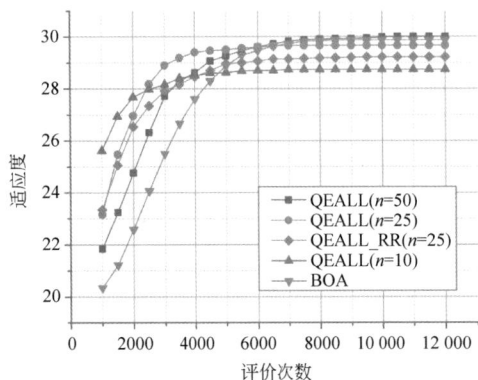

(a) P_{trap30}

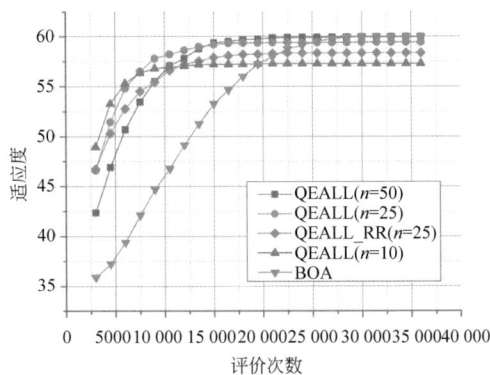

(b) P_{trap60}

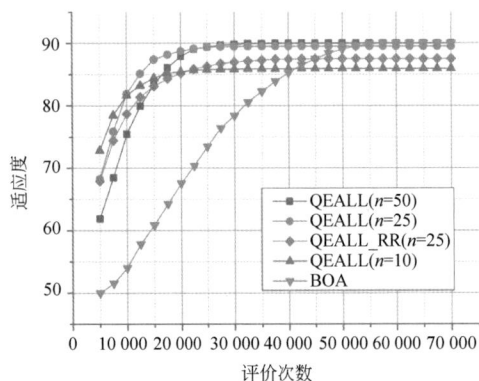

(c) P_{trap90}

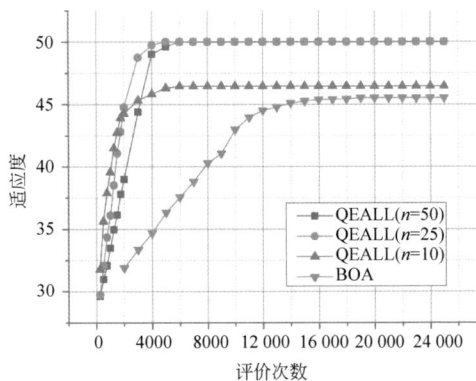

(d) $P_{\text{o-trap30}}$

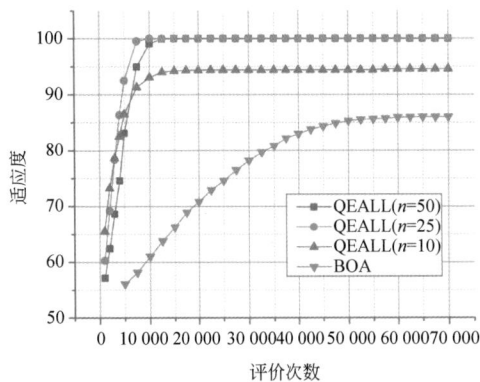

(e) $P_{\text{o-trap60}}$

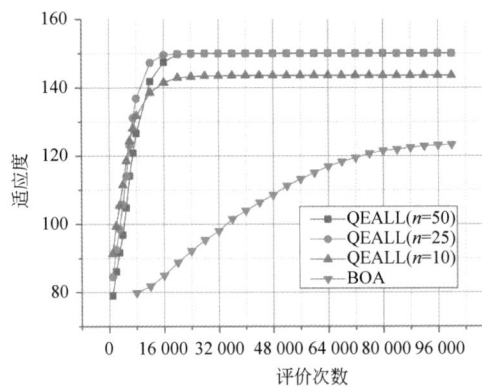

(f) $P_{\text{o-trap90}}$

图 4-4 QEALL 和 BOA 在 Trap-5 问题和重叠 Trap-5 问题上的实验结果

方法的引入,使得算法性能得到了提高。

　　本章实验在 $P_{o\text{-}trap30}$、$P_{o\text{-}trap60}$ 和 $P_{o\text{-}trap90}$ 3 个实例上测试了 QEALL 和 BOA。QEALL 的参数不变,BOA 的种群规模分别为 2000、5000 和 8000。实验结果表明,QEALL 可以解决重叠问题。虽然 BOA 使用复杂的概率模型,但是并不能解决变量重叠的问题。图 4-4(d)、图 4-4(e) 和图 4-4(f) 说明 BOA 的成功率较低,分别为 21/50、2/50 和 0。如果使用较大规模的种群,可以提高 BOA 发现最终结果的质量,但是评价次数会急剧增加。QEALL 在种群规模为 25 和 50 时,在所有实验中都发现了全局最优解。尽管当种群规模为 10 时,QEALL 不能在每次都实验中都发现全局最优解,但是其收敛速度和解的质量都比 BOA 高。

4.4.3　实验结果

　　下面给出 QEALL 在两个多峰问题上的实验结果。首先利用 Twomax 问题展示 QEALL 和 QEA 在多峰问题上的不同表现。然后使用图二分割问题测试 QEALL 在多峰问题上的性能。

　　QEA 使用了迁移过程作为不同模型间信息交换的方式,这使得不同量子个体逐步趋同,直接加强了遗传漂移的作用,最终使所有模型收敛到一个结果上。在 QEALL 中,迁移过程被取消。QEALL 通过使用 CGC 算子和最邻近替换策略,使不同模型之间既可以交换信息,也可以同时保存不同区域中的优秀结果。在 $P_{twomax50}$ 上,QEA 和 QEALL 的 3 个共同的参数 N、ε 和 $\Delta\theta$ 都设定为 100、0.01 和 0.015π。在 QEA 中,局部迁移周期设定为 1,全局迁移周期设定为 100。在 QEALL 中,p_c 设定为 0.5。QEA 和 QEALL 在 $P_{twomax50}$ 上种群演化的动态过程如图 4-5 所示。通过对比可以看出,QEA 全局同步到相同的结果上;而 QEALL 可使种群向不同的方向演化,并最终得到了两个全局最优解。

　　在图二分割问题上,对于最优解数量为 2 的实例,参数 ε、$\Delta\theta$ 和 p_c 分别设定为 0.1、0.015π 和 0.5。在多峰问题实验中,终止条件设定为一个组合条件,即当计算达到最大代数或者吸引子在一定代数保持不变时就终止。最大计算代数设定为 2000,当吸引子在 200 代不变时也终止计算。对于其他的实例,$\Delta\theta$ 设定为 0.02π,终止条件也为组合条件,即当最大计算代数为 2000 时或者当吸引子在 50 代不变时算法终止。对于每一个实例,QEALL 独立运行 10 次,这是为了与 UEBNA[11] 和 φ-PBIL[15] 的实验设置保持一致。QEALL 在图二分割问题上的实验结果如表 4-2 所示。

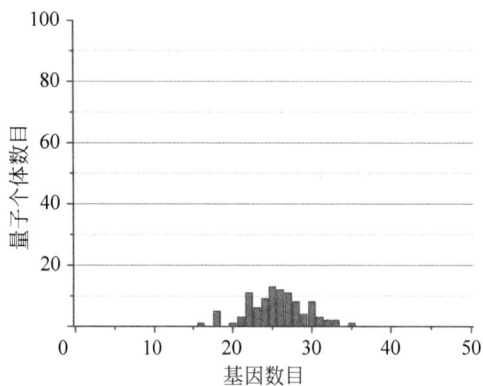

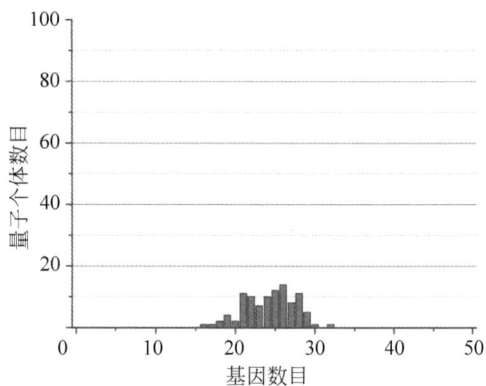

(a) QEA初始种群   (b) QEALL初始种群

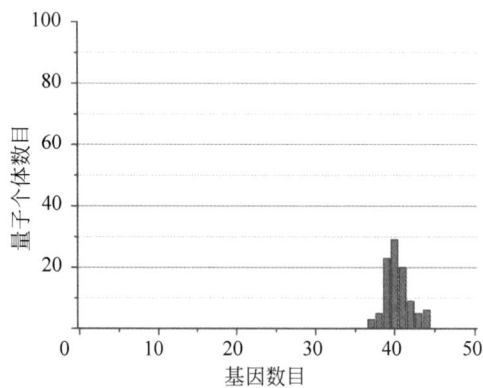

(c) QEA第80代种群   (d) QEALL第80代种群

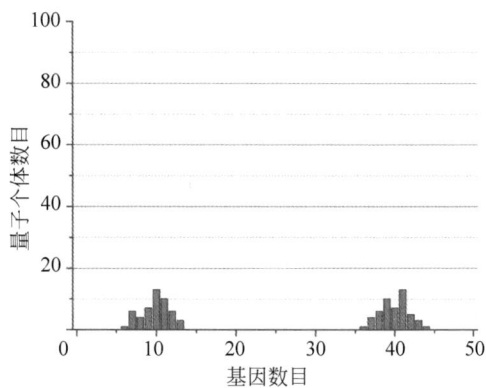

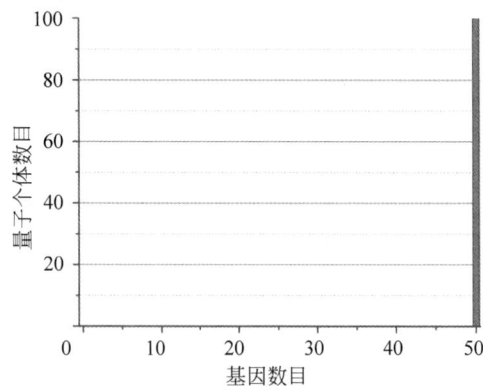

(e) QEA第200代种群   (f) QEALL第200代种群

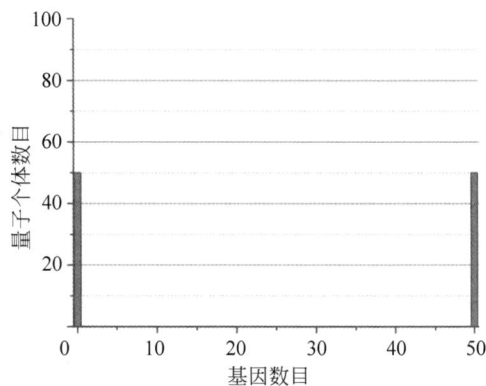

图 4-5　QEA 和 QEALL 在 $P_{twomax50}$ 上种群演化的动态过程

表 4-2　QEALL 在图二分割问题上的实验结果

问 题 实 例	算　　　法	最优解数量±标准差	评价次数±标准差
P_{grid16} （2 个最优解）	UEBNA, $K=4$	2.0±0.0	51 400±2366
	φ-PBIL, $K=5$	2.0±0.0	10 126±606
	QEALL, $N=10$	2.0±0.0	**4578±934**
P_{grid36} （2 个最优解）	UEBNA, $K=2$	2.0±0.0	85 600±8462
	φ-PBIL, $K=5$	2.0±0.0	28 963±10 754
	QEALL, $N=16$	2.0±0.0	**16 048±3998**
P_{grid64} （2 个最优解）	UEBNA, $K=4$	2.0±0.0	124 900±3479
	φ-PBIL, $K=10$	2.0±0.0	64 245±10 999
	QEALL, $N=24$	2.0±0.0	**42 655±5714**
P_{cat28} （2 个最优解）	UEBNA, $K=2$	2.0±0.0	57 100±2846
	φ-PBIL, $K=5$	2.0±0.0	14 311±1299
	QEALL, $N=10$	2.0±0.0	**6370±1683**
P_{cat42} （2 个最优解）	UEBNA, $K=2$	2.0±0.0	73 900±1449
	φ-PBIL, $K=10$	2.0±0.0	29 714±3644
	QEALL, $N=16$	2.0±0.0	**14 856±5482**
P_{cat56} （2 个最优解）	UEBNA, $K=4$	2.0±0.0	96 400±2366
	φ-PBIL, $K=10$	2.0±0.0	46 151±4362
	QEALL, $N=24$	2.0±0.0	**33 425±12 564**
P_{ring28} （4 个最优解）	UEBNA, $K=2$	4.0±0.0	54 700±949
	φ-PBIL, $K=5$	4.0±0.0	12 694±853
	QEALL, $N=24$	4.0±0.0	**9804±2486**
P_{ring42} （6 个最优解）	UEBNA, $K=6$	5.9±0.3	75 700±3302
	φ-PBIL, $K=15$	6.0±0.0	**32 361±1513**
	QEALL, $N=50$	6.0±0.0	36 925±5107

在表 4-2 中，UEBNA 和 φ-PBIL 的实验结果分别源于文献[11]和文献[15]。算法所使用的种群规模标记在表 4-2 中。对于所有实例，QEALL 都可以发现全部全局最优解。除了实例 P_{ring42} 之外，QEALL 的性能优于 UEBNA 和 φ-PBIL。QEALL 所需要的目标函数评价次数小于 UEBNA 和 φ-PBIL。实验结果表明，QEALL 在多峰问题上是有效的。

4.5　本章小结

QEA 是一个使用单变量模型的多模型分布估计算法，近年来得到广泛关注。QEA 受制于其简单的概率模型，不能处理变量带有复杂链接关系的问题。与此同时，QEA 使用局部迁移和全局迁移过程作为模型间信息交换的方法。QEA 在单峰问题中取得了较好的结果，但是不能有效处理多峰问题。针对上面两个问题，QEALL 在 QEA 框架的基础上引入了 CGC 算子，并采用最邻近替换的更新策略。在 Trap-5 问题和重叠 Trap-5 问题上的实验表明，通过使用 CGC 算子，QEALL 可以发现变量间的链接关系并且总体性能优于经典的 BOA。使用随机替换策略的实验证实了最邻近替换策略对算法性能的提升作用。通过在 Twomax 问题上的实验展现了 QEALL 和 QEA 在处理多峰问题时种群演化的动态过程。在图二分割问题上的实验结果表明了 QEALL 比 UEBNA 和 φ-PBIL 性能更好。

第 5 章　基于分解的多目标分布估计算法

5.1　概　　述

在现实生活中,很多的问题都具有多个优化目标。一般地,这些目标是相互冲突的。也就是说,试图提高一个目标会导致其他目标质量的下降。对于多目标优化问题,我们希望获得尽可能多的非支配的解,以供决策者根据实际情况选择最终的方案。演化算法是基于种群的元启发式算法,这一特性使得演化算法适用于解决多目标优化问题。近年来,演化多目标算法得到了广泛重视,研究人员设计了很多适用于多目标问题的演化算法,这些算法已经解决很多实际问题[45-47]。本章主要介绍一种改进的多目标分布估计算法,称为 s-MEDA/D（scale Adaptive Decomposition based Multi-objective Estimation of Distribution Algorithm,基于问题规模自适应分解的多目标分布估计算法）。MEDA/D 在经典多目标演化算法——基于分解的多目标演化算法（MOEA/D）的基础上,利用概率向量对每个分解后的子问题建模。本章将利用遗传算法范式的 MOEA/D 改进为利用分布估计范式的 MEDA/D。在此基础上,本章基于概率向量提出了规模自适应的生成算子。最后,本章通过在多目标 0-1 背包问题上的实验说明算法的有效性。

本章的结构安排如下:5.2 节介绍 MOEA/D,首先介绍权重分解方法和切比雪夫分解方法,随后完整地描述 MOEA/D 框架和 MEDA/D;5.3 节详细介绍规模自适应生成算子,并证明该算子保持多样性的能力;5.4 节介绍多目标的 0-1 背包问题和 s-MEDA/D 在 9 个实例上的实验结果;5.5 节总结本章内容。

5.2　基于分解的多目标演化算法框架

5.2.1　分解方法

1. 权重分解方法

通过对每个目标赋予不同权重,可以将多目标问题转化为多个单目标问题。目标函数的权重和定义如下：

$$\max g^w(\boldsymbol{x} \mid \boldsymbol{\lambda}) = \sum_{i=1}^{m} \lambda_i f_i(\boldsymbol{x})$$

$$\text{subject to } \boldsymbol{x} \in \Omega \tag{5-1}$$

其中，$\boldsymbol{\lambda} = [\lambda_1\ \lambda_2 \cdots \lambda_m]^{\mathrm{T}}$ 是权重向量。通常，权重向量 $\boldsymbol{\lambda}$ 应当满足归一化条件和正定条件。也就是说，对于所有 $i \in \{1,2,\cdots,m\}$，$\sum_{1 \leqslant i \leqslant m} \lambda_i = 1$ 并且 $\lambda_i \geqslant 0$。在满足这个条件的前提下，理论已经证明：如果原问题是凸的，所有帕累托最优解都可以通过加权分解方法得到[48]；如果原问题是非凸的，上述结论并不成立。一个权重向量对应于一个子问题。在 MOEA/D 中，在算法的初始化阶段就生成算法所需要的所有权重向量，这些向量在整个计算过程中保持不变。

2. 切比雪夫分解方法

为了介绍切比雪夫分解方法，首先给出理想目标向量(ideal objective vector)和空想目标向量(utopian objective vector)的定义[49]。对于理想目标向量，每个分量的值为对应目标函数所有可能取值的最大值，即对每一个 $i \in \{1,2,\cdots,m\}$ 都有 $z_i^* = \sup_{x \in \Omega} f_i(\boldsymbol{x})$。空想目标向量定义如下，对于所有 $i \in \{1,2,\cdots,m\}$，$z_i^{**} = z_i^* + \epsilon_i$ 并且 $\epsilon_i > 0$。这两个向量都可以作为参考向量使用[49]。一个多目标问题的切比雪夫分解方法遵循如下形式：

$$\min g^t(\boldsymbol{x} \mid \boldsymbol{\lambda}, \boldsymbol{z}^*) = \max\{\lambda_i \mid f_i(\boldsymbol{x}) - z_i^*\}$$

$$\text{subject to } \boldsymbol{x} \in \Omega \tag{5-2}$$

其中，$\boldsymbol{\lambda} = [\lambda_1\ \lambda_2 \cdots \lambda_m]^{\mathrm{T}}$ 是权重向量。理论已证明，当参考点是空想目标向量时，对于任意一个帕累托最优解 $\boldsymbol{x}^* \in \Omega$，都存在一个向量 $\boldsymbol{0} < w \in \mathbb{R}^m$ 使得 $\boldsymbol{x}^*$ 是这个加权切比雪夫问题的解[48]。一般地，理想目标向量是未知的。因此，在 MOEA/D 中，参考点在每轮迭代中都需要更新。参考点的每一分量都被设定为当前所有目标向量对应分量的最大值。

5.2.2　MOEA/D 框架

MOEA/D[50]框架如算法 5-1 所示。该算法的具体过程描述如下。第 1～5 行是初始化部分。MOEA/D 也采用精英策略，在算法的整个计算过程中，维护一个外部种群用于存储算法发现的所有非支配解。这个外部种群(External Population，EP)最终作为算法的输出结果。因此算法的第 1 行初始化外部种群。因为在计算的开始时还没有任何解，外部种群被初始化为空集。作为基于分解的多目标演化算法，MOEA/D 需要采用某种分解方法将原问题分解为多个单目标的问题。无论使用权重分解方法还是使用切比雪夫分解方法都需要一组权重向量。在第 3 行，算法初始化一组权重向量。令 K 表示权重向

量的数量,并且这组权重向量记为 $\Lambda = \{\lambda_1, \lambda_2, \cdots, \lambda_K\}$。在第 3 行,对每个权重向量,找出和它最邻近的 T 个向量,参数 T 称作邻域大小。例如,对于 λ_i,将和它最邻近的 T 个向量的下标保存在 $B(i)$ 中。若 λ_j 是 λ_i 的最邻近向量,那么 $j \in B(i)$。然后,用随机的或基于问题的方法生成一个初始种群,并对该种群中的每个个体计算其适应度。如果算法使用权重方法分解问题,并不需要参考点,因此不需要第 5 行。如果算法使用切比雪夫分解方法,需要根据目前得到的目标向量重新计算参考点。第 6～13 行是算法的主循环。在每一轮迭代中,MOEA/D 按顺序处理所有子问题。在一个子问题中,算法利用其邻域中的解生成一个新解 y。MOEA/D 使用遗传算子生成新解。在本章提出算法中,新解由规模自适应生成算子生成,这个算子将在 5.3 节中阐述。生成的解需要利用与问题相关的方法提高质量。若生成的新解并不在可行域内,也需要使用与问题相关的方法修复这个解。和第 5 步一样,如果涉及参考点,需要在第 10 步更新参考点。因为每个新生成的解来自一个子问题的邻域,利用了这个邻域中其他子问题的相关信息,所以,在生成一个新解后,应该更新邻域中的子问题的解。用 $g(x)$ 表示式(5-1)中的 $g^w(x|\lambda)$ 或者式(5-2)中的 $g^t(x|\lambda, z^*)$。若 $g(y) \geqslant g(x_j)$,那么令 $x_j = y$。第 12 行更新外部种群。这一步包含两个子步骤:首先删除所有被 $F(y)$ 支配的解;然后将 $F(y)$ 加入到外部种群中。

算法 5-1　MOEA/D 框架

```
1:  初始化外部种群为空集
2:  初始化一组权重向量
3:  对每一个权重向量,找出和它最邻近的权重向量
4:  生成初始种群并且计算种群中个体的适应度
5:  根据需要,初始化参考点 z
6:  while 未达到终止条件 do
7:      for i = 1, 2, ···, T do
8:          对第 i 个子问题,生成一个新解 x
9:          利用问题相关的方法提高 x 的质量
10:         根据需要,更新参考点
11:         更新邻域中子问题的解
12:         更新外部种群
13:     end for
14: end while
```

5.3　规模自适应生成算子

本章设计的规模自适应生成算子适用于 0-1 编码问题。这个算子使用了概率向量作

为概率模型。对于第 i 个子问题,对应的概率向量记为

$$\boldsymbol{p}^i = \begin{bmatrix} p_1^i & p_2^i & \cdots & p_n^i \end{bmatrix} \tag{5-3}$$

其中,n 为问题的维度。第 i 个子问题的相邻向量的下标记录在集合 $B(i) = \{i_1, i_2, \cdots, i_r\}$ 中。分量 p_j^i 定义如下:

$$p_j^i = \frac{\sum_{l=1}^{T} x_j^{i_l} + \xi}{T + 2\xi} \tag{5-4}$$

其中,T 表示邻域大小。令 $x_j^{i_l}$ 表示对应第 i_l 个子问题当前解的第 j 个分量。式(5-4)中 ξ 表示附加到概率向量上的一个较小的量。这个附加量用于提高多样性,其具体定义如下:

$$\xi = \frac{Ts}{n - 2s} \tag{5-5}$$

其中,参数 s 是规模自适应生成算子的参数。通过采样 $\boldsymbol{p}^i$,可以得到一个新解 $\boldsymbol{y}^i = \begin{bmatrix} y_1 & y_2 & \cdots & y_n \end{bmatrix}^{\mathrm{T}}$。

$$y_i = \begin{cases} 1, & \mathrm{rand}(0,1) < p_j^i \\ 0, & \text{其他} \end{cases} \tag{5-6}$$

其中,$\mathrm{rand}(0,1)$ 表示一个能生成在 0~1 均匀分布的随机函数。

规模自适应生成算子如算法 5-2 所示。

算法 5-2 规模自适应生成算子
___
```
1:  procedure Reproduce(X, B(i), y^new)
2:      P ← 0
3:      for each l ∈ B(i) do
4:          for j = 1, 2, ···, n do
5:              if x_j^l = 1 then
6:                  p_j ← p_j + 1
7:              end if
8:          end for
9:      end for
10:     ξ ← (Ts)/(n - 2ξ)
11:     for j = 1, 2, ···, n do
12:         p_j ← (p_j + ξ)/(T + 2ξ)
13:         if rand(0,1) < p_j then
14:             y_j^new ← 1
15:         else
16:             y_j^new ← 0
17:         end if
18:     end for
19: end procedure
```

式(5-5)中的参数 s 决定了从 $\boldsymbol{p}^i$ 新生成的解中最小变异个数的数学期望。对于一个子问题,即使其邻域中所有的解都相同,通过规模自适应生成算子生成的新解也会有一些分量和其父代不同,变异个数的数学期望为 s。证明如下。

证明:假设对于所有 $l \in B(i)$,$\boldsymbol{x}^l = \boldsymbol{x}^* = [x_1^*\ x_2^*\ \cdots\ x_n^*]^{\mathrm{T}}$,即邻域中所有的解都相同。将式(5-5)代入式(5-4)可得

$$p_j = \frac{(n-2s)\sum_{l=1}^{T} x_j^{i_l} + Ts}{(n-2s)T + 2Ts} = \frac{(n-2s)Tx_j^* + Ts}{(n-2s)T + 2Ts} = \frac{(n-2s)x_j^* + s}{n} \tag{5-7}$$

如果 $x_j^* = 0$,那么 $p_j = s/n$,结合式(5-6)可以得到

$$P(y_j = 1 \mid x_j^* = 0) = \frac{s}{n} \tag{5-8}$$

如果 $x_j^* = 1$,那么 $p_j = (n-s)/n$,结合式(5-6)可以得到

$$P(y_j = 0 \mid x_j^* = 1) = 1 - \frac{n-s}{n} = \frac{s}{n} \tag{5-9}$$

因此,对于解中的一个分量,采样得到的结果和原始值不同的概率是 s/n。概率向量假设各变量是相互独立的。令 N 表示变化比特的个数,N 是一个服从参数为 n 和 s/n 的二项分布的随机变量,即 $N \sim B(n, s/n)$,那么 N 的数学期望为 s。

因此,一个新解与其父代不同的概率为

$$P_{\text{change}} = 1 - \left(1 - \frac{s}{n}\right)^n \tag{5-10}$$

当 $n \gg s$ 时(由于问题的规模通常远大于参数 s,因此该条件在一般情况下均成立),P_{change} 基本不受参数 n 的影响。证明如下。

证明:令 $\varepsilon = s/n$,ε 接近 0。将式(5-10)改写为

$$P_{\text{change}} = 1 - \left(1 - \frac{s}{n}\right)^n = 1 - (1 - \varepsilon)^{s/\varepsilon} \tag{5-11}$$

在 0 点附近,对 ε 计算泰勒级数可得

$$P_{\text{change}}(\varepsilon) = 1 - (1 - \varepsilon)^{s/\varepsilon} = 1 - e^{-s} + o(\varepsilon^2) \approx 1 - e^{-s} \tag{5-12}$$

其中,$o(\varepsilon^2)$ 是二阶小量。因此,P_{change} 基本不随 n 的变化而变化。

如果直接使用 ξ 作为规模自适应生成算子的参数,也可以达到提高计算中种群多样性的目的。但是,这个参数的作用会随着问题的规模而变化,而且它没有直观、明确的物理意义。作为一种防止概率向量收敛的方法,其实质和变异算子相似。在文献[20]中对 PBIL 的实验说明,将概率向量和变异算子结合可以提高算法的性能。但是变异算子是一个基于遗传算法范式设计的算子,按照分布估计范式,本章将遗传算子集成到概率模型中。当 s 设定为 0 时,式(5-5)中的 $\xi = 0$,此时规模自适应生成算子和 MOED/A 中使用

的一样[51]。

5.4　测试与实验

5.4.1　测试问题

单目标0-1背包问题作为经典的组合优化问题已经获得广泛的关注和研究[33]。单目标0-1背包问题可以扩展为任意多目标问题。多目标0-1背包问题描述如下：给定 n 个物品和 m 个背包。每个物品都有重量和价值两个属性，同时每个背包具有一定的容量。如果选择了一个物品，需要将其放入一个背包中。算法的目标是在保证每个背包中的物品的总重量小于其容量的条件下找到一个可以最大化所有物品总价值的方案。

多目标0-1背包问题的形式化定义如下：

$$\max \boldsymbol{F}(\boldsymbol{x}) = \begin{bmatrix} f_1(\boldsymbol{x}) & f_2(\boldsymbol{x}) & \cdots & f_m(\boldsymbol{x}) \end{bmatrix}^{\mathrm{T}}$$

$$f_i(\boldsymbol{x}) = \sum_{j=1}^{n} p_{ij} x_i, \, i = 1, 2, \cdots, m$$

$$\text{subject to} \sum_{j=1}^{n} w_{ij} x_i \leqslant c_i, \, i = 1, 2, \cdots, m \tag{5-13}$$

其中，$p_{i,j}$ 和 $w_{i,j}$ 分别为第 i 个背包中的第 j 个物品的价值和重量，c_i 是第 i 个背包的容量。对所有的 $j \in (1, 2, \cdots, n)$，$\boldsymbol{x} = \begin{bmatrix} x_1 & x_2 \cdots & x_n \end{bmatrix}^{\mathrm{T}}$，$x_j \in \{0, 1\}$ 即为问题的一个解。和单目标0-1背包的编码方案一样，$x_j = 1$ 表示选取了第 j 个物品。如果在算法运算的过程中产生的解不是可行解，那么需要修复算子修复这个解。在本章中，算法使用与MOGLS[52] 和 MOEA/D[50] 中相同的修复算子，如算法5-3所示。

算法 5-3　多目标0-1背包问题修复算子

1：　**procedure** repairOperator($\boldsymbol{x}$)
2：　　　**while** $\boldsymbol{x}$ 不满足条件 **do**
3：　　　　　$J = \{j \mid 1 \leqslant j \leqslant n, x_i = 1\}$
4：　　　　　$I = \left\{ i \mid 1 \leqslant j \leqslant m, \sum_{j=1}^{n} w_{ij} y_j > c_i \right\}$
5：　　　　　$k = \arg \min_{j \in J} g(\boldsymbol{x}) - g(\boldsymbol{x}^{j-}) / \sum_{i \in I} w_{ij}$
6：　　　　　$x_k = 0$
7：　　　**end while**
8：　**end procedure**

其中，$g(\boldsymbol{x})$ 是目标函数，$\boldsymbol{x}^{j-}$ 是 $\boldsymbol{x}$ 将 j 个分量改写为 0 后的解。这个修复算子使用贪

心算法,不断移除价值低但重量大的物品,直到满足限制条件[50]。

为了测试算法并和 MOEA/D 比较,本章使用了多目标 0-1 背包问题的 9 个实例作为测试问题。包含 3 种不同的目标和 3 种不同问题规模的组合。每个实例记为 KN-n-m,其中,n 表示物品的数量,m 表示目标的个数,即背包的数量。

5.4.2　参数研究

本节主要研究参数 s 的影响。在 5.3 节中已经证明,参数 s 具有明确的物理意义。s 不应该取过大的值,否则算法将倾向于随机搜索。即使一个较小的 s 也可以显著提高解的质量。例如,当 $s=0.4$ 时,问题的规模是 $n=500$,生成的解与父代不同的概率至少为

$$P_{change} = 1 - \left(1 - \frac{0.4}{500}\right)^{500} > 32\%$$ (5-14)

需要指明的是,这是在极端情况下取得的结果,也就是所有邻域中的解都相同的时候。邻域中的解一般并不相同,那么由算子生成不同的解的概率更大。在探究参数 s 的影响时,本节使用 Hypervolume 作为评价指标。这是因为 Hypervolume 不需要其他算法作为参考。在本节中,测试 $s \in \{0,0.2,0.4,0.6,0.8,1.0\}$。图 5-1 为算法性能随参数 s 的变化情况。图 5-1(a)是使用权重分解方法时的结果,而图 5-1(b)是使用切比雪夫分解方法时的结果。

在计算 Hypervolume 时,同样选取了原点作为计算的参考点。对于不同目标个数的问题,Hypervolume 的变化范围很大($1\times10^7 \sim 1\times10^{18}$),因此要对结果进行归一化,从而使得结果可以直观地比较。将所得到的结果除以相同问题下 $s=0$ 时的结果。那么 y 轴为相对值,因此对于所有实例,结果都从 1.00 开始。从图 5-1 中可以看出,改进的算子相对于 MEDA/D 是有效的,s-MEDA/D 得到的结果要优于 MEDA/D 得到的结果。对于二目标问题,随着 s 的增加,Hypervolume 也增加;对于三目标问题,算法的性能在 $s=0.8$ 时达到最大,当 $s=1.0$ 时性能出现下降。s-MEDA/D 对参数并不敏感,所以得到的结果波动较小。

5.4.3　实验设置与性能指标

在 MOEA/D 框架中,首先需要分解多目标问题。无论使用上述的权重分解方法还是切比雪夫分解方法,都需要生成一组权重向量。权重向量的数量由参数 H 决定。对于每一个权重向量,其分量的值从以下集合中选取:

$$\left\{\frac{0}{H}, \frac{1}{H}, \cdots, \frac{H}{H}\right\}$$ (5-15)

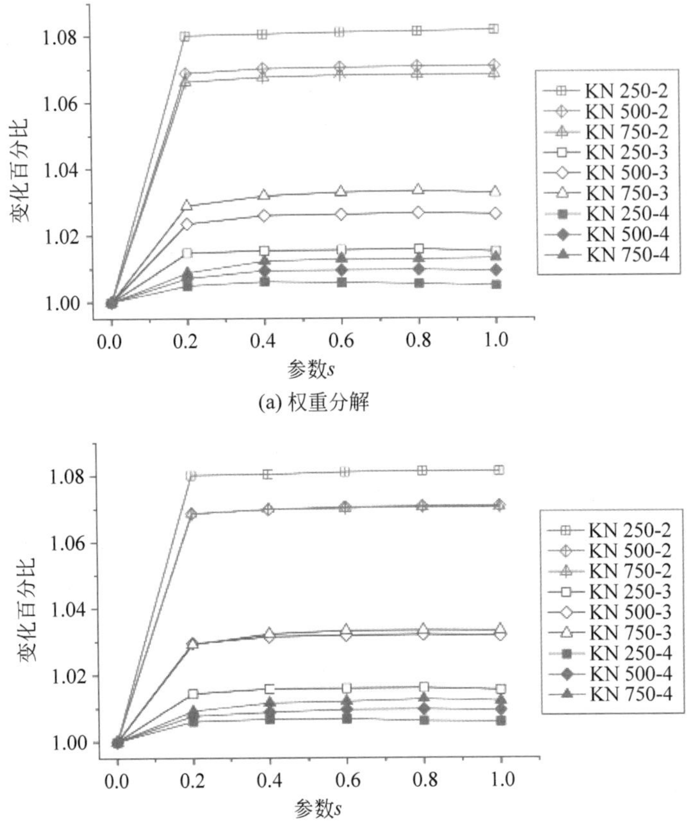

(a) 权重分解

(b) 切比雪夫分解

图 5-1　算法性能随参数 s 的变化

这种方式产生的权重向量的个数为 $N = C_{H+m-1}^{m-1}$。为了实现公平的比较,本章算法中的权重向量的生成方式与 MOEA/D 和 MEDA/D 是相同的。具体的设置如下:对于两目标问题的 3 个不同规模的实例,权重向量的数量分别为 150、200 和 250。对于三目标问题,参数 H 设定为 25;对于四目标问题,H 设定为 12。在 MOEA/D 框架中,还有一个重要的参数 T,即向量的邻域大小。对于所有实例,邻域大小取 $T = 10$,这个设置与 MOEA/D[50] 一样。MOEA/D 中变异算子的变异概率为 0.01。s-MEDA/D 中参数 s 设定为 0.4。

实验中,算法在达到最大评价次数时终止。本章实验所使用的终止条件与 MOGLS[52] 和 MOEA/D[50] 中使用的终止条件一致。对于每一组实例都进行 30 次独立实验。本章实验参数如表 5-1 所示。给定两个包含近似帕累托最优解的集合 A 和 B,通过计算覆盖指标 $C(A, B)$ 可以反映两组解的优劣。$C(A, B)$ 表示被 A 中解支配的解在

B 中所占的比例,其定义如下:

$$C(A,B) = \frac{|\{u \in B \mid \exists v \in A : v \text{ dominates } u\}|}{|B|} \tag{5-16}$$

Zitzler 等人[53] 使用解集所覆盖的区域的大小作为解集的评判标准,称为 Hypervolume[53]。Hypervolume 最大的优势在于可以独立评价一个解集的质量。但是 Hypervolume 需要一个参考点。在本章的实验中,对于所有的实例,都使用原点作为参考点。对于不同算法的实验结果,使用显著性为 95% 的威尔科克森符号秩检验计算算法得到结果是否存在的显著差异。

表 5-1　本章实验参数

实例	N	最大评价数 ($\times 10^3$)	T	$P_{mutation}$ (MOEA/D)	s (s-MOEA/D)
KN-250-2	150	75			
KN-500-2	200	100			
KN-750-2	250	125			
KN-250-3	351	150			
KN-500-3	351	125	10	0.1	0.4
KN-750-3	351	150			
KN-250-4	455	125			
KN-500-4	455	150			
KN-750-4	455	175			

5.4.4　实验结果

s-MEDA/D 和 MOEA/D 实验结果比较如表 5-2 所示。具有显著差别的结果用粗体表示。

从表 5-2 可以得出如下结论。对于覆盖指标,s-MEDA/D 在 9 个实例上都优于 MOEA/D。对于问题规模为 250 的 3 个实例,$C(s\text{-MEDA/D}, \text{MOEA/D})$ 在 85% 左右,而 $C(\text{MOEA/D}, s\text{-MEDA/D})$ 小于 10%。对于问题规模为 750 的 3 个实例,$C(s\text{-MEDA/D}, \text{MOEA/D})$ 大于 99.5%,而 $C(\text{MOEA/D}, s\text{-MEDA/D})$ 为 0。这说明在这 3 个实例上,s-MEDA/D 得到的绝大多数解都支配了 MOEA/D 得到的解,而 MOEA/D 得到的结果中没有任何解支配了 s-MEDA/D 得到的解。对于 Hypervolume 指标,除了 KN-250-2 以外,其他所有的结果都表明 s-MEDA/D 显著优于 MOEA/D。

表 5-2　s-MEDA/D 与 MOEA/D 实验结果比较

问题	m	C-指标		Hypervolume 指标	
		C(s-MEDA/D, MOEA/D)	C(MOEA/D, s-MEDA/D)	s-MEDAD	MOEA/D
基于权重分解					
KN-250	2	0.877 179±0.067 145	0.060 381±0.052 836	(9.832 523±0.010 875)E+07	(9.833 248±0.006 205)E+07
	3	0.894 277±0.032 293	0.036 038±0.015 913	(9.276 245±0.009 366)E+11	(9.240 465±0.006 721)E+11
	4	0.841 459±0.037 736	0.028 743±0.010 869	(8.006 844±0.009 728)E+15	(7.936 617±0.006 874)E+15
KN-500	2	0.983 875±0.013 797	0.000 279±0.001 044	(4.061 472±0.002 780)E+08	(4.053 955±0.002 866)E+08
	3	0.994 918±0.005 147	0.000 397±0.000 909	(7.665 099±0.008 639)E+12	(7.581 944±0.006 951)E+12
	4	0.989 432±0.004 501	0.000 226±0.000 322	(1.335 180±0.002 071)E+17	(1.306 883±0.002 032)E+17
KN-750	2	0.996 841±0.008 467	0.000 000±0.000 000	(8.900 160±0.006 867)E+08	(8.853 172±0.007 248)E+08
	3	0.999 755±0.001 035	0.000 000±0.000 000	(2.693 014±0.002 851)E+13	(2.649 068±0.003 116)E+13
	4	0.999 262±0.000 478	0.000 000±0.000 000	(7.029 037±0.011 975)E+17	(6.778 892±0.016 631)E+17
基于切比雪夫分解					
KN-250	2	0.850 588±0.084 157	0.090 291±0.056 651	(9.829 682±0.014 494)E+07	(9.833 269±0.007 742)E+07
	3	0.890 765±0.040 440	0.039 502±0.020 306	(9.277 022±0.009 184)E+11	(9.239 961±0.006 990)E+11
	4	0.835 567±0.033 432	0.031 279±0.013 262	(8.005 976±0.010 006)E+15	(7.936 000±0.010 029)E+15
KN-500	2	0.978 685±0.024 043	0.000 976±0.002 797	(4.060 804±0.003 585)E+08	(4.060 804±0.003 585)E+08
	3	0.995 862±0.004 070	0.000 273±0.000 551	(7.666 164±0.007 918)E+12	(7.585 415±0.008 352)E+12
	4	0.988 791±0.005 239	0.000 429±0.001 172	(1.334 330±0.002 023)E+17	(1.306 300±0.001 688)E+17
KN-750	2	0.998 460±0.003 947	0.000 000±0.000 000	(8.902 155±0.005 378)E+08	(8.853 976±0.006 809)E+08
	3	0.999 687±0.000 850	0.000 000±0.000 000	(2.693 431±0.002 328)E+13	(2.649 361±0.003 369)E+13
	4	0.999 144±0.000 685	0.000 000±0.000 000	(7.028 353±0.010 077)E+17	(6.780 390±0.018 409)E+17

为了直观展现算法的计算结果。图 5-2 绘制了 3 个算法在二目标问题上的解集。为了避免随机性误差。对算法在 30 次独立运算中得到的所有非支配解进行统计并绘制出

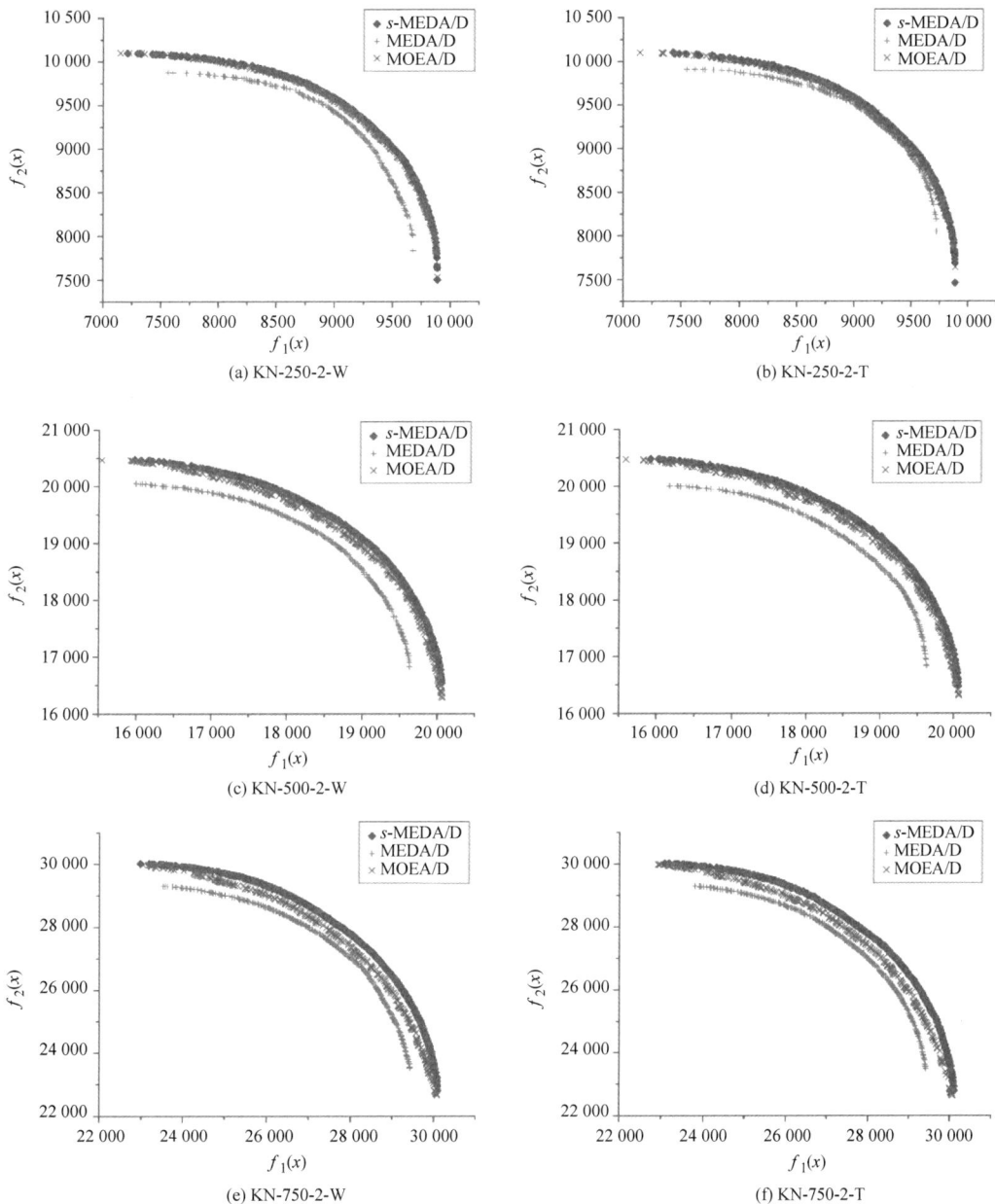

(a) KN-250-2-W

(b) KN-250-2-T

(c) KN-500-2-W

(d) KN-500-2-T

(e) KN-750-2-W

(f) KN-750-2-T

图 5-2　3 个算法在二目标问题上的解集

解集。从图 5-2 中可以看出，对于二目标问题的 3 个实例，s-MEDA/D 比 MOEA/D 和 MEDA/D 更有效；随着问题规模的增大，s-MEDA/D 相较于 MOEA/D 和 MEDA/D 的优势也逐渐增大。因为 MEDA/D 是 s-MEDA/D 当 $s=0$ 时的一个特例。图 5-2 表明本章改进的算子较原始方法在性能上有提高。在图 5-2 中，实例名最后的 W 表示权重分解方法，T 表示切比雪夫分解方法。

5.5　本章小结

本章主要介绍了一个基于 MOEA/D 框架的分布估计算法，称为 s-MEDA/D。在 s-MEDA/D 中，为了提高种群的多样性，进而增强算法的搜索能力，基于概率向量模型设计了新的生成算子。与 MEDA/D 中所使用的算子不同，本章所提出的算子可以避免概率向量的收敛，进而提高种群的多样性。在 9 个多目标 0-1 背包问题上的实验表明，s-MEDA/D 所获得的最终结果有显著提高。新的生成算子引入了一个参数，对这个参数的分析和实验表明算法的性能基本不受问题规模的影响。

第6章 上篇总结与展望

6.1 主要工作和结论

本篇的研究工作主要包含以下几方面。

本篇在 UMDA 基础上,借鉴贝叶斯推断过程的思想,利用 Beta 分布的性质,设计了一个两层结构分布估计算法 THEDA。同时提出了控制算法演化过程的学习速率函数,进而实现了全局搜索和局部搜索过程的显式控制。通过在 0-1 背包问题和 NK-Landscapes 问题上与 PBIL、cGA 和 QEA 的对比说明该算法的有效性。

本篇分析了 QEA 的特点,阐述了其存在的问题。为了进一步提高 QEA 的性能,特别是在多峰优化问题上的性能和变量链接学习的能力,本篇提出了 QEALL。QEALL 在 QEA 的基础上,通过引入概念引导组合算子使算法具备链接学习的能力。QEALL 将 QEA 中的全局和局部迁移过程移除,使算法中的模型可以向不同的结果演化,使得算法可以处理多峰问题,同时利用最邻近替换策略提高了算法的性能。为了验证算法的有效性,在 Trap-5 问题和重叠 Trap-5 问题上对比了 QEALL 和 BOA。实验说明 QEALL 能高效地处理这两个问题。同时,为了证明最邻近替换策略的作用,通过将其与随机替换策略对比,证明最邻近替换策略可以提高算法的效率。本篇还通过 QEA 和 QEALL 在 Twomax 问题上的动态结果展示了 QEA 处理多峰问题的演化过程。最后,图二分割问题上的实验表明 QEALL 具有优异的性能。

本篇提出了规模自适应生成算子,并将其应用在基于分解的多目标演化算法中,称为 s-MEDA/D。通过理论计算证明了算子在变异概率上具有问题规模的自适应性,即在生成子代时,产生变异的概率与问题的规模无关,而仅与生成算子的参数有关。在多目标 0-1 背包问题上的实验说明 s-MEDA/D 的性能优于基于遗传算子的 MOEA/D 和基于一般概率向量的 MEDA/D。

本篇的工作探索了几种提高基于概率向量的分布估计算法性能的方法。根据保持种群多样性的要求,控制全局搜索和局部搜索等基本策略,利用共轭先验分布、信息熵、小生境技术等挖掘了单变量分布估计算法的潜力。本篇所提出的 3 个算法在其测试问题上表现优异,相比于原始方法在质量和效率上均有所提高。

6.2 未来研究工作展望

在本篇工作的基础上,未来工作中可以从以下几方面进行探索。

本篇主要研究单变量分布估计算法。通过使用共轭先验分布、基于信息熵的组合算子、最邻近替换等技术,针对不同问题提高了单变量分布估计算法的性能。这些技术从不同方面提高了概率模型的性能。可以考虑将这些技术组合起来。例如,QEALL 和 s-MEDA/D 法都是多模型算法,因此基于信息熵的概念引导组合算子也可以引入 s-MEDA/D 框架中。提供了另一种在不同子问题之间交换信息的方法。同时,这些方法和技术可以尝试应用在多变量分布估计算法中。由于单变量模型简单、高效,而多变量模型对特定问题的解析能力更强,因此两者可以取长补短,使用混合方法设计算法框架。

本篇所提出的 3 个算法都是基于概率向量的分布估计算法,因此仅适用于二进制编码的问题。概率向量的每个分量都是一个二项分布,可以通过将二项分布拓展为多项分布,使算法有能力处理字母表编码的问题。例如,在 THEDA 中,将二进制编码对应的概率向量改为适用于字符表编码的模型后,可以利用 Dirichlet 分布是多项分布的共轭先验分布这一性质建立两层算法框架。通过这种方式可以拓展 THEDA 的适用范围。

并行计算是一种提高算法性能的通用方法。演化算法是基于种群的计算方法。由于个体之间在计算过程中没有顺序关系,因此个体的适应度计算、子代种群的生成等都可以通过并行计算的方式实现。

最后,本篇所涉及的实验都是抽象的理论问题。作为通用算法,可以尝试将本篇的算法应用在实际问题上,本书的后续内容将深入讨论如何将分布估计算法与机器学习模型深度融合——学习分类器方面的方法应用。在此基础上,还可以通过引入和问题相关的先验知识改进算法在实际问题上的性能。

中篇

内嵌特征选择的
学习分类器

　　进化计算作为计算智能中传统的优化技术,已经广泛应用于求解数据挖掘领域中的各种学习问题,并逐渐形成一种基于遗传的机器学习新范式——学习分类器。然而,在真实场景采集的原始数据中,不可避免地包含冗余乃至噪声的属性信息,这些不相关特征将对学习分类器的学习性能与计算效率造成负面影响。

　　针对数据挖掘应用问题中对于数据降维的实际需求,本篇在深刻洞察学习分类器与特征选择的方法思想的基础上,使用合作式协同进化算法设计框架整合了分类器演化与特征子集搜索两大过程,系统阐述了一种内嵌特征选择的学习分类器算法。具体来说,本篇首先基于对特征选择两种主流方法互补性的深入分析,结合进化计算领域流行的 Memetic 算法设计框架,提出了一种综合了 Wrapper 方法和 Filter 方法的混合式特征选择方法。该混合式方法在基于进化计算的 Wrapper 方法中结合 Filter 方法的相关性度量计算特征排名,并利用特征排名信息指导特征子集状态空间的局部搜索,实验结果表明,相较于单纯的 Wrapper 方法和 Filter 方法,混合式方法可以更好地平衡特征选择的搜索性能与计算开销。其次,在"分而治之,协同进化"的思想指导下,本篇在合作式协同进化算法框架中分别使用一个种群负责 Pittsburgh 式学习分类器的规则演化过程与混合式特征选择方法的特征子集搜索过程,并使其通过适应度评价相互成为对方种群进化的选择压力。最后,本篇结合几种经典的分类算法,在 UCI 数据集上对改进后的学习分类器进行了完整的算法测评,以验证其有效性,特别是针对原先的学习分类器进行了细致的比较分析。结果表明,整合特征选择后不但改善了分类性能,还提高了算法的运行效率。

作为一个典型的应用研究,本篇介绍了一种新颖的基于启发式策略的多处理器任务调度的研究成果以及一种基于启发式策略的混合式任务调度算法,其中使用了加入局部搜索的遗传算法进行任务分配,并基于包含了专家知识的启发式策略计算任务优先级以确定调度解。实验结果表明,引入领域先验知识可以改善进化过程的搜索性能并加速算法收敛。

第7章　中篇导言

7.1　研究背景

伴随着信息技术和移动互联网技术的发展以及社会经济数字化进程的加快,以计算机、智能移动硬件为代表的数字化设备已经渗透到日常生活的方方面面,正在深刻地改变着传统的工作和生活方式。网络移动互联技术的普及更是为信息化革命注入了强大活力,覆盖全球的 Internet 为人们提供了一个方便、快捷又廉价的信息发布平台,带来了数据量的爆炸式增长。同时,云存储技术与大规模分布式数据库技术的发展也为收集并存储这些海量数据提供了便利。然而,尽管有海量的数据,缺乏强有力的数据分析工具也只能带来信息的缺位或者数据孤岛,时至今日,面对数据的汪洋大海,人们已经将自己置身于数据泛滥但信息贫乏的窘境当中[54]。20 世纪 80 年代末,一门致力于实现数据分析自动化的交叉学科应运而生,这就是至今方兴未艾的数据挖掘(Data Mining,DM)。简言之,数据挖掘指的是从大规模数据中提取有用的信息(知识),因此也被称为从数据中发现知识(Knowledge Discovery from Data,KDD)[54]。作为一门交叉学科,数据挖掘涉及多个领域,既有负责海量数据存储的数据库技术,也有提供强大的运算能力的高性能计算技术,不过其中最为核心的是进行知识抽取的数据分析技术。从早期的统计学[55]到模式识别(Pattern Recognition,PR)[56],直到当下盛行的机器学习(Machine Leaning,ML)[57],数据挖掘从多个领域汲取养分,增强了本学科海量数据分析的实用性和有效性。

现实世界中各个行业、各个部门对于数据挖掘提出的应用需求五花八门。总的来说,数据挖掘任务可以分为两大类:描述性(descriptive)挖掘与预测性(predictive)挖掘。前者主要挖掘数据集的一般性质,对应于机器学习领域的无监督学习(unsupervised learning);后者则根据当前数据进行推断并作出预测,其中主要用到的是有监督学习(supervised learning)技术。作为一种典型的预测性任务,分类(classification)旨在找出描述和区分数据类别(或称概念)的分类模型,以便使用该模型预测类别标签值未知的数据实例,模型构建过程中主要的可利用信息是已知类别标签值的训练数据集(training dataset)。现实中人们感兴趣的预测值有很大一部分可以抽象为离散型的类别信息(如文字识别、故障诊断、入侵检测等),故而分类成为一种主要的分析手段。为此,在过去的几十年中,研究人员也提出了许多应用广泛的分类算法,包括决策树(Decision Tree,DT)、朴素贝叶斯分类器(Naive Bayes classifier,NBC)、k-近邻(k-Nearest Neighbor,k-NN)方法、人工神经网络(Artificial Neural Network,ANN)和支持向量机(Support Vector Machine,SVM)[54]。

传统的决策树算法采用自顶向下的递归学习方法,从一棵空决策树出发,递增地加入代表属性测试的判定节点以完善原先的决策树,直至当前决策树能够正确区分所有训练数据。决策树构造过程无须具有任何领域知识或进行参数设置,且推理过程符合人类的直观思维,故而具备很好的可用性与可理解性。不过,在将决策树应用于大规模数据集时,其有效性急剧降低,缺乏可扩展性。

朴素贝叶斯分类器以经典概率论中的贝叶斯定理为基础,使用概率表示形式化的不确定性,运用概率推理实现整个学习过程,学习结果也表现为随机变量的概率分布。相较于其他分类算法,朴素贝叶斯分类器具有理论上最小的错误率。然而,由于实践中对其使用的假定(类条件独立性)无法支持,以及难以获取可用的概率数据,实际情况往往与理论不尽一致。

k-近邻方法是一种基于实例的学习(Instance-Based Learning,IBL)方法,对所有训练样本只进行简单的存储,直至给定一个测试样本,才从中找出 k 个最邻近的训练样本并基于样本的相似性进行分类。这种直到需要预测时才开始学习的做法又被称为惰性学习(lazy learning)。当训练样本集规模较大时,该方法需要有效的存储技术,并且会导致较高的计算开销。此外,该方法对所有特征属性一视同仁,如果存在大量的相关属性,该方法的可行性与可解释性也将受到质疑。

人工神经网络是在连接主义(connectionism)思想指导下形成的机器学习算法。粗略地说,人工神经网络是由一组连接的输入输出单元构成的自适应组织系统,每个连接都关联着一个权重,通过训练样本数据对这些权重进行调整,从而使得人工神经网络具有分类的能力。人工神经网络可以承受很高的数据噪声,健壮性极佳,且具备固有的并行性,适合使用并行计算技术进行加速。不过,人工神经网络像一个"黑盒",学习结果的可解释性较差。近年来以多层次的深度神经网络为代表的深度学习(Deep Learning,DL)模型由于在特征的表示学习与分类预测方面的优异效果,得到了广泛应用与深入研究。

支持向量机是一种基于统计学习理论的方法。该算法基于训练集中包含关键信息的数据样本(被称为支持向量),通过在高维空间的非线性映射构建最佳分割超平面,同时最小化预测的经验风险与真实风险,从而获得最佳的泛化能力。经过几十年的发展,关于支持向量机应用于二分类问题的研究已经取得很大进展,是许多应用领域的默认分类器。但是,支持向量机对于多分类问题缺乏有力的直接支持,需要逐步进行学习,且通常具有很大的计算开销。

近年来,一种新的名为学习分类器的机器学习范式吸引了越来越多的研究者[58]。总的来说,学习分类器基于规则归纳(rule induction)的思想,主要致力于解决分类问题。在学习分类器中,处于中心地位的规则学习单元通常是进化计算(Evolutionary Computation,EC)中的遗传算法(GA),故而在一部分文献中又被称为基于遗传的机器学习(Genetic-Based Machine Learning,GBML)[59]。通过将学习性能指标定义为优化目标函数,学习分类器实质上将作为学习问题的分类任务转化为传统的优化问题进行求解,继而基于遗传算法的全局优化能力确保规则知识表示的假设空间中一定强度的随机化搜索,以期在合理的运算时间内收敛到较优的问题解,从而更好地平衡了算法性能与计算效率之间的矛盾。

在实际的分类问题中,不但会出现海量规模的训练样本集,单个样本实例的属性描述也呈现高维化的趋势。在实际应用场景中采集的众多属性数据中不可避免地存在冗余的、不相关的甚至是噪声的特征,这些特征将会对分类算法的性能和效率造成不良影响[60]。因此,数据降维是每种分类算法在实际应用中无法回避的问题。特征选择正是一项在解决该问题中应用广泛的技术。简要地说,特征选择就是从原始特征全集中挑选出包含关键信息的最优特征子集,使得以之驱动的分类过程的预测准确率最大化。由此可知,特征选择本质上也是一个组合优化问题。鉴于在传统优化问题上展现的强大搜索能力,以遗传算法为代表的进化计算方法很自然地被用于求解特征选择问题,并在近年得到更为广泛的应用。

尽管学习分类器与基于进化计算的特征选择方法都包含了基于遗传的机器学习思想,具有很强的共通性,然而针对这两者的整合研究却尚未出现。如前所述,分类与特征选择本就是密切相关的两个数据挖掘任务,各行其是的求解方式无疑是对计算资源的浪费。如果能将两者整合,无疑对学习分类器算法求解实际数据挖掘问题具有很高的应用价值。

本篇的主要研究对象就是学习分类器与特征选择方法,重点是两者的整合研究,将学习分类器的分类模型构建过程与特征选择的特征子集搜索过程统一集成在基于遗传的机器学习框架下,同时改善分类算法的预测性能与运行效率。

7.2　主要内容

为了达成整合学习分类器与特征选择方法的最终目标,本篇将主要从以下 4 方面论述相关的研究工作:

(1) 在系统而深入的文献综述基础上,详细地评述学习分类器与特征选择这两个研究领域中现有的几种主流方法,包括方法中蕴含的算法设计思想以及具有代表性的算法实现,并对各种方法的优势以及存在的问题做出细致分析,为后续讨论改进算法提供理论指导。

(2) 基于进化计算领域的 Memetic 算法(Memetic Algorithm,MA)的设计范式,综合特征选择中的 Wrapper 方法与 Filter 方法的设计思想,介绍一种混合式特征选择方法。该方法利用基于 Filter 方法的相关性度量的特征排名信息指导 Wrapper 方法中特征子集的局部搜索过程,以改善特征选择的搜索性能。

(3) 在进化计算领域协同进化思想的启发下,基于合作式协同进化算法的设计框架,集成学习分类器的分类器演化过程与本篇提出的混合式特征选择方法中的特征子集搜索过程,从而提出一种内嵌特征选择的学习分类器算法,以期在改善分类性能的同时也提高算法的运行效率。

(4) 使用 UCI 数据集中针对分类问题的 Benchmark 数据集,对本篇介绍的内嵌特征选择的学习分类器算法进行完善的算法评测,并与其他的一些经典分类算法相比较,以验证本篇提出的算法的有效性。

除此之外,本篇还将介绍与协同进化优化调度策略相关的一个典型应用——基于混合式 GVNS 算法的多处理器任务调度。这一部分工作主要研究的是多处理器系统上的静态任务调度问题。同时,基于 Memetic 算法框架,介绍一种基于 GA 结合局部搜索演化任务分配方案的混合式 GVNS 任务调度算法,并在算法中利用启发式策略计算任务的优先级,以体现领域的专家知识对进化过程的指导,与其他最新式的任务调度算法的比较实验进一步验证了算法的有效性。

7.3　结　构　安　排

本书中篇各章的内容安排如下。

第 7 章为本篇导言,简要阐述研究背景、主要内容与结构安排。

第 8 章是文献综述,对学习分类器与特征选择的方法基础与研究进展进行综合介绍,并总结已有研究的优势与不足,作为中篇的理论基础。

第 9 章针对现有特征选择方法的不足,结合 Memetic 算法设计框架,提出一种混合式特征选择方法。首先回顾进化生物学中 Memetic 学说出现的思想发展历程,接着介绍受该学说启发在进化计算领域兴起的 MA 框架,最后是基于 MA 的混合式特征选择方法的算法描述。

第 10 章首先回顾协同进化在进化生物学中的思想起源,接着介绍两种主要的协同进化算法设计框架,最后基于合作式协同进化算法将第 9 章提出的混合式特征选择方法集成到学习分类器的演化过程中,讨论一种内嵌特征选择的学习分类器算法。

第 11 章结合 UCI 网站提供的针对分类问题的 Benchmark 数据集对第 9 章和第 10 章提出和讨论的算法进行评测,特别是针对整合特征选择后的学习分类器算法,与众多经典的分类算法进行范围广泛的比较性实验分析,以验证整合式设计的有效性。

第 12 章介绍多处理器任务调度部分的研究实践工作。首先是对多处理器任务调度问题的背景描述,以及对任务调度算法研究现状的综述,接着重点介绍混合式调度算法的设计思想以及各方法要素的算法设计细节,最后是对算法性能的比较性实验分析。

第 13 章对本篇的内容进行总结,并提出本领域中值得继续深入研究的若干问题。

第 8 章　　相关工作综述

8.1　概　　述

　　作为本书中篇主要研究内容的学习分类器是一种基于进化计算方法的机器学习范式,其中利用进化算法提供的全局优化能力保证了学习性能,成为近些年来备受瞩目的一种机器学习方法。随着研究的深入,研究人员已经越来越多地将学习分类器运用于实际应用场景中。然而,实际应用中的高维数据通常包含大量噪声或冗余信息,这些不相关数据将给机器学习算法带来性能和效率上的双重影响。为了保证实际应用中的学习性能,机器学习算法通常都需要考虑运用特征选择等数据降维技术从原始数据中遴选出最关键的特征信息。

　　本章将对构成本书中篇两大要点的学习分类器和特征选择方法分别进行文献综述。其中,8.2 节主要介绍学习分类器的相关研究情况,其中包括作为学习分类器核心的进化计算方法的概述、进化计算用于求解机器学习问题的算法思想以及学习分类器两大主流分支的研究现状;8.3 节则从机器学习中的特征选择问题描述入手,介绍特征选择方法的相关研究,其中还包括三大类特征选择方法的算法思想、发展现状以及各自的优缺点;最后是本章的小结,将从前面两大方面的研究现状分析中引出中篇重点讨论和介绍的内容。

8.2　学习分类器研究综述

　　学习分类器(LCS)是一种基于进化计算方法的机器学习范式。1976 年,Holland 在文献[61]中第一次提出学习分类器的概念框架,历经四十余年的发展,学习分类器无论是在理论基础上还是在方法应用上都取得长足的进步,成为一个很有竞争力的机器学习范式[62]。

　　本节首先概述作为学习分类器框架核心的进化计算方法;接着阐明如何将进化计算方法用于求解机器学习问题;最后针对学习分类器研究中两大分支——Michigan 式学习分类器与 Pittsburgh 式学习分类器,分别介绍其主要思想、方法框架以及典型的算法实现。

8.2.1　进化计算概述

进化计算是一种使用计算机程序模拟自然界生物进化与选择过程以进行问题求解的人工智能技术[①]。进化计算的思想主要源于生物学领域中达尔文的进化论[63]与孟德尔的遗传变异理论[64]，两者的理论都试图对自然界中各物种的自适应进化过程作出解释。达尔文在《物种起源》一书中创立了进化论，其核心思想就是"物竞天择，适者生存"的自然选择。按照达尔文的理论，生物个体竞争形成的选择压力将使得种群（population）倾向于保留对外部环境更为适应的个体。孟德尔创立的遗传学则从微观的角度研究生物的繁殖过程（reproduction）。通过观察豌豆杂交实验，他发现了遗传现象，即父代个体通过繁殖将其自身携带的生物特征传递给后代（offspring）。为了解释该现象，孟德尔引入了基因（gene）的概念，将其定义为控制生物特征的基本遗传单元，并提出了遗传学两大基本定律。其后的研究者把对基因信息进行生物编码的实体命名为染色体（chromosome），并定义了遗传过程中两个基本的基因操作——交叉（crossover）与变异（mutation）。

总的来说，进化计算方法受到上述思想的启发，通过计算机程序人工地创建了一个由问题待选解组成的种群，并根据问题优化目标定义相应的适应度函数，其后迭代地在该种群个体之间执行交叉、变异等遗传操作，使之收敛到适应度较高的个体。实质上，交叉、变异操作就是在问题解空间上进行搜索，而算法收敛后所得到的个体通常也就对应着目标问题的优化解。

进化计算的相关研究发轫于 20 世纪 60 年代，在随后几十年的研究历程中，不断有新算法被提出并被归类到进化计算这个大框架中。按照传统的分类[65]，进化计算方法可以划分为以下四大类[②]：进化策略（Evolution Strategy，ES）[66]、进化编程（Evolutionary Programming，EP）[67]、遗传算法（Genetic Algorithm，GA）[68,69]、遗传编程（Genetic Programming，GP）[70]。其中，遗传算法是应用最为广泛的进化计算范式，典型的遗传算法迭代过程如图 8-1 所示。传统的遗传算法被用于解决组合优化（Combinatorial Optimization，CO）问题。相较于其他传统的优化技术，遗传算法拥有基于种群的全局搜索能力，故而通常能够得到更好的优化性能。为了更加深入地探究遗传算法搜索过程的内部机制、收敛性以及参数化等问题，研究者也进行了不懈的努力，提出了模式定理（schema theorem）[61]、基于积木块假设（building block hypothesis）的多面分析（facetwise analysis）[71]等形式化理论，为遗传算法的应用研究和设计提供了很好的理论指导。

---

① 更确切地说，进化计算属于计算智能（computational intelligence）技术的一种。

② 近年来，研究人员又提出了一种基于概率模型的新范式——分布估计算法（EDA）[3]。它采用基于概率论模型的抽样操作取代了传统的交叉操作，以期使搜索过程建立在更加坚实的理论模型基础上。

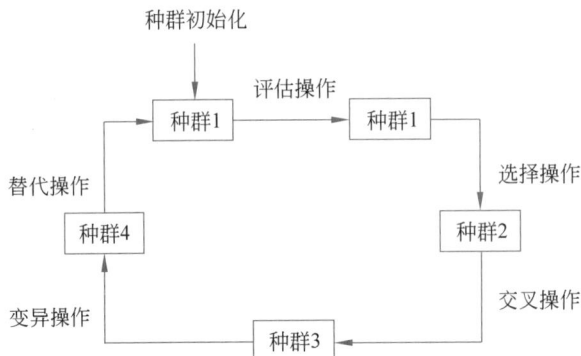

图 8-1　典型的遗传算法迭代过程

8.2.2　基于遗传的机器学习思想概述

遗传算法在提出之初通常只用于解决离散型的组合优化问题。然而，遗传算法在知识表示方式上有很高的灵活性，加之基于种群的全局搜索能力以及大量应用中表现出的良好的算法健壮性，使得研究人员逐渐将其用于其他复杂问题的求解，其中就包括机器学习问题。

通俗地说，机器学习研究的是可以通过经验提高某任务处理性能的计算机程序。根据 Mitchell 在其经典教材[57]中给出的定义，可以用定义 8-1 广义地描述机器学习。

定义 8-1　针对某类任务 T，如果一个计算机程序可以根据经验 E 不断自我完善以提高用 P 衡量的任务处理性能，那么可以称这个计算机程序针对任务 T 从经验 E 中学习，其学习性能可以用 P 衡量。

遵循这个宽泛的定义，许多方法、技术都可以归入机器学习的范畴。根据待求解问题的属性，机器学习可以大致分为以下 3 类：

- 有监督学习。其任务是寻求一个输入属性（特征）到输出属性（标签）之间的映射。根据输出属性的数据类型，有监督学习又可以进一步细分为离散型的数据分类（data classification）与连续型的数据回归（data regression）。
- 无监督学习。在该类学习任务中，数据仅具有输入属性，学习的目的是发现输入数据中潜在的新奇规律。在数据挖掘领域，无监督学习又被称为数据聚类（data clustering）。
- 强化学习。作为介于上述两者之间的学习任务，强化学习致力于使一个能够感知环境状态的自治智能体（agent）通过学习可以选择到能最大化目标回报（reward）的最优动作。

无论是何种机器学习任务,其中都包含着最优化的思想,学习的目标就是最大化学习性能。以分类问题为例,学习的目标是通过在训练数据集上构建将特征向量映射到标签值的分类模型,最大化该模型在测试数据集上的分类准确率。因此,将学习性能定义为优化的目标函数,一个机器学习问题就可以方便地转化为一个优化问题,至此,遗传算法等全局优化技术便有了用武之地,这种问题转化的处理方式正是基于进化的机器学习的核心思想。作为基于遗传的机器学习范式,学习分类器在提出之初被用于动物行为的建模[72],这实质上属于强化学习的范畴。发展至今,学习分类器已经可以解决包括有监督学习和无监督学习在内的所有机器学习问题[73-75],这种方便处理各类任务的灵活性也是学习分类器相较于其他单一化机器学习范式的一大优势。

根据遗传算法在学习分类器整体框架中所处的位置①,可以大致将学习分类器相关研究划分为 Michigan 式学习分类器与 Pittsburgh 式学习分类器两大分支。以下将分别对其进行介绍。

8.2.3 Michigan 式学习分类器研究进展

Michigan 式学习分类器这一分支秉承了 Holland 早先在相关文献[78]中提出的研究思路——将学习分类器视为可对动态环境进行感知并选择相应动作的在线自适应系统。图 8-2 展现了典型的 Michigan 式学习分类器的算法框架。如图所示,Michigan 式学习分类器主要由以下三大部分构成。

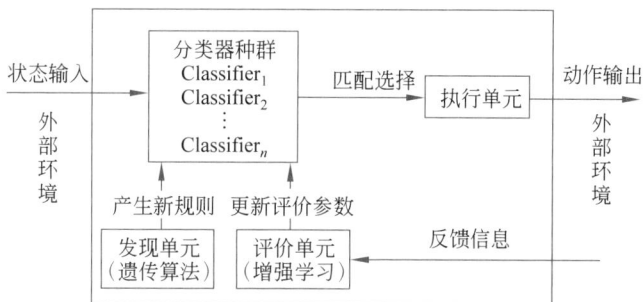

图 8-2 典型的 Michigan 式学习分类器的算法框架

1. 分类器种群

学习分类器采用基于规则的知识表示方式。在 Michigan 式学习分类器中,规则拥有一个特定称谓——分类器。通常情况下,分类器都具有以下知识表示形式:

---

① 近年来,也有研究人员提出使用分布估计算法构造学习分类器[76,77],不过遗传算法仍然占据了主流地位。

IF condition **THEN** action

表示当环境满足一定状态条件(condition)下系统应该采取的动作(action)。对于分类问题而言,这个动作就是预测的标签值,而条件则对应于数据的输入特征值。在 Michigan 式学习分类器中,每个分类器只覆盖了问题论域的一部分,整个分类器种群才表示目标问题的一个完全解。

2. 分类器评价单元

分类器评价单元解决的是强化学习中的信用分配(credit assignment)问题。具体来讲,就是结合外界环境对分类器系统前一步动作的反馈信息调整现有规则的权值,使之反映出分类器的适应度。对于单步(single-step)问题,由于分类器可以根据外界即时反馈的结果准确地评估该动作所取得的报酬,信用分配问题相对简单;而在复杂的多步(multi-step)问题中,只有在完成一系列动作的执行之后才能从外界环境得到报酬及反馈的最终结果,因此,如何合理地在前面使用的一系列分类器之间进行适应度分配成为保证学习性能的关键。

3. 分类器发现单元

在分类器发现单元中,遗传算法被用于在分类器种群上执行交叉、变异等遗传操作,以期在原先规则的基础上派生出更优化的新规则。Michigan 式学习分类器通常使用结合了小生境技术的稳态遗传算法(steady GA)[79],这种技术被认为能够有效地维持种群的多样性以提高状态空间搜索的性能。

第一个 Michigan 式学习分类器的算法实现是由 Holland 和 Reitiman 在 1978 年提出的 CS-1 系统[72]。在此之后,研究者从知识表示、信用分配等多方面对原始系统进行了扩展,其中具有里程碑意义的是 1995 年由 Wilson 提出的扩展分类器系统(eXtended Classifier System,XCS)[79]。在 XCS 中率先使用了基于精度(accuracy)的规则评价策略,将分类器的适应度定义为其预测值的精度而非预测值本身。大量的经验实验表明,相较于传统的基于强度(strength)的规则评价策略,基于精度的规则评价策略大幅度提高了系统的泛化能力[80]。可以说,XCS 极大地推动了 Michigan 式学习分类器的相关研究,相继产生了许多基于 XCS 的衍生系统[74,81,82],其中较有影响力的是针对有监督学习任务的监督分类器系统(sUpervised Classifier System,UCS)[73]。

8.2.4 Pittsburgh 式学习分类器研究进展

从 8.2.3 节的介绍中可以看到,在 Michigan 式学习分类器中,遗传算法仅仅是构成系统的一个模块,与之并列的还有强化学习、在线反馈等单元。而 Pittsburgh 式学习分类器则直接基于遗传算法的框架解决机器学习问题,其中就使用了前面所述的问题转化思想将机器学习问题转化为优化问题。图 8-3 给出了典型的 Pittsburgh 式学习分类器的算法框架。从图 8-3 中可以看到,这实质上就是一个典型的遗传算法进化迭代过程。

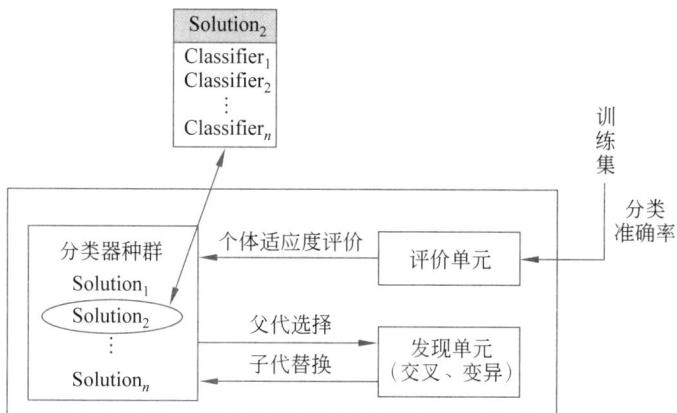

图 8-3 典型的 Pittsburgh 式学习分类器的算法框架

具体来说,Pittsburgh 式学习分类器在知识表示、规则评价与规则发现三大方面都有别于 Michigan 式学习分类器。在 Pittsburgh 式学习分类器的分类器种群中,每个个体都是目标问题的一个完全解,这意味着单个个体就覆盖了问题论域的所有特征。为了区别于 Michigan 式学习分类器中的 Classifier,文献中通常使用 Solution 指代 Pittsburgh 式学习分类器中的个体,单个 Solution 由若干 Classifier 构成,这些 Classifier 对应的规则被组织成析取范式(disjunction),具体可以采用决策表(decision table)或决策树(decision tree)集合等形式。由于单个个体已经是完整的解,因此可以根据解的质量直接评价个体本身的适应度,这样就回避了 Michigan 式学习分类器中规则评价单元的信用分配问题。不过在进行个体评价时,需要用到所有的训练样本,换言之,Pittsburgh 式学习分类器的规则评价是离线进行的。基于规则评价后分类器种群个体各自的适应度,父代优势种群被选择出来供规则发现单元的遗传算法执行交叉、变异等遗传操作,产生的子代个体在一定的替代策略控制下更新种群。在学习(进化)过程的最后,Pittsburgh 式学习分类器的分类器种群中的最优个体被选出作为最终解;而在 Michigan 式学习分类器中,最终解是终止迭代后的分类器种群整体。

最早的 Pittsburgh 式学习分类器算法实现是 Smith 在其博士论文中提出的 LS-1 系统[83],此后较有影响力的系统是 GABIL(Genetic Algorithm of Batch-Incremental concept Learning)[84] 和 GIL(Genetic-based Inductive Learning)[85]。总的来说,Pittsburgh 式学习分类器框架结构简单,易于应用,不过学习过程中存在过拟合的膨胀效应(bloat effect)。简言之,膨胀效应就是系统在学习过程中倾向于产生由过多的

Classifier 构成的 Solution,以提高训练样本集上的预测性能,却影响了测试数据集上的泛化能力。近年来,由 Bacardit 在其博士论文中完整描述的 GAssist(Genetic Algorithm based classifier system)引入了规则删除、静态默认规则等机制,较好地抑制了膨胀效应[86],进一步推动了 Pittsburgh 式学习分类器研究的发展。

早在 20 世纪 70 年代学习分类器研究的两大分支形成之初,学术界就存在两者孰优孰劣的争论。在笔者看来,两种系统各有其优劣,适用于不同的应用场景,不可一概而论。Pittsburgh 式学习分类器主要的设计问题在于难以选择合适的知识表示方式对问题解进行编码,使之适用于遗传算法中的各种遗传操作;而在 Michigan 式学习分类器中,知识表示方式有很大的灵活性,这是由于在其中每个规则仅仅表示一个部分解,规则之间的重组方式也相对灵活。另外,Pittsburgh 式学习分类器可以很直观地对个体做出评价,而 Michigan 式学习分类器中的信用分配问题则颇费周折。不过,前者在每轮迭代中都需要用到所有的训练样本,仅适用于离线学习的场景;而后者则可以方便地处理在线与离线两大类学习任务。针对两类学习分类器在分类问题上的效果,以前的研究者已经进行了实验性对比研究[87],具体实现分别选取了两大类系统中的集大成者——XCS 和 GAssist。实验结果表明,两种实现算法在 Benchmark 数据集上的性能表现并无显著性差异。相较于 GAssist,XCS 更易于出现过拟合的现象,特别是在规模较小的数据集上;而 GAssist 则在处理类别数较大的多分类问题时存在微弱劣势。不过,从方法易用性的角度看,Pittsburgh 式学习分类器由于结构简单,算法实现中的参数远少于机制复杂的 Michigan 式学习分类器。

8.3 特征选择方法综述

随着计算机存储技术以及数据采集技术的高速发展,机器学习技术在许多实际应用中所处理的原始数据都呈现海量化的趋势。数据的海量化通常体现在两个层次:其一是样本实例的规模扩大;其二是用以描述单个样本实例的特征数增多。后者的庞大通常会引起模式识别领域中的维数灾难(curse of dimensionality)[56],即为了使得机器学习算法保持一定的分类准确率所需提供的训练集规模[也称为样本复杂度(sample complexity)]将随着特征数目呈指数型增长。维数灾难对于机器学习算法的影响是双方面的:首先,样本复杂度的增长导致机器学习算法需要处理的数据规模显著增长,必然影响算法的运行效率;其次,限于数据的获取成本(如生物信息学中基因微阵列数据)等实际原因,训练集的样本规模跟不上特征数目的增长,将会导致机器学习算法预测性能的下降。

然而,实际环境中采集的原始数据通常都包含大量的噪声或不相关的特征。即便经过数据清洗以后,各个特征对于数据底层分布的描述能力也有高低之分。为了在有限训练样本规模下求解高维度特征空间内的学习问题,研究者提出了对样本进行数据规约(data reduction)的方法,以便提供最为有效的特征集合驱动算法的学习过程。

数据规约的方法通常可以分为两大类:特征抽取(feature extraction)和特征选择(feature selection)。特征抽取方法主要是在原始的特征空间上进行某种形式的变换,以构成描述能力更强的新特征集合。主成分分析(Principal Component Analysis,PCA)是这类方法中的典型算法[88],该算法基于变量协方差矩阵对原始数据信息进行处理,将原先给定的一组相关变量(特征)通过正交变换映射为另一组互不相关的变量(特征),以消除原始特征相互之间存在的共线性(collinearity)。这样处理之后,原先的大量相关变量将转换为个数较少且彼此独立的新变量,每一个新变量的特征值代表了原始数据集上一个显著的方差。主成分分析算法思路简单、直观,可以有效地降低计算复杂度,在很多机器学习任务中都取得了很好的降维效果。但是,主成分分析算法的局限性也是显而易见的:一方面,基础是原始特征的线性变化,因此必然无法反映原始特征之间的非线性关系;另一方面,在基于新特征构造的降维过程中破坏了原始特征的可理解性,因为即便是经由简单的线性组合构造出的新特征也是难以解释的。

不同于特征抽取,特征选择方法并不构造新的特征,而是在原始特征集合中通过剔除若干不相关的特征筛选出一个最优特征子集,使得在这个最优特征子集上执行机器学习算法仍然能够取得与原始特征集合上相近甚至更优的学习性能。一般认为,特征选择方法可以取得如下效果:

(1) 降低过拟合的风险,从而改进算法的学习性能。

(2) 加快学习模型的构造过程,提高算法的运行效率。

(3) 保留原始特征的语义信息,便于从中获取对目标概念更深刻的理解。

正是由于具备这些优势,特征选择方法一直备受研究者重视,最早的相关研究可以追溯到 20 世纪 60 年代模式识别领域的研究工作[89]。自 20 世纪 90 年代机器学习研究兴起,特征选择更是逐渐发展成一个热门的研究课题。以下将分别从机器学习领域中特征选择的问题描述、搜索模型和主要方法 3 方面介绍相关研究。

8.3.1　特征选择的问题描述

如前所述,在机器学习任务中使用特征选择方法能够从原始特征集合中筛选出一个最优特征子集,使得机器学习算法可以运行在仅由该最优特征子集包含的特征描述的数据集上,并取得最优的学习性能。值得注意的是,特征选择的应用不限于具体机器学习任务的种类。无论是有监督学习还是无监督学习,特征选择都可以起到改善学习性能、提高运行效率的数据降维效果。不过,由于本书主要讨论的是分类问题,因此以下的讨论将仅限于分类任务中的特征选择。

对于特征选择的形式化描述可以追溯到 Langley 于 1994 年发表的文献[90]，本书仍然沿用该定义。

定义 8-2 给定一个分类器 C，一个维数为 n 的特征空间 X：$\{X_1, X_2, \cdots, X_n\}$，一个定义在该特征空间上的样本集 S，每个样本点拥有一个类别标志 Y，并且样本点特征到类别标志 Y 的映射符合底层分布 D，特征选择就是要找到一个最优特征子集 X_{opt}，使得定义在该特征子集下的分类器性能评价指标 $J(C, S)$ 最优化。

需要注意的是，最优特征子集并不一定具有唯一性，分类器可能在不同的特征集合上取得相同的预测准确率（这是最常用的评价指标）。

由定义 8-2 可知，特征选择本质上是一个组合优化问题，其可能的状态空间大小是 $2^n - 1$（排除不包含任何特征的空子集）。在实际应用中，寻找最优特征子集是一个十分困难的任务，Davies 在文献[91]中已证明寻找满足要求的最优特征子集是 NP 完全问题。

8.3.2　特征选择的搜索模型

既然特征选择本质上是一个组合优化问题，那么特征选择的寻优过程便可以视为在特征子集状态空间中的搜索过程。图 8-4 形象地描绘了一个特征数为 4 的特征子集状态空间上各个子集之间的偏序关系。

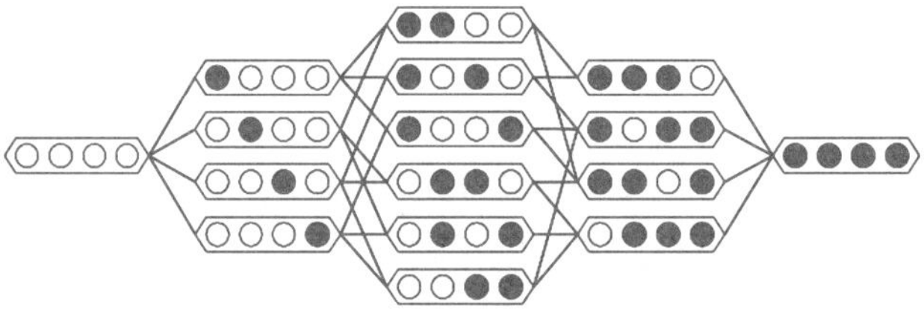

图 8-4　特征子集状态空间偏序图

鉴于最优特征子集的搜索已被证明是一个 NP 问题[91]，意味着除了穷举搜索以外，不存在其他多项式计算复杂度的方法可以保证找到最优解。因此，人们通常致力于使用启发式搜索的方法寻找近似最优解。Blum 等人在文献[92]中归纳了作为启发式搜索的特征选择的四大要素：①搜索起点；②搜索组织策略；③特征子集评估函数；④搜索终止条件。其中，搜索起点是算法在特征子集状态空间中的搜索起始点，搜索起点的选择对生成后续状态点以至搜索组织策略都有重要影响。由特征空子集开始逐个加入特征的策略称为前向搜索（forward search）；反之，从特征集合出发不断删减特征的策略则称为后向搜索（backward search）。特征子集评估函数主要负责对状态空间中各个特征子集的优劣做出评价，以指导整个搜索过程。特征选择的搜索终止条件多种多样，包括最大迭代次数、未能改进性能的最大连续迭代次数、找到满足评估函数的特征集合等。

其后,Dash 等人提出了一个更加全面的特征选择框架,指出任何一个特征选择方法都可以分解为子集产生、子集评价、终止条件和结果验证 4 个基本组成部分[93]。这 4 部分的组成关系可由图 8-5 表示。简言之,在 Dash 等人提出的模型中,特征子集评价函数与终止条件两部分的含义与 Blum 等人的初始模型完全一致,而特征子集生成部分实质上定义了一个搜索过程,包括了搜索起点的选定与搜索的组织策略。两大模型的显著区别就在于前者新引入了结果验证步骤。结果验证本质上并不属于特征选择方法的一部分,但正是这个结果验证步骤体现了特征选择与实际分类算法的交互。对于某个特定的分类算法而言,引入特征选择无疑为其增加了额外的复杂度。为了验证特征选择搜索所得到的特征子集质量,分类算法必须针对该特征子集重新调整、优化分类模型的参数,并将构建出的分类模型与之前(在特征集合上)建立的模型相比较,比较的指标通常是两者在测试集上取得的分类准确率。如何有机地结合特征选择中的最优特征子集搜索与分类算法在假设空间(hypothesis space)中的分类器模型构造这两大搜索过程,对特征选择下的分类性能与算法效率有着深远影响。

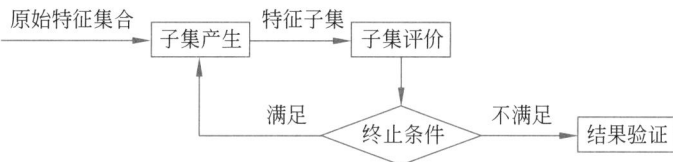

图 8-5　特征选择框架

8.3.3　特征选择的主要方法

根据特征选择方法与分类算法之间结合方式的不同,特征选择方法通常可以分为 3 类:Filter(过滤型)方法、Wrapper(包装型)方法和 Embedded(嵌入型)方法。以下分别介绍这 3 类方法的主要思想与典型算法,并总结各自的优缺点。

1. Filter 方法

Filter 方法的主要思想是使用各个特征在原始数据集上直接表现出来的统计特性构造一个相关性度量,并以此评估各个特征的相对重要程度。通常情况下,Filter 方法会为每个特征计算一个分值,过滤分值较低的特征,而由满足条件的特征所构成的特征子集将作为输入条件提供给后续的分类算法。Filter 方法与分类算法的交互关系如图 8-6 所示。

如图 8-6 所示,作为一个单独的预处理步骤,Filter 方法的特征选择独立于后续的分类算法。对于一个特定的数据集,Filter 方法仅需执行一次,其结果就可以提供给任何分类算法作为参考,因此具备很高的运算效率。然而,Filter 方法完全忽略了与具体分类算法的结合,无法保证分类器在其选出的特征子集上的预测性能。

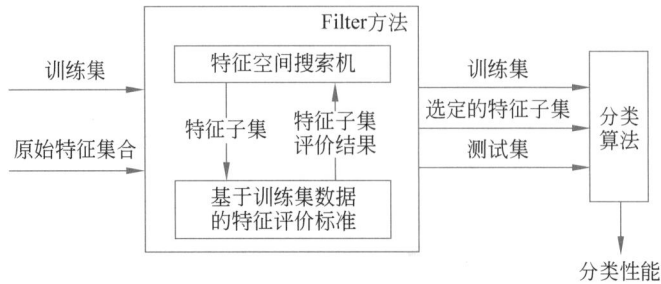

图 8-6　Filter 方法与分类算法的交互关系

对于 Filter 方法的研究主要集中在用作特征评价函数的相关性度量上。早期的研究通常独立地评价每个单独的特征与目标概念(标注值)的相关性。每次只考虑单个特征固然有助于降低计算复杂度[94,95]，却很大程度上限制了方法的有效性，使之无法发现相互依赖的多个特征联合表征目标概念的统计特性。Koller 等人在 1996 年首次提出马尔可夫毯(Markov blanket)的概念[96]，在一定程度上考虑了多个特征间的依赖性，开启了多变量 Filter 方法的研究。相较于原始的单变量方法，多变量 Filter 方法损失了一定的计算效率。

2. Wrapper 方法

在 Wrapper 方法中，分类器作为一个黑盒式的子例程被包在特征子集的搜索过程中，用于评价给定的特征子集。评价指标通常包含分类器在给定特征子集下的预测准确率，也可能包含特征子集的特征约简率(reduction rate)等其他指标。Wrapper 方法与分类算法的交互关系如图 8-7 所示。

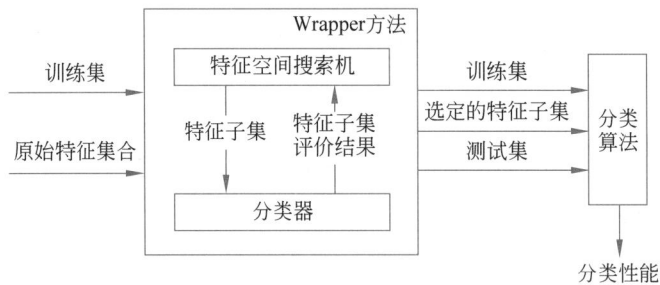

图 8-7　Wrapper 方法与分类算法的交互关系

鉴于 Wrapper 方法考虑了特征选择对于分类器在性能上的直接影响，其生成的结果通常在分类性能上优于 Filter 方法。但是对于在特征选择过程中生成的每个特征子集，Wrapper 方法都需要为其构建一个分类器模型，在构建分类器的运行开销较大的情况下，此举将显著地提高算法的计算复杂度。另外，过分地强调给定特征子集下分类器在训练样本集上的预测性能，将提高分类器模型的过拟合风险，降低分类器在测试集上的泛化能力。

在模式识别和统计学等研究领域，Wrapper 方法有着悠久的历史。不过，在机器学习领域，由 Kohavi 等人在 1997 年发表的论文[97]才标志着 Wrapper 方法研究的兴起。由于 Wrapper 方法提供了一种独立于具体分类算法的简单而有效的特征选择框架，此后这方面的研究层出不穷。对于 Wrapper 方法而言，负责特征子集生成的搜索组织策略至关重要。搜索组织策略可以划分为两大类。第一类是确定性策略，例如经典的顺序前向选择法（Sequential Forward Selection，SFS）和顺序后向消除法（Sequential Backward Elimination，SBE）[98]分别从特征空集和特征全集出发，每次添加或是排除一个特征，使得最大程度地改善当前分类性能。第二类是随机化策略。为了改善 Wrapper 方法的搜索性能，研究者引入多种元启发式策略（metaheuristics）作为搜索引擎，其中应用最为广泛的当属遗传算法。通过使用二进制编码表示特征子集的状态，遗传算法可以对特征子集的整个状态空间进行有效的全局搜索。大量经验实验表明，基于遗传算法的 Wrapper 方法有利于改善搜索结果的质量[99,100]。

3. Embedded 方法

不同于以上介绍的 Filter 和 Wrapper 两类方法，在 Embedded 特征选择方法中，特征选择直接作为学习算法的一部分嵌入其中。简言之，Embedded 方法在学习过程中就决定了特征的取舍。例如，经典的决策树算法在执行每一次节点分裂操作时总是优先选择当前分类效果最优（即最大化地降低预测不确定性）的特征，继而根据选中特征的不同取值将训练集划分为多个子集，并在各个子集上递归地执行决策树算法，直至满足预先设定的终止条件[101]。由此可见，决策树模型的构建过程实质上已经隐式地包含了特征选择中的特征子集搜索过程。

由于 Embedded 方法中特征选择与分类模型构建过程紧密相关，使得最终生成的特征子集切实适用于具体的分类算法，保证了特征选择下的分类算法性能。另外，Embedded 方法又避免了为每个生成的特征子集从头开始构建分类模型，相较于 Wrapper 方法大大降低了算法的计算复杂度。虽然拥有性能与效率双方面的优势，但是 Embedded 方法在机器学习领域的应用却不及前两类方法普遍，这是由于该类方法在设计上与具体的分类算法紧耦合，需要深入特定分类算法的内部流程进行方法设计，难度较大。除了经典的决策树模型，例如 Quinlan 的 C4.5[101]、ID3[102] 和 Breiman 的 CART 算法[103]等，近年来也有研究者将 Embedded 方法的思想引入朴素贝叶斯分类器、支持向量机等经典的分类算法中[104,105]。

8.4　本　章　小　结

本章对学习分类器和特征选择两方面的相关研究工作做了系统的梳理,在调研研究现状的基础上分析了几种主流方法的特点。在学习分类器的相关研究中,结构简单直观的 Pittsburgh 式学习分类器直接利用进化计算方法的全局搜索能力保证了学习的性能,相较于机制复杂的 Michigan 式学习分类器,前者在算法可用性上也有较大的优势。这种优势也体现在近年来学术界对于 Pittsburgh 式学习分类器的关注度持续升高上。对于特征选择方法而言,Filter 方法计算效率高,Wrapper 方法算法性能好,而且两者的算法框架都独立于具体的分类算法,具有很高的通用性。不过,在性能和效率之间达到平衡的却是第三类方法——Embedded 方法。

面对实际应用中提出的特征选择方面的需求,本章的研究方向就在于寻求如何在学习分类器的进化过程中有机地嵌入特征子集的搜索过程,从而使性能和效率均得到提升。

第 9 章　基于 Memetic 算法的 Wrapper-Filter 特征选择方法

9.1　概　　述

第 8 章对机器学习领域的特征选择方法相关研究工作进行了系统化的综述。在研究现状调研中我们发现,目前主流的两种特征选择方法——Filter 方法和 Wrapper 方法各有其优缺点。前者直接基于特征在数据集上表现出来的统计特性评估特征的相关度,计算效率高,但无法保证特定分类器在特征选择结果上的性能;后者通常使用以 GA 为代表的全局优化技术组织特征子集状态空间上的搜索过程,并直接使用分类器的预测性能作为特征子集的评价标准,从而保证了特征选择的性能,但计算量远大于前者。受到进化计算领域中 Memetic 算法设计范式的启发,本章介绍一种混合式特征选择方法,该方法综合了 Wrapper 方法和 Filter 方法的算法思想,以期在算法性能和计算效率两者之间达到更好的平衡。

本章内容安排如下:9.2 节对 Memetic 算法进行概述,其中包括 Memetic 算法在进化生物学中的思想起源以及对 Memetic 算法设计框架的描述;9.3 节则全面阐述本章提出的基于 Memetic 算法的混合式 Wrapper-Filter 特征选择方法,包括算法的设计思想、整体框架以及具体的算法细节;9.4 节是本章小结。

9.2　Memetic 算法概述

受到自然界中生物进化现象的启发,有研究者提出了遗传算法,通过模拟选择、交叉、变异与替换等遗传操作在状态空间中进行全局搜索。不过,大量的仿真实验也暴露了经典遗传算法的若干问题,其中包括早熟收敛(premature convergence)的性能问题、慢收敛的效率问题以及参数初值敏感的健壮性问题。也有研究者从理论层面分析了经典遗传算法的缺陷,例如 Goldberg 在文献[69]中提到的"基因欺骗"问题。为了提高经典遗传算法的性能和效率,研究者受到进化生物学 Memetic 学说的启发[106],在进化迭代中引入局部搜索以促使个体在生命周期内进行自身学习,进而发展出一个新的进化计算范式——

Memetic 算法(Memetic Algorithm, MA)。近年来, Memetic 算法已经被广泛应用于函数优化、图像处理、模糊控制、供应链优化等领域[107-110]。实验结果表明,相较于传统的遗传算法, Memetic 算法在搜索性能和收敛速度上都有所提高。

本节首先介绍 Memetic 算法在进化生物学与社会学领域中的思想起源,接着描述在设计 Memetic 算法时通常遵循的算法框架。

9.2.1　Memetic 算法思想起源

早在达尔文的《物种起源》成书之前,法国学者拉马克就曾系统地研究过生物进化现象,并提出了后天性遗传理论(Inheritance of Acquired Characteristics),他认为个体通过学习获得的特征是可以直接遗传给后代的。与此相反,达尔文的生物进化学说完全否认了个体学习对生物进化的贡献,认为个体在其生命周期内学到的东西不能遗传给后代。后继的研究者在大量的经验观察中发现个体在生命周期内的学习行为确实可以间接地对后代产生影响,这种现象被称为鲍德温效应(Baldwin Effect)。

此后,研究者进一步发展了达尔文的进化理论并将视野扩展到人类社会的文化发展,试图基于达尔文进化论的观点解释人类文化进化规律,这在学界被称为广义进化论或文化进化论。英国牛津大学学者 Dawkins 是该学派的代表人物,他在 1976 年出版的 *The Selfish Gene* 一书中,创造了 meme 这个文化进化领域中与基因对等的概念①,用以表示文化传播或模仿的基本单位[106]。Dawkins 的学生 Blackmore 进一步发展了他的学说,在 1999 年出版的 *The Meme Machine* 一书中界定了基因和 meme 在人类进化中扮演的角色,指出两者通常是相辅相成、相互加强的[112]。

与 Dawkins 发展 meme 学说几乎同一时期,美国生物学家 Wilson 在社会生物学中提出了基因-文化协同进化的观点[113]。在这个集大成式的观点中, Wilson 将人类的文化行为划分为可供选择的基本单元——文化基因(这与 Dawkins 建立的 meme 概念相通),进而指出文化基因有 3 种传递方式:纯遗传的、纯文式的以及基因-文化协同进化的方式。其中,协同进化的方式兼具前两者的特点:一方面,文化的发展在一定程度上会受到基因(即个体的生物学特征)的制约与指导;另一方面,文化发展的压力反过来又会对基因的生存产生影响,并最终改变遗传行为中表现出来的基因频率。这种两者之间的相互作用被 Wilson 命名为"后成规则"(Epigenetic Rules)。

Dawkins 和 Wilson 二人的理论不仅在生物学领域产生了深刻影响,还在社会科学、哲学等领域引发了热烈讨论,极大地促进了人类文化进化理论的发展。计算智能领域的

---

① meme 这个单词在国内文献中有许多音译的译法,如"觅母""谜母""谜米"等,也有意译的译法,如"模因""文化基因"等,标准不一[111],本书中直接使用 meme 这个英文单词。

研究者也从这场讨论中汲取了思路和灵感,在进化计算研究中引入了个体学习的方法思想,这种混合式的设计框架被不同的研究者冠以不同的称谓,如混合式遗传算法(Hybrid Genetic Algorithm,HGA)、基于进化的局部搜索算子(Genetic Local Searcher,GLS)、拉马克式遗传算法(Lamarckian Genetic Algorithm,LGA),不过最终在学术界广为接受的是由 Moscato 在文献[114]中提出的 Memetic 算法(Memetic Algorithm,MA)的说法。进入 21 世纪之后,学术界对 Memetic 算法给予了更大的关注,IEEE 主办的 CEC 以及 ACM SIGEVO 主办的 GECCO 两大进化计算领域顶级会议都陆续开辟了 Memetic 算法的专题,近几年软计算方面的几大国际期刊也相继推出 Memetic 算法的专刊[115-117],由 Springer 出版集团主办的学术期刊 *Memetic Computing* 于 2009 年元月创刊,更是标志着在国际上对 Memetic 算法的研究已经进入迅速成长期。

9.2.2　Memetic 算法框架

尽管曾被冠以不同的称谓,不过 Memetic 算法的核心思想就是在传统进化算法中结合局部搜索策略,使得种群个体在进化迭代中还能通过个体学习达成自我改良(refinement)的目标。经典的遗传算子缺乏指导,几乎都是纯随机的,无法有效地利用状态空间的局部信息。在这种情况下,引入局部搜索在其中发挥的作用可以通过图 9-1 直观地表示出来。图 9-1 中曲线描述的是某个目标问题的适应度函数,横轴表示种群个体,纵轴表示个体对应的适应度函数值。曲线上的点 a 表示初始解,经过交叉、变异等操作后到达点 b。可以看到,点 b 对应的适应度反而低于初始解——点 a。不过,Memetic 算法中的局部搜索将使得点 b 在调整后到达局部最优解——点 c。由此可见,Memetic 算法可以有效地避免随机性的遗传算子带来的搜索盲目性,从而使得算法能以更高的概率搜索到全局最优解。

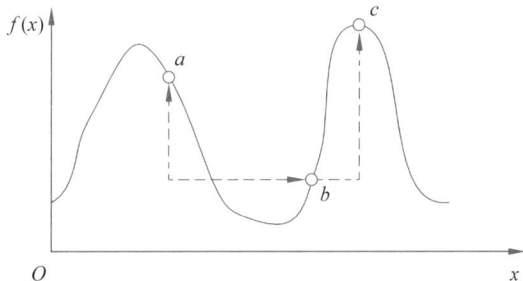

图 9-1　Memetic 算法的核心思想

从概念上来说,Memetic 算法只提供了一个算法设计的框架,其中,进化算法可以是具体的遗传算法、进化策略或分布估计算法,局部搜索方法可以是简单的爬山法(hill climbing)，也可以是模拟退火、禁忌搜索等元启发式算法，框架中各个环节的实施策略也有很大的灵活度。Memetic 算法设计框架如图 9-2 所示。

Memetic 算法主要包含以下几大步骤。

（1）种群初始化。

初始种群通常是随机产生的，也可以结合应用问题的领域知识人为地加入一些优化解。种群初始化的首要原则是保证种群的多样性，否则容易产生由于种群单一性导致的早熟收敛。

（2）遗传操作。

遗传操作可以采用传统遗传算法中的交叉、变异等遗传算子，也可以基于分布估计算法的采样操作实现。不管采用何种基因操作，都需要确保算法的全局搜索能力，在保留父代个体的主要特征的同时又能探索状态空间的未知区域。

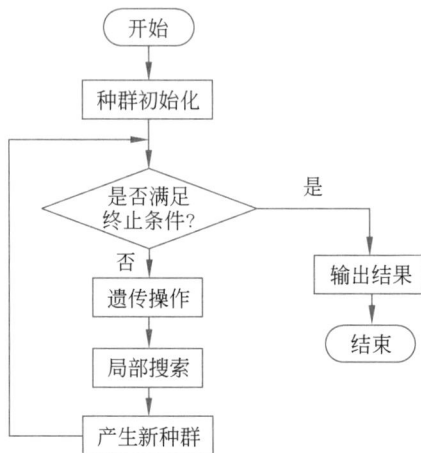

图 9-2　Memetic 算法设计框架

（3）局部搜索。

局部搜索是 Memetic 算法区别于经典进化算法的关键。局部搜索可以充分利用状态空间的局部信息，从而弥补纯随机性的传统遗传算子在这方面的不足。对于一个具体的 Memetic 算法而言，局部搜索的设计主要考虑以下 5 个问题。

问题 1：进化过程中间隔多久使用一次局部搜索？

问题 2：对于每个个体而言，以多大概率对其进行局部搜索？

问题 3：对种群中哪些个体构成的子集进行局部搜索？

问题 4：对单个个体的局部搜索过程需要维持多久？

问题 5：需要使用何种局部搜索方法？

其中，问题 1 是关于局部搜索的频率（frequency）的问题，进一步确定了局部搜索在整个算法流程中的位置，即触发局部搜索的时机。例如，有的是在所有基因操作结束之后进行局部搜索，而有的则是在每个遗传算子之后都安排了局部搜索。问题 2 和 3 是关于局部搜索的初始化的问题，即确定执行局部搜索的待选个体集合。问题 4 与局部搜索的计算开销息息相关，因为一般情况下局部搜索的计算开销较大，为了不至于过度影响算法效率，在 Memetic 算法中通常只执行一部分局部搜索过程，或者人为地设定局部搜索的强度（intensity）。问题 5 是关于确定局部搜索过程中的邻域结构（neighborhood structure）的问题，在有些文献中又被称为算法的 Meme 算子。一般来说邻域结构是预先人为设定的，不过也有些文献使用在线调整策略改变进化过程中使用的邻域结构[118]。

（4）产生新种群。

新种群的产生过程确定了进化算法中的选择压力。在传统的遗传算法中，主要考虑的是在父代个体与由交叉、变异等遗传子产生的后代个体之间的取舍；在 Memetic 算法中，还需要将执行局部搜索后获得的局部优化解纳入决策范围。

（5）终止条件。

与经典的进化算法类似，Memetic 算法的进化终止条件一般也可设定为达到一定的迭代次数、达到个体适应度未发生改善的最大连续迭代次数或最优个体达到设定的适应度阈值。

9.3　混合式 Wrapper-Filter 特征选择方法

受到进化计算领域新型 Memetic 算法设计范式的启发，本节介绍了一种结合了 Wrapper 和 Filter 两类特征选择方法的混合式方法。该混合式方法基于 Filter 方法中用于特征评价的相关性度量指导 Wrapper 方法中特征子集状态空间的搜索过程，体现了 Memetic 算法中局部搜索与全局搜索统一的思想。本节首先介绍该混合式特征选择方法的设计思想，接着概述算法的整体流程，最后针对算法中用到的 Wrapper 方法和 Filter 方法进行具体介绍。

9.3.1　算法设计思想

正如第 8 章所述，Wrapper 和 Filter 两种特征选择方法各有其优缺点。Wrapper 方法基于具体分类算法的预测性能对特征子集作出评价，确保了特征选择结果的性能。不过 Wrapper 方法的搜索过程通常缺乏指导信息，随机化的全局搜索必将引入大量的计算开销，从而降低算法效率。Filter 方法使用各个特征在原始数据集上表现出来的统计特性作为评价标准，这种评价过程完全独立于特定的分类器，且通常只需要一趟式的运算过程，故具有很高的运行效率。但是 Filter 方法完全忽略了与具体分类算法的结合，选出的特征子集上的分类性能很难得到保证。由此可见，Wrapper 和 Filter 两类方法具有很强的互补性，如果能综合两者的长处，则可能更好地平衡特征选择方法的性能与效率。

本质上，Wrapper 方法是一个在特征子集状态空间内的搜索过程。为了提高搜索的性能，近来的研究多采用遗传算法等全局优化技术对该搜索过程进行组织。由于缺乏指导，遗传算法通常无法利用状态空间的局部信息，而只能进行随机化的全局搜索。反观 Filter 方法，其特征选择的过程可以视为在某种相关性度量指导下的特征子集构造过程，换言之，也是一个利用状态空间内局部信息（特征的相关度）进行贪心搜索的过程。因此，Wrapper 方法在特征子集状态空间的搜索过程中完全可以借用 Filter 方法中所蕴含的先验知识对当前解进行局部改良,例如在当前特征子集中加入余下的相关度最高的特征。这种加入了指导信息的搜索过程也契合了 Memetic 算法设计框架中全局探索和局部利用相统一的方法思想,证明了综合 Wrapper 方法和 Filter 方法进行混合式设计是可行的。

9.3.2 算法整体框架

图 9-3 展示了基于 Memetic 算法的混合式 Wrapper-Filter 特征选择方法(Memetic Algorithm-based Hybrid Wrapper-Filter Feature Selection Approach,MFS)的流程。

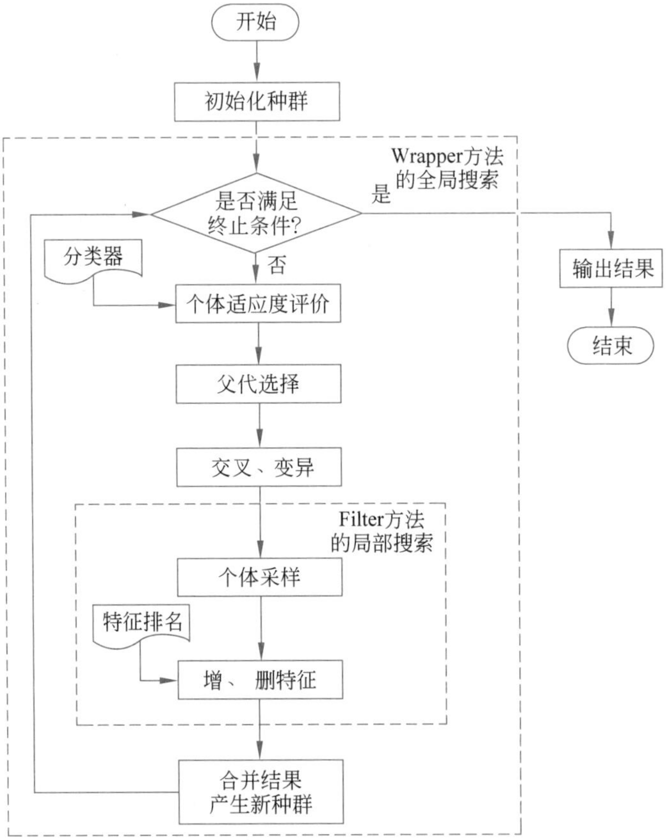

图 9-3 基于 Memetic 算法的混合式 Wrapper-Filter 特征选择方法流程

从图 9-3 中可以看到,算法最外层迭代被封装成 Wrapper 方法,此处为了描述的方便,具体展现的是使用最为广泛的基于遗传算法的 Wrapper 方法搜索流程(其实可以将遗传算法替换为 Wrapper 方法中用到的其他搜索算法,不影响算法整体框架)。在内层循环中,即 Wrapper 方法的每一轮搜索迭代中,引入了 Filter 方法对所有特征进行相关度排名(ranking),然后基于此排名信息并在一定局部搜索策略的指导下对当前特征子集进行特征添加、删减等操作。局部搜索产生的优化解将参与 Wrapper 方法的下一轮迭代,直至满足 Wrapper 方法中预先设定的搜索终止条件。最后输出在 Wrapper 方法中适应度评价最高的特征子集作为特征选择的结果。

以上概要介绍了 MFS 的算法总体框架,9.3.3 节和 9.3.4 节将在该框架下使用具体的 Wrapper 方法和 Filter 方法(分别为 GA-Wrapper 和 ReliefF)进行算法设计。

9.3.3　全局搜索的 GA-Wrapper 算法设计

作为一种有效的全局优化技术,遗传算法是 Wrapper 方法中使用最为广泛的搜索组织方式。本节将具体介绍如何把遗传算法用于解决特征选择问题。

1. 个体的基因编码

使用遗传算法求解优化问题的第一步就是选取合适的基因编码方式,将特征子集表示成计算机方便处理的形式。对于特征选择问题而言,可以很方便地使用传统的二进制基因编码将特征子集表示成一个长度为 N 的二进制位串(N 表示特征总数),其第 i 位的取值决定了对应的第 i 个特征被选中与否,1 表示被选中,0 表示未被选中,如图 9-4 所示。

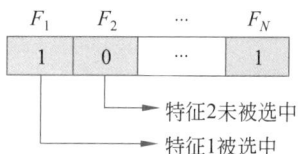

图 9-4　特征子集的基因编码

2. 种群初始化

确定基因编码方式之后,下一步进行的是种群初始化,即在种群中加入数量为种群规模(pop size)的若干个体。对于每个个体而言,其染色体上各位都以 0.5 的概率置 0 或置 1,表示每个特征被选中与未被选中的概率相等。这些随机生成的个体将作为初始种群参与后续进化过程中的各种遗传操作。

3. 适应度函数

遗传算法第二个关键问题是如何评价个体的适应度。传统的 Wrapper 方法通常直接使用分类器在给定特征子集上的分类准确率作为遗传算法的适应度函数。然而,除了最大化分类准确率以外,特征选择过程还有另一个优化目标,即最大限度地约简特征子集的规模,这可以通过特征约简率(Feature Reduction Rate,FRR)体现,其定义如下:

$$\mathrm{FRR(fss)} = 1.0 - \frac{|\,\mathrm{fss}\,|}{N} \tag{9-1}$$

其中,fss 表示某个给定的特征子集,|fss| 表示 fss 中特征的数目,N 表示特征总数。

为了在遗传算法中加入特征约简的选择压力,在本章介绍的 MFS 算法中使用了分类准确率与特征约简率的一个线性组合函数用于评价个体的适应度,如下所示:

$$\text{Fitness(fss)} = \alpha \times \text{Acc(cls,fss)} + (1-\alpha) \times \text{FRR(fss)} \qquad (9\text{-}2)$$

其中,cls 表示某个给定的分类器,Acc(cls,fss)表示给定特征子集下该分类器在训练集上的分类准确率,α 因子用于调节分类准确率与特征约简率在个体适应度中的相对比例。

4. 遗传操作

除了个体适应度评价以外,在每一轮进化迭代中还需要进行选择、交叉、变异、替换等遗传操作。在本章介绍的 MFS 算法中,采用了经典遗传算法中提出的标准遗传算子,包括基于二人锦标赛的选择(Binary Tournament Selection,BTS)、随机单点交叉(Random Single-Point Crossover,RSPC)、逐位翻转变异(Bitwise flipping Mutation,BM)以及精英替换策略(Elitist Replacement Strategy,ERS)。鉴于这些遗传算子应用广泛,此处不再介绍具体操作流程。

值得注意的是,在某些相关研究工作中用到了受限的交叉和变异等遗传算子,在这些受限的遗传操作中,设计者人为地指定了被选中特征总数的上限[119]。笔者认为这种做法值得商榷。其一,受限的遗传操作需要进行额外的检查工作,增加了计算开销;其二,对于很多实际数据集的特征选择而言,很难预先指定一个理想的特征数阈值,而且如果该上限设定不当,将极大可能影响分类器在最终生成特征子集上的预测性能。

9.3.4 局部搜索的 ReliefF 算法设计

本节主要介绍 MFS 算法中用作 Filter 方法的 ReliefF 算法以及在该算法指导下的特征子集局部搜索过程。

ReliefF 算法是 Kononenko 于 1994 年在传统的 Relief 算法[94]基础上扩展而来的 Filter 特征选择方法[95]。相较于只能处理二分类问题的 Relief 算法,ReliefF 算法不但可以用于解决多分类问题,并且补充了在数据缺失情况下的处理流程。总的来说,ReliefF 算法继承了 Relief 算法的核心思想,即基于特征对特征空间内近距离样本点的区分能力评价特征的相关度,相关度高的特征应该使得同类样本点尽量接近而不同类的样本点尽量远离。

对于二分类问题,ReliefF 算法首先会在训练集 D 中随机选择一个样本点 R,分别选出与样本点 R 距离最近的同类样本点 H(称为 Nearest Hit)和不同类样本点 M(称为 Nearest Miss),然后对于每一个特征 F,分别计算在该特征维上 R 和 H 的距离 Diff(F, R,H)以及 R 和 M 的距离 Diff(F,R,M),如果 Diff(F,R,H)小于 Diff(F,R,M),说明该特征有助于区分不同类最近邻样本,应该增加该特征的权值,反之则需要降低该特征的权值。图 9-5 给出了以上算法思想的示意。对于多分类问题,ReliefF 算法将选取的同类和不同类最近邻样本点都扩展到 k 个,特征权值更新策略也更加复杂,具体算法流程可参考文献[95]。为了保证 ReliefF 算法中计算的所有距离都在[0,1]区间内,需要对连续型属性值做归一化处理。对于数据缺失的情况,连续型属性值将用该特征的平均值代替,离散型属性则以出现频数最高的值代替。

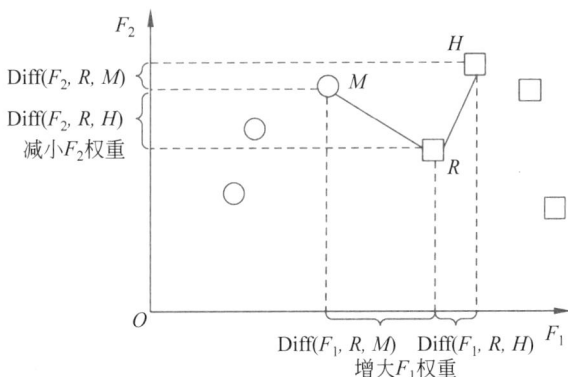

图 9-5　ReliefF 算法思想

对于给定的原始数据集,执行一趟 ReliefF 算法之后可以得到一个所有特征的排名,这个排名信息就可以用来指导 GA-Wrapper 方法进行局部搜索。具体来说,对于一个 GA-Wrapper 中的种群个体 c,可以定义两个特征集合 S 和 U 分别表示在其基因编码中被选中和未被选中的特征,这两个特征集合都可以根据 ReliefF 算法的计算结果分别进行特征排序,以下 S 和 U 将代表排序后的特征列表。在此基础上,可进一步定义特征添加(Add)和特征删除(Delete)这两种局部搜索操作。

(1)Add:按照基于线性排名的选择操作在 U 列表中选中一个新特征加入当前解 c,并同时更新 S 和 U 两个特征列表。

(2)Delete:按照基于线性排名的选择操作在 S 列表中选中一个特征从当前解 c 中删除,并同时更新 S 和 U 两个特征列表。

图 9-6 展示了某种特征排序下给定特征子集的 Add 和 Delete 操作。

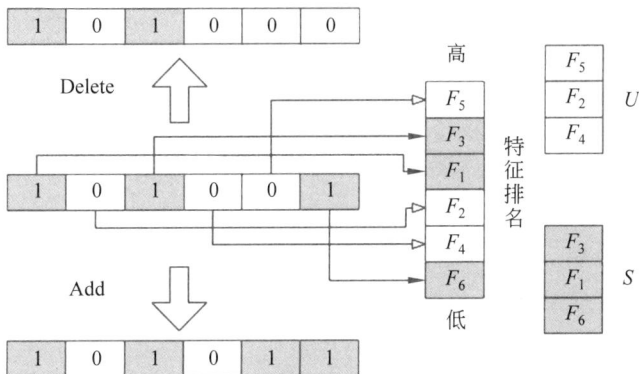

图 9-6　Add 和 Delete 操作

在以上两种局部搜索操作的基础上,可以结合不同的局部搜索策略设计不同的局部搜索流程。最常用的是改进优先策略(Improvement First Strategy,IFS)和贪心策略(Greedy Strategy,GS)。对于给定的搜索步数 l,改进优先策略在搜索到第一个改进解或者耗尽所有搜索步后结束,而贪心策略则必须等到尝试完所有 l 个搜索步后再从中选择适应度最高的解。算法 9-1 以伪码的形式展示了改进优先策略下的局部搜索流程。一般来说,改进优先策略的运行效率高于贪心策略。

算法 9-1　改进优先策略下的局部搜索流程

```
1：  for each chromosome fss in pop fss do
2：      if rand()＜sampling rate then
3：          for j＝1 to 1 do
4：              fss'←Add(fss);
5：              fss'←Del(fss');
6：              if f itness(fss')＞f itness(fss) then
7：                  fss←fss';
8：                  break;
9：              end if
10：          end for
11：      end if
12： end for
```

9.3.5　计算复杂度分析

本节将对本章介绍的 MFS 算法进行计算复杂度分析,以期对其计算流程有更完整的把握。

总的来说,MFS 算法的计算开销分为两部分:一部分是动态开销,或称可变开销,这主要是由特征子集的评价过程引入的,无论是 GA-Wrapper 全局搜索还是 ReliefF 局部搜索改变的特征子集,都需要调用个体适应度评价函数对其重新评价;另一部分是静态开销,或称固定开销,这主要是 Filter 方法在计算特征排名时的开销。鉴于特征排名只需计算一次,其后就可以一直使用,相较于每一轮迭代都存在的动态开销,静态开销可以忽略不计。因此,本节的分析将主要集中于 MFS 算法中的动态开销。为了表述的方便,可以将一次适应度评价函数调用执行时间作为计算复杂度分析的基本单元。

对于普通的 GA-Wrapper 算法,可以很容易地得出其计算复杂度为 $O(pg)$,其中,p 表示遗传算法的种群规模,g 表示遗传算法的总迭代次数。对于改进优先策略指导下的 MFS 算法而言,在普通 GA-Wrapper 算法开销的基础上还加入了局部搜索的开销。假定局部搜索的搜索步数为 l,种群的个体抽样率为 sr,那么局部搜索的期望计算复杂度可以

表示为 $O(p \times sr \times g \times l/2)$，其中，$l/2$ 表示取得改进的局部搜索步数期望值。

综上所述，本章提出的 MFS 算法的计算复杂度可表示为 $O((1+sr \times l/2) \times p \times g)$，由此可见，当抽样率 sr 和局部搜索步数 l 控制在较低的水平时，MFS 算法中的局部搜索并不会引入过多的计算开销。此外，以上的分析基于引入局部搜索前后迭代次数不变的假设，然而，大量的实验表明，局部搜索可以有效地改善搜索性能并提高收敛速度，即降低计算复杂度公式中代表迭代次数的 g 因子，进而降低整体计算开销。

9.4　本章小结

在进化计算领域 Memetic 算法设计范式的启发下，本章结合 Wrapper 方法和 Filter 方法两大类特征选择的思想，提出了一种混合式特征选择方法——MFS。在该混合式方法中，基于 GA-Wrapper 方法的全局搜索能力保证了特征子集状态空间上的遍历性，同时在 ReliefF 方法的特征排名指导下对种群个体进行局部改良，以期克服随机的遗传操作的盲目性。本章的最后还对 MFS 算法的计算复杂度进行了分析。分析表明，在合理的参数设置下，MFS 算法中增加的局部搜索操作并不会引入过大的计算开销。

第 10 章　基于合作式协同进化内嵌特征选择的学习分类器

10.1　概　　述

作为基于遗传的机器学习范式,学习分类器采用遗传算法对分类器种群进行演化,将机器学习问题处理成经典的优化问题,利用遗传算法的全局优化能力保证了学习的性能。作为其中的一个主要研究分支,Pittsburgh 式学习分类器由于结构简单、应用方便,近年来在数据挖掘领域获得了大量关注。然而,面对现实世界的实际问题,任何学习算法都需要考虑如何使用特征选择等技术进行特征降维的问题。对于学习分类器与特征选择方法的整合研究,目前尚未有相关研究见诸报道。在进化计算领域协同进化算法框架的启发下,本章将在传统 Pittsburgh 式学习分类器的进化迭代过程中集成第 9 章提出的 MFS 算法,设计出一种内嵌特征选择的学习分类器,使得分类器演化和特征子集搜索两大过程可以同步进行。

本章内容组织如下:10.2 节对协同进化算法进行概述,其中包括协同进化算法在进化生物学中的思想起源,以及对两大类协同进化算法设计框架的描述;10.3 节详细介绍本章提出的基于合作式协同进化算法的内嵌特征选择的学习分类器算法,包括算法的设计思想、整体框架以及具体的算法细节;10.4 节是本章小结。

10.2　协同进化算法概述

大自然一直是科学创新的动力源泉,计算智能领域的研究者则直接从进化生物学发展出的各种新学说中汲取灵感。第 9 章中用到的 Memetic 算法就直接受益于生物学与社会学中对于文化进化的探讨。而本章要讨论的协同进化算法(Co-Evolutionary Algorithm,CEA)也是近年来计算智能研究的一大热点[120],其算法思想来源于生物学界对于生态系统(ecosystem)中协同进化现象的讨论。

在本节中,首先回顾协同进化算法在生物学领域的思想起源,然后介绍两种典型的协同进化算法——竞争式协同进化算法与合作式协同进化算法。

10.2.1　协同进化思想起源

作为第一个被广泛接受的生物进化理论,达尔文进化论勾画出一幅生命从简单到复杂、由低级向高级发展的图景。然而,受限于当时进行科学观察的范围与技术手段,达尔文更多地将其视角放在生物个体这个层次。随着科技的进步,特别是生态学、遗传学和基因工程等学科的发展,近现代的学者可以从更多的角度对生物进化现象做进一步的探索,小到细胞、分子水平,大到种群、群落水平,从而将生物进化理论提升到新的高度,传统的达尔文进化论也由此受到越来越多的挑战。例如,达尔文过度强调繁殖过剩引起的种内竞争①,而忽略了生物个体和各物种之间其他方面的联系,这种视角显然是片面的。随着生态学研究的深入,20 世纪 60 年代以来对于生态系统的研究更多地引入了系统论、协同论的观点。1965 年,Ehrlich 和 Raven 在讨论蝴蝶与植物相互间的进化影响时首次提出了协同进化(coevolution)的概念[121]。15 年后,Jazen 给出了协同进化的严格定义:一个物种的性状作为对另一个物种性状的反应而发生进化,而后者的性状本身又作为对前者性状的反应而发生进化[122]。从广义上理解,生态系统中各物种之间并非彼此孤立,协同进化指的就是生物与生物、生物与外界环境之间在进化过程中的某种依存关系。具体来说,物种间的关系可以分为 4 种情况:①捕食者与被捕食者(predator and prey);②寄主与寄生物(host and parasite);③相互竞争(competition);④互惠共生(mutualism)。其中,前 3 种是竞争式关系,而第 4 种属于合作式关系[123]。

协同进化算法正是借鉴了协同进化理论中多个种群共同进化的思想而发展起来的一个新的进化计算框架。不同于传统进化算法中只维护单个种群的做法,协同进化算法中建立多个子种群以模拟生态系统中的多个物种。不过,协同进化算法并非传统遗传算法简单的多种群版本,在进化过程中维护多个子种群只是其手段而非目的。协同进化算法与传统进化算法的根本区别在于其特殊的进化动力学机制——多个子种群在个体适应度层面上相互影响,成为彼此的选择压力,进而相互驱使,提升各自的性能与复杂性,最终达到共同进化的目标。协同进化算法独特的进化模式使其具备全局搜索能力强、运行效率高、算法健壮性好等优点,常被用于解决许多传统进化算法难以解决的复杂问题,从而成为近些年计算智能领域的研究热点[123]。

根据各个子种群之间相互影响的关系性质,协同进化算法可以分为两大类:体现物种间竞争关系的竞争型协同进化算法(Competitive Co-Evolutionary Algorithm,ComCEA)[124]与体现物种间合作关系的合作型协同进化算法(Cooperative Co-

---

①　达尔文深受英国经济学家马尔萨斯的人口理论的影响,认为自然界中各物种都是按照几何级数进行繁殖,但存活下来的只是少数,这表明生物界存在十分激烈的生存竞争。

Evolutionary Algorithm,CoCEA)[125]。以下将分别介绍这两种协同进化算法的设计框架。

10.2.2　竞争式协同进化算法

顾名思义,竞争式协同进化算法中多个子种群模拟的是自然界中各物种间的竞争关系。子种群间的竞争关系主要体现在各个子种群的个体适应度是通过与其他子种群中的个体竞争而获得的。这种特殊的适应度评价方式摆脱了传统进化算法中需要计算绝对值适应度函数的束缚,将个体适应度构建在与其他个体竞争比较的相对值基础上,更适用于解决多人博弈等难以定义绝对值适应度函数的策略问题。

早在 1990 年,Hillis 就在文献[124]中率先使用两个子种群模拟捕食者与被捕食者的竞争关系以求解博弈问题,其中 predator 子种群用于寻找问题的解,prey 子种群则用于寻找问题解对应的测试集。在 Hillis 的方法中,predator 子种群试图通过进化寻找更加优化的解以求"战胜"prey 子种群中更多的测试集,反之,prey 子种群则通过进化产生更加复杂的测试集以"击败"predator 子种群中更多的优化解。换言之,在这种竞争式协同进化过程中,首先为问题求解创建一个对立问题,以寻求更加复杂的测试集,接着为两个相互对立的问题(问题解与测试集)分别创建一个子种群,并使之相互竞争,促使对方朝着更加复杂、更加高级的方向进化,进化过程的最后将得到在复杂测试集上取得很好性能的高质量解①。这种"解-测试集"的问题分解方式回避了定义一个全局性绝对值适应度函数的难题,直接使用问题解在现有测试集上取得的性能相对值作为评价的标准,从而可以在相对较短的时间内对个体适应度做出合理评价,提高了算法的计算效率。另外,这种求解方式在获得高质量解的同时还能构造出高质量的测试集,对于某些需要进行大量验证的实际应用问题可谓一举两得。因此,"解-测试集"的问题分解方式也成为在竞争式协同进化算法中使用最为广泛的求解思想[123]。

Hillis 最初的算法中使用了一种简易的适应度评价方法:对于解(测试集)子种群中的一个个体,统计其在与测试集(解)子种群中所有个体竞争中取胜的次数,并以此作为该个体的适应度值。这种简单直观的评价方式后来被明在保持种群个体多样性方面效果不佳,而且易于破坏子种群间的竞争平衡状态,从而造成协同进化过程停滞[123]。在此之后,研究者又提出了基于小生境技术的竞争适应度共享(competitive fitness sharing)和基于共享采样(shared sampling)的竞争个体选择等一系列新型适应度评估技术[126,127],进一步提高了竞争式协同进化算法的性能与效率。

---

　　①　这种相互竞争、共同提高的进化现象与现实世界中大国间的军备竞赛相似,在文献中又被称为"进化军备竞赛"(evolutionary arms race)[126]。

10.2.3　合作式协同进化算法

相较于竞争式协同进化算法,合作式协同进化算法的相关研究虽然起步稍晚,不过近年来研究热度颇高[120]。在合作式协同进化算法中,多个子种群维持的是自然界中物种间的合作关系,主要体现为各个子种群中的个体适应度取决于该个体与其他子种群中个体合作时的表现,进化过程中形成的选择压力将逐步淘汰那些未能与其他合作者达成良好合作的个体。这种适应度评价方式使得参与合作的个体中任何一方的进步都对其他合作方的生存产生积极影响。具体来说,在合作式协同进化算法中使用最为广泛的问题求解方式是算法设计中经常用到的分治法(divide and conquer),即把原先的复杂问题分解成若干复杂度较低的子问题,继而为每个子问题创建一个子种群进行单独进化,每个子种群中的个体并不能表示原问题的完整解,而只是相应子问题上的部分解,因而,只有在合并所有子种群提供的代表个体(collaborator)形成问题的完整解后,才能基于完整解的性能进行个体适应度的计算。一般来说,子问题对的状态空间无论在空间大小还是复杂程度上都要远远低于原始问题的状态空间,这使得进化搜索难度降低,效率提高,而且协同进化机制在一定程度上还可以避免出现早熟收敛。因此,合作式协同进化算法特别适合解决可模化(modularizable)的应用问题,问题分解的过程通常遵循高内聚、低耦合的通用原则[123]。Husbands 和 Mill 在 1991 年首次结合合作式协同进化的思想求解了作业车间调度(job shop scheduling)问题[128],此后 Potter 等学者进一步完善了合作式协同进化算法的理论,并在 2000 年与 De Jong 合作提出了一个合作式协同进化算法的通用设计模型[125]。

与竞争式协同进化算法类似,个体的适应度评价方式对于合作式协同进化算法同样重要,只不过这里子种群个体间维持的是一种合作关系。具体来说,合作式协同进化算法中的个体适应度评估可以分为两大步骤:合作者的选取与适应度值的计算。从各个子种群中选出合适的合作者,通过合并部分解产生完整解是其中的关键。一种简单直观且保证性能的方法是穷举所有可能的个体组合,并从中统计出最优组合方案对应的目标函数值。对于维护了 k 个子种群,每个子种群规模为 N 的合作式协同进化算法而言,这种适应度评价方式下单次评价的计算复杂度是 $O(N^k)$,这种计算量在 k 值较大的情况下显然是不可接受的[129]。因此,在 Potter 和 De Jong 提出的通用模型中,每个子种群只选取一个代表个体用于其他子种群的个体适应度评价,这种方式下单次评价的计算复杂度为 $O(N)$,极大地提高了效率。子种群代表个体的选取方法主要有贪心法(选取子种群中适应度最高的个体)、随机法(随机选取子种群中的某个个体)、保守法(选取子种群中适应度最低的个体)[123]。在合作式协同进化算法的实际应用中,通常使用的是贪心法[130]。

作为协同进化算法设计的两大范式,竞争式与合作式两种协同进化算法各有其适用的问题类型，前者适用于多方博弈的策略性问题，而后者则多用于可分解的模块化问题。总的来说，合作式协同进化算法在近年来的应用多于竞争式协同进化算法，这是由于其中蕴含的分而治之的算法设计思想比较容易被人理解和接受。

10.3　基于合作式协同进化的学习分类器算法设计

如 10.2.3 节所述，合作式协同进化算法特别适用于求解可分解的模块化问题，即可以使用分治法将目标问题分解成若干规模更小、复杂度更低的子问题，使用进化计算方法对其分别求解之后合并这些子问题的解可以得到原目标问题的优化解。受这种"分而治之、协同进化"思路的启发，本章利用合作式协同进化算法框架整合了基于进化的分类器演化（学习分类器）和基于 Memetic 算法的特征选择这两大任务，创新性地提出了一种在学习分类器的分类器演化过程中内嵌特征子集搜索的机器学习算法。

下面介绍基于合作式协同进化内嵌特征选择的学习分类器的设计思想和算法框架。

10.3.1　算法设计思想

近年来，借助于进化计算方法强大的全局优化能力，基于进化的机器学习算法在许多实际的机器学习问题中取得了不错的学习性能。特别是在 2007 年由 ACM SIGEVO 小组主办的 GECCO 年会上，两篇 Pittsburgh 式学习分类器的相关论文报道了各自在蛋白质结构预测[131]和前列腺癌诊断[132]两大实际问题中取得的不弱于领域专家的预测性能，吸引了学术界的广泛关注[133]。不过，和传统的机器学习范式一样，学习分类器算法在进行规则演化的过程中也会受到不相关的特征和噪声的影响，而且这种影响甚至更为严重。这是由于学习分类器基于进化计算中迭代寻优的思想，需要不断循环更新规则种群以期收敛到优化解，因此不相关的特征一方面增加了学习的难度，降低了收敛速度（即提高了进化迭代次数），另一方面降低了每一轮迭代中的运行效率，两方面的共同作用无疑加剧了学习分类器所面对的学习性能和运行效率问题。

为此，在前述的两个研究工作中都不约而同地用到了特征选择这项数据约简技术处理现实数据集中存在的大量噪声和冗余特征。正是基于特征选择选出的包含少量关键特征的特征子集，学习分类器才能以规则的形式给出被领域专家接受和肯定的学习结果。不过，在这两大研究工作中，特征选择都只是作为数据预处理阶段的一项工作，独立于后续的学习过程。而且为了保证特征选择的求解质量，采用的都是基于进化计算的 Wrapper 方法。这种做法虽然保证了学习性能，但是 Wrapper 方法需要为搜索过程中的每一个特征子集重新训练分类器模型，而学习分类器的学习过程本身就是基于进化计算的迭代寻优，会产生较大的计算开销。如此一来，无疑会急剧增加算法的运行开销。

是否能将特征选择和分类器构造两大任务整合在基于进化的机器学习范式内呢？答案是肯定的。仔细分析之后，可以发现，特征子集的选择与分类器的演化两大过程之间存在内在的联系，特征选择需要一个具体的分类器以评价特征子集的适应度，而在包含较少特征又保留了数据关键信息的特征子集上，分类器演化过程将会产生泛化能力更高的分类规则。对于一个实际的分类问题而言，求解该问题主要在于确定关键的特征并训练出高性能的分类器，由此可见，特征选择和分类器构造本就是同一问题的两个侧面，适合采用分治法求解。因此，可以考虑利用合作式协同进化算法框架整合这两大任务，而这也是10.3.2 节介绍的算法框架的中心思想。

10.3.2　算法整体框架

本章结合合作式协同进化算法的思想设计了一种内嵌特征选择的学习分类器算法 (Cooperative Co-evolutionary Pittsburgh Learning Classifier System embedded with Memetic Feature Selection，CoCoLCS_MFS)。算法的总体流程如图 10-1 所示。

从图 10-1 中可以看到，CoCoLCS_MFS 算法同时维护着两个种群。其中，种群 pop_fss 负责特征子集状态空间的搜索过程，第 9 章中提出的 MFS 算法被用于组织种群 pop_fss 的进化过程；种群 pop_cls 负责分类器演化，在此使用了一个 Pittsburgh 式学习分类器算法，整个分类器演化过程与传统遗传算法的流程基本一致。在完成种群初始化和种群首轮评价之后，两个种群的进化过程彼此分离，可以采用不同的遗传机制（如不同的遗传操作和参数设置）分别演化。不过，在每一轮进化迭代中，两个种群又通过个体适应度评价发生关联。具体来说，由于在进行特征选择的情况下，计算分类器的分类准确率需要结合具体特征子集中的特征选择情况，而分类准确率在两大种群（特征子集和分类器）的个体适应度评价函数中都占据了重要位置。这就意味着种群 pop_fss 的个体适应度评价需要结合种群 pop_cls 中的某个个体（合作者）方能进行，反之亦然，这就是 10.2.3 节介绍合作式协同进化算法适应度评价时提及的合作者选择问题。在此，CoCoLCS_MFS 算法采用了贪心法解决该问题，即分别选择上一代种群中适应度最高的个体（elite_fss 和 elite_cls）提供给对方种群进行适应度评价，而每个种群在一轮迭代结束之前更新各自当前的最优个体。完成最优个体更新操作之后，两个种群又开始各自新一轮的进化迭代，直至满足预先设定的终止条件。在两个种群都完成最后一轮迭代之后，合并来自两个种群的最优个体 elite_fss 和 elite_cls 即可得到目标问题的最终解。

用于组织 pop_fss 种群进化过程的 MFS 算法在第 9 章中已有详细阐述，10.3.3 节将介绍负责 pop_cls 种群进化的 Pittsburgh 式学习分类器算法设计。

```
                          ┌─────────┐
                          │  开始   │
                          └────┬────┘
                               ↓
                    ┌──────────────────┐
                    │  初始化两个种群    │
                    │ pop_fss和pop_cls  │
                    └────────┬─────────┘
                             ↓
                 ┌──────────────────────┐
                 │ 初始化两个种群首轮合作个体 │
                 │  elite_cls和elite_fss  │
                 └───────────┬──────────┘
                             ↓
                 ┌──────────────────────┐
                 │ 种群pop_fss和pop_cls   │
                 │     初始化评价         │
                 └───────────┬──────────┘
```

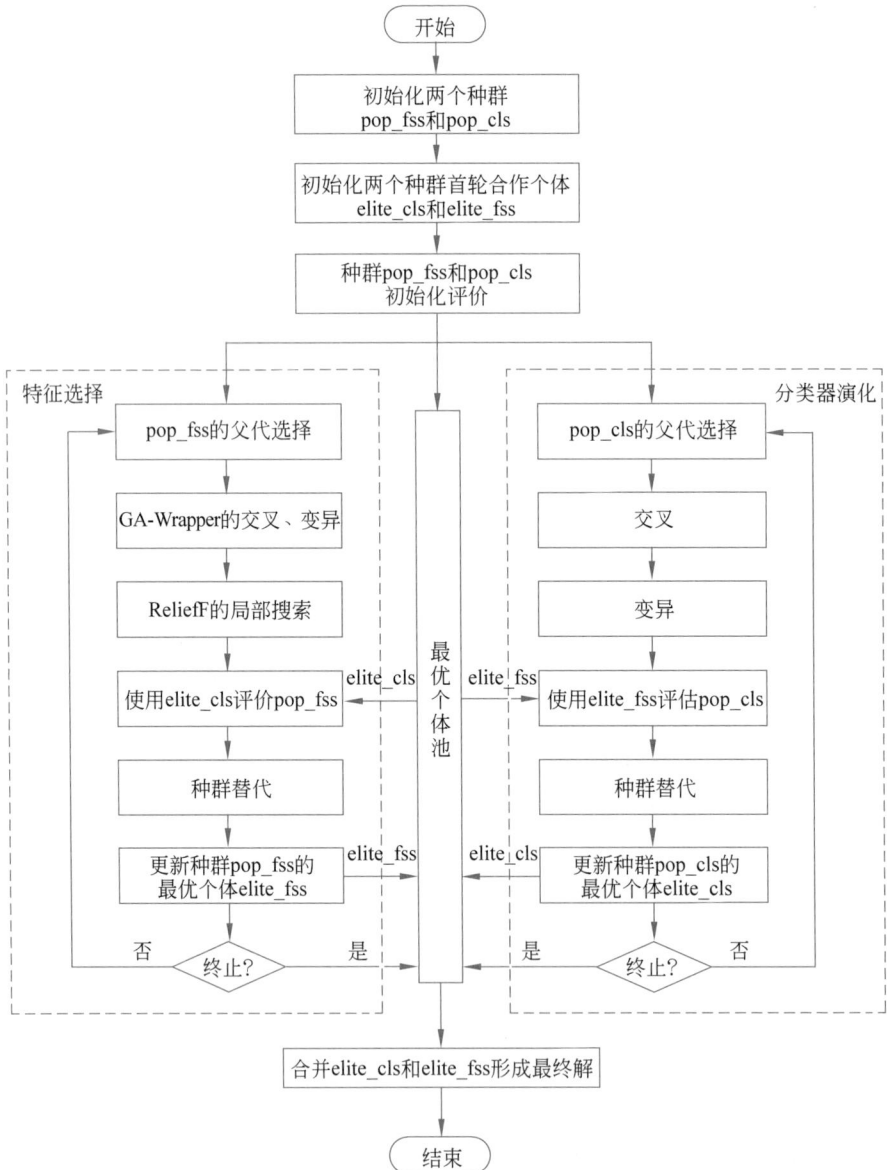

图 10-1 CoCoLCS_MFS 算法的总体流程

特征选择		分类器演化
pop_fss的父代选择	最优个体池	pop_cls的父代选择
GA-Wrapper的交叉、变异		交叉
ReliefF的局部搜索		变异
使用elite_cls评价pop_fss	elite_cls / elite_fss	使用elite_fss评估pop_cls
种群替代		种群替代
更新种群pop_fss的最优个体elite_fss	elite_fss / elite_cls	更新种群pop_cls的最优个体elite_cls
否 ← 终止? → 是		是 ← 终止? → 否

合并elite_cls和elite_fss形成最终解

结束

10.3.3　分类器演化的 Pittsburgh 式学习分类器算法设计

在本章中,使用了一种 Pittsburgh 式学习分类器算法执行分类器演化的过程,具体的算法设计主要参考了 Barcardit 在其博士论文中提出的 GAssist 系统[86],不过在其中加入了特征选择的相关考量。以下将分成知识表示方式、适应度评价函数和遗传算子 3 部分介绍算法设计的细节。

1. 知识表示方式

在 Pittsburgh 式学习分类器算法中,通常使用一种变长的知识表示方式,种群中的个体被表示成多条规则的析取范式,如下所示:

$$I = (R_1 \vee R_2 \vee \cdots \vee R_n)$$

其中,构成个体的单条规则 R_i 则是规定各个属性取值的定长的合取范式,如下所示:

$$((A_1 = V_1^1 \vee \cdots \vee A_1 = V_m^1) \wedge \cdots \wedge (A_1 = V_2^n \vee \cdots \vee A_n = V_m^n)) \to L = L_i$$

其中,A_i 表示原始数据集上的第 i 个属性,而 V_j^i 则表示属性 A_i 的第 j 种取值,L 表示规则预测的类别,L_i 表示第 i 种类别。在这种知识表示方式下,可以很方便地使用二进制编码将规则前件处理成计算机易于识别和处理的二进制位串,而类别预测值则可以直接表示为编号对应的正整数。以包含 4 个属性(A_1, A_2, A_3, A_4)的数据集为例,其中属性 A_1 的取值范围是{A,B,C,D},属性 A_2 的取值范围是{E,F,G},属性 A_3 的取值范围是{H,I,J,K,L},属性 A_4 的取值范围是{M,N},规则"如果(A_1 取 B 或 C)且(A_2 取 E 或 F 或 G)且(A_3 取 H 或 K)且(A_4 取 M),则预测类别是 L_2"就可以表示成如下二进制位串:

A_1	A_2	A_3	A_4	L
0110	111	10010	10	2

在每个个体中,多条规则被组织成决策表的形式,第一条与实例匹配成功的规则产生预测类别值。值得一提的是,在 GAssist 系统中,加入了一个默认类别(default class)的机制,个体中的所有规则都无法匹配实例的时候,将自动返回事先指定的默认类别作为预测值,本书介绍的方法也沿用了该机制。

2. 适应度评价函数

个体的适应度评价主要基于个体规则集在训练集上取得的分类准确率。需要注意的是,在特征选择的情况下,从 pop_fss 种群选出的特征子集的二进制位串将以掩码(mask)的形式提供给学习分类器的适应度评价函数,在其规则匹配过程中,将自动跳过特征子集中未被选中的特征对应的属性值。

具体来说,学习分类器中的适应度评价函数定义如下:

$$\text{Fitness}(cls) = \text{Acc}_2(cls, fss) \tag{10-1}$$

其中,cls 表示分类器种群中的某个个体,fss 表示当前的特征子集,即来自 pop_fss 种群的最优个体 elite_fss,Acc(cls,fss)是结合该特征子集分类器个体在训练集上的分类准确率,在此沿用了 GABIL 系统中取分类准确率平方定义适应度评价函数的做法[84]。

3. 遗传操作

本书中所使用的学习分类器算法采用经典的遗传算法执行分类器的进化过程。以下将分别介绍选择、交叉、变异、替换 4 种遗传操作的设计细节。

选择操作采用的是基于二人锦标赛的选择算子,该算子将在种群内有放回地随机选取两个个体进行适应度比较,较优的个体进入父代种群,参与此后的交叉、变异等遗传操作。

交叉操作采用的是随机单点交叉算子,该算子将为两个父代个体分别随机选择一个交叉点,然后以交叉点为界互换两个父代个体的染色体串。不过,为了保证生成子代个体的语义正确性,两个父代个体的随机交叉点在规则内的位置必须一致(相对于所在规则起点的偏移量必须一致),不过交叉点可以选在个体包含的任何一条规则内,规则所在位置不需要一致(这也是由变长的编码特性所决定的)。

变异操作采用的是位反转变异算子,该算子将按位依次地扫描给定个体的染色体串,并以一定的概率改变当前位的取值,这意味着一次变异操作可能改变多个编码位的取值情况,该编码位既可以对应属性的取值,也可以是标签的类别预测值。

替换操作采用的是精英替换策略,即剔除子代种群的最差个体,再保留上一代种群中的最优个体,由此合并成新一代种群。

10.3.4　计算复杂度分析

CoCoLCS_MFS 算法的计算开销大致上可以分为两部分,其一是负责 pop_fss 种群进化的 MFS 算法,其二是负责 pop_cls 种群进化的 Pittsburgh 式学习分类器算法。第 9 章中已经对 MFS 算法做过计算复杂度分析,其结果可以表示为 $O(pf \times g + pf \times sr \times g \times l/2)$,此处用 pf 表示种群 pop_fss 的规模,以示与后续需要分析的 pop_cls 种群的区别。照例可以将一次适应度函数调用执行时间作为计算复杂度分析的基本单元。鉴于 Pittsburgh 式学习分类器的核心是标准的遗传算法,其计算复杂度不难表示为 $O(pc \times g)$,其中,pc 表示 pop_cls 种群的规模,g 表示进化过程的总迭代次数。两者叠加可知,CoCoLCS_MFS 算法的计算复杂度为 $O(((1+sr \times l/2) \times pf + pc) \times g)$。

以上的分析假设特征选择不会改变个体适应度评价的计算量。稍加分析之后不难发现,特征选择可以有效地降低适应度函数的计算开销,这是由于在特征选择的情况下,分类器在数据集上的匹配过程只需要考虑被选中的那部分特征,由此可以缩短分类器对于单个数据实例的匹配时间,而这正是分类准确率计算的主要开销。一般来说,特征选择节省的开销将正比于特征约简率(详见式(9-1))。可以预见,在整个协同进化过程中的平均特征约简率高于一定阈值的条件下,相较于原先无特征选择的 Pittsburgh 式学习分类器,内嵌的 MFS 算法将使得 CoCoLCS_MFS 算法可以有效地降低计算量。

10.4　本章小结

基于合作式协同进化算法框架,本章整合了第 9 章提出的 MFS 算法和传统的 Pittsburgh 式学习分类器算法,使得特征选择过程嵌入到分类器的演化过程中,提出了一种内嵌特征选择的学习分类器算法 CoCoLCS_MFS。根据本章最后对 CoCoLCS_MFS 算法的计算复杂度分析,在满足一定特征约简率的条件下,集成的特征选择过程非但不会提高计算开销,反而会有效地降低计算开销。

第 11 章　算法评估结果与分析

11.1　概　　述

在第 9 章中,基于对特征选择领域两种主流方法之间存在互补性的深刻认识,在 Memetic 算法设计框架中综合了 Filter 方法与 Wrapper 方法的思想,提出了混合式的 MFS 算法,以期更好地平衡算法性能与计算效率。在此基础上,第 10 章基于合作式协同进化算法设计框架将 MFS 算法的特征选择过程整合到 Pittsburgh 式学习分类器的分类器演化过程中,提出了内嵌特征选择的学习分类器算法 CoCoLCS_MFS,使分类与特征选择两大任务可以同步进行。在本章中,将使用 Benchmark 数据集对以上算法进行详尽的算法评测,以验证本书所讨论的混合式设计与整合式设计的有效性。

本章内容组织如下:11.2 节介绍进行算法性能比较的实验框架,包括实验中用到的数据集概述、算法评估的性能指标以及具体进行比较实验的方式;11.3 节展示 MFS 算法的实验结果,其中包括算法参数设置的调整过程以及与其他经典特征选择算法的比较分析,重点验证 MFS 算法中的混合式设计可以有效地提高预测性能的结论;11.4 节结合 11.3 节中确定的最优参数设置,对 CoCoLCS_MFS 算法进行实验分析,主要是与其他几种经典的分类算法相比较,以验证算法的有效性;11.5 节全方位地比较 CoCoLCS_MFS 算法与传统的学习分类器算法在预测性能、运行效率等指标上的差异;11.6 节是本章小结。

11.2　算法比较实验框架

本节将主要介绍在进行算法比较实验时用到的实验框架,其中包括 Benchmark 数据集的描述信息、性能评估指标的定义以及执行比较实验的具体方式。在后续两节中将遵循本节介绍的实验方法进行各算法的比较实验。

11.2.1　Benchmark 数据集

为了提高实验结果的可信度,在进行比较实验时主要采用由世界各地研究人员在

UCI 网站上公布的 Benchmark 数据集作为测试集。在具体 Benchmark 数据集的选取上，综合考虑了特征数、特征属性种类、样本数等各项指标，以求尽量覆盖多种类型的数据集。表 11-1 汇总了所有在后续比较实验中用到的 Benchmark 数据集描述信息。

表 11-1　分类算法比较实验中用到的 Benchmark 数据集描述信息

数据集简称	数据集全称	样本数	特征数		
			离散型	连续型	总计
aus	Australian Credit Approval	690	8	6	14
che	Chess(King-Rook vs. King-Pawn)	3196	36	0	36
cre	Credit Approval	690	9	6	15
dia	Pima Indians Diabetes	768	0	8	8
ger	German Credit	1000	0	24	24
hab	Haberman's Survival	306	0	3	3
heart	Statlog（Heart）	270	8	5	13
hep	Hepatitis	165	13	6	19
ion	Johns Hopkins University Ionosphere	351	0	34	34
liv	BUPA Liver Disorders	345	0	6	6
monk	Monk's Problems	432	6	0	6
mush	Mushroom	8124	22	0	22
onehr	Ozone Level Detection(one hour peak)	1845	0	72	72
par	Parkinsons Disease	197	0	23	23
sonar	Sonar, Mines vs. Rocks	208	0	60	60
spam	Spam E-Mail	4601	0	57	57
SPECT	SPECT Heart	267	22	0	22
tic	Tic-Tac-Toe Endgame	958	9	0	9
tra	Blood Transfusion Service Center	748	0	4	4
vote	Congressional Voting Records	425	16	0	16
wis91	Breast Cancer Wisconsin（Original）	699	0	9	9
wis95	Breast Cancer Wisconsin（Diagnostic）	569	0	30	30

值得注意的是，鉴于后续供比较的某些分类算法（如支持向量机）无法直接处理多分类问题，为了提高比较实验的公平性，主要选取的是二分类问题数据集。

11.2.2　性能评估指标

对算法的评测涉及算法性能、运行效率等多方面。具体来说，包括表征分类算法预测性能的分类准确率、表征算法计算效率的算法运行时间以及表征特征选择中降维性能的特征约简率。

1. 分类准确率

本篇主要采用分类算法在测试集上达到的分类准确率作为分类性能指标，而非分类算法在训练阶段对于训练集样本的分类准确率。这是由于测试集上的分类准确率更能代表分类算法的泛化能力，而这正是机器学习需要强化的指标。具体来说，分类算法在训练集上训练出一个分类器，用于对测试集样本进行分类，分类结果（即预测类别值）将与原先标定的类别值进行比较，以确定分类结果正确与否。

$$\mathrm{Acc} = \frac{正确分类样本数}{测试集样本数} \tag{11-1}$$

2. 算法运行时间

需要说明的是，实验中统计的算法运行时间既包括分类算法在训练集上构造分类器的训练时间，也包括使用训练出的分类器在测试集上进行分类预测的测试时间。

3. 特征约简率

特征约简率用于计算通过特征选择剔除的特征在原始特征集合中所占的比例，是特征选择问题两大优化目标之一，在 9.3 节已有介绍，具体定义详见式(9-1)。

11.2.3　实验方法

鉴于分类算法的分类准确率在一定程度上取决于训练集与测试集上的数据分布，为了最大限度地避免由于原始数据集在划分时引入的偏差，本篇一律采用 5 折交叉验证（5-fold cross validation）的实验方式。对于给定的原始数据集，采用分层抽样（以样本点标注的类别值作为分层依据）的方式将其随机地划分为 5 等份，其中 4/5 作为训练集，另外 1/5 则作为测试集，如此轮换作为测试集的那部分样本实例，即交叉验证。采用分层抽样技术旨在保证在每等份的交叉数据集中保持各类别样本点在原始数据集中的比例，避免由于随机抽样给样本分布引入新的偏差。为了避免算法单次运行的随机性，对于任何一种交叉方案，运行 6 遍算法，取平均值。综上，对于给定的一个原始数据集，分类算法总计运行 5×6=30 次。

另外，某些 Benchmark 数据集中存在属性值缺失的情况，需要额外地处理。对于缺失的连续型属性值，将以该特征属性的平均值填补；对于缺失的离散型属性值，将代之以该特征属性出现频数最高的值。对于无法直接处理连续型属性的分类算法(如决策树、基于规则归纳的算法、学习分类器等),将统一使用离散化(discretization)的方式将连续型属性转化成离散型属性。具体采用的是在文献[134]中提出的卡方(Chi-squared,Chi²)检测算法,其中显著性水平(significant level)统一设置为 0.01。

如无例外,后续的比较实验中将遵循以上介绍的实验方法,其他诸如算法参数设置等实验细节将在后续章节用到时给出。

11.3　MFS 算法实验

本节主要介绍第 9 章提出的 MFS 算法的相关实验细节,为在 11.4 节中讨论整合特征选择后的 CoCoLCS_MFS 算法奠定基础。

11.3.1　算法参数设置

MFS 算法混合了 GA-Wrapper 方法与 ReliefF 方法的算法思想。ReliefF 方法仅用于计算特征排名,不涉及任何参数设置。对于 GA-Wrapper 方法而言,重要的算法参数包括种群规模、交叉率、变异率、个体抽样率、种群初始化时特征被选中的概率、进化迭代次数以及适应度评价函数中的 α 因子。其中,前 6 个参数很容易在基于遗传算法的 Wrapper 方法的相关文献中找到参考值,重点是权衡分类准确率与特征约简率两大选择压力的 α 因子。为此,首先在若干 Benchmark 实验集上小规模地测试了 α 因子在区间[0.4,0.7]内的取值对算法性能的影响,此处采用了单近邻规则(1-Nearest Neighbor Rule,1-NN)[135] 作为分类器计算分类准确率,实验结果如图 11-1 所示。由图 11-1 可知,分类器的预测性能确实受 α 因子的取值的影响,不过变化并不剧烈,大致在 $\alpha=0.6$ 时取得最佳性能。

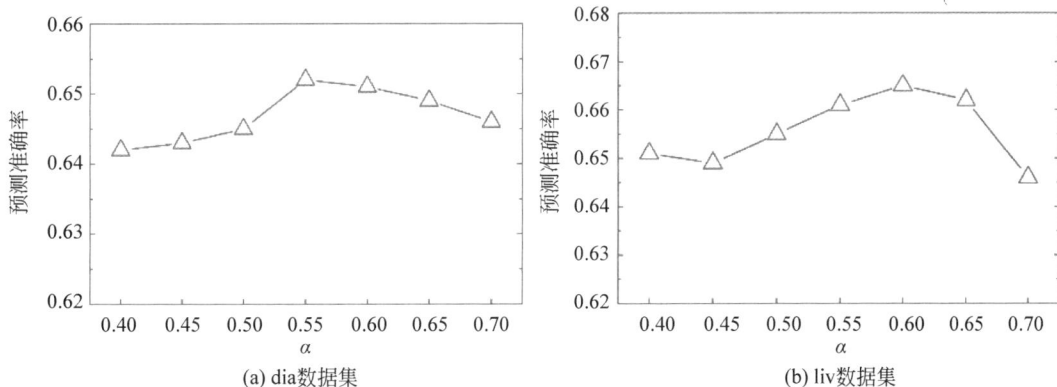

图 11-1　MFS 算法中 α 因子对性能的影响

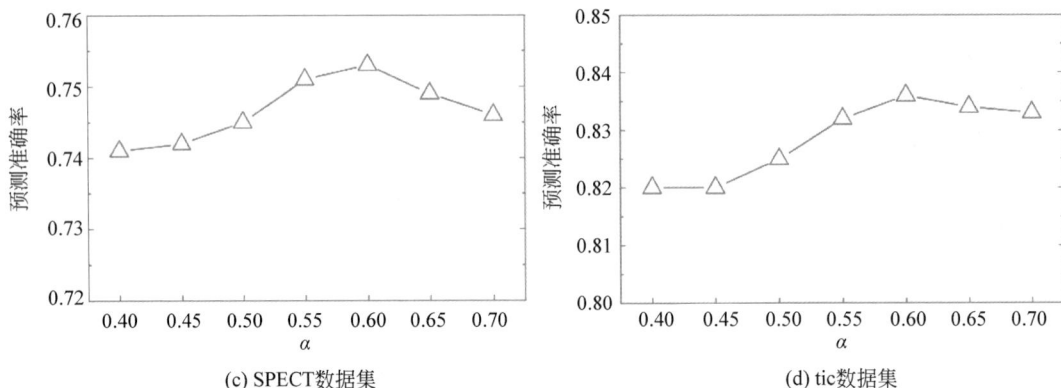

(c) SPECT数据集

(d) tic数据集

图 11-1　(续)

表 11-2 总结了 MFS 算法的参数设置情况。

表 11-2　MFS 算法的参数设置情况

参　　　数	描　　　述	取　　值
Size of population	种群规模	50
Crossover rate	交叉率	0.8
Mutation rate	变异率	0.1
Sampling rate	个体抽样率	0.1
Prob. of value 1 in initialization	初始化时特征被选中的概率	0.5
Terminal generation	进化迭代次数	4000

11.3.2　实验结果与讨论

为了验证第 9 章提出的 MFS 算法中混合式设计的有效性,与之比较的还有经典的 GA-Wrapper 方法和 ReliefF 方法。其中,GA-Wrapper 方法采用了与 MFS 算法相同的参数设置(如表 11-2 所示),而 ReliefF 方法中相关度阈值设为 0.2。仍然采用 1-NN 分类器计算分类准确率,实验结果如图 11-2 所示。由图 11-2 可知,MFS 算法在 4 个数据集上都取得了比上述两种特征选择方法更高的分类准确率,确实改善了算法的预测性能。

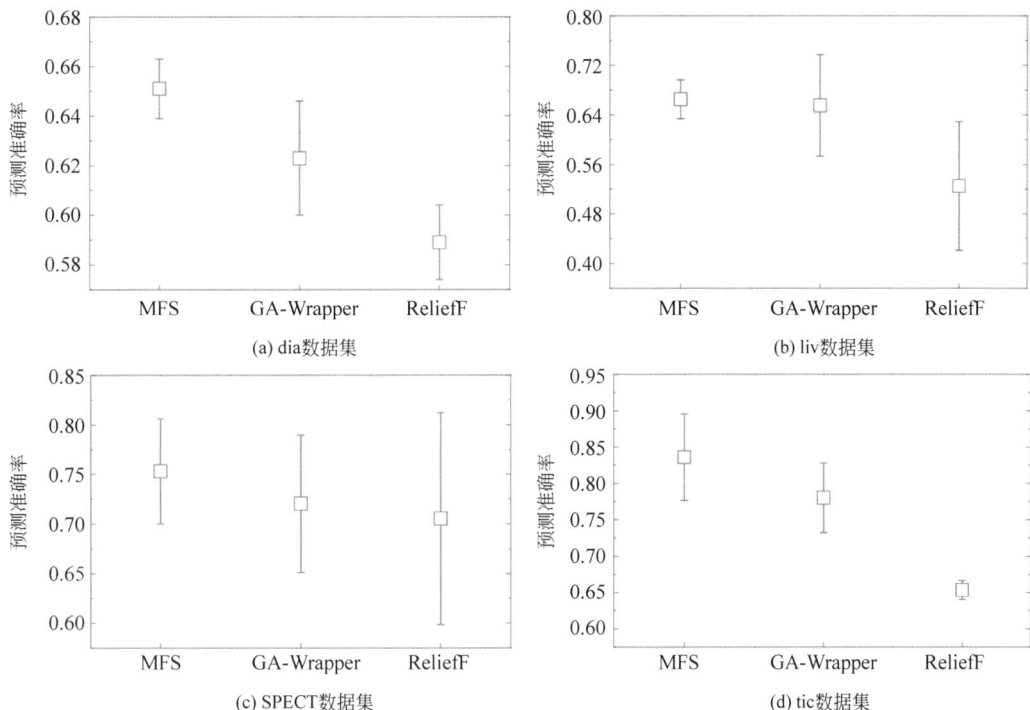

(a) dia数据集

(b) liv数据集

(c) SPECT数据集

(d) tic数据集

图 11-2　MFS 算法与传统特征选择方法的性能比较

11.4　CoCoLCS_MFS 算法实验

本节主要对第 10 章提出的 CoCoLCS_MFS 算法与其他经典的分类算法进行性能对比，以验证算法的有效性。

11.4.1　算法参数设置

CoCoLCS_MFS 算法的参数设置由两大部分构成：其一，是负责特征选择的 MFS 算法的参数设置，上一小节已专门讨论过其参数设置问题，在 CoCoLCS_MFS 算法中也沿用了表 11-2 中的参数设置；其二，是负责分类器演化的 Pittsburgh 式学习分类器算法 GAssist 的参数设置。Bacardit 在文献[86]中已经给出了一套较为优化的学习分类器算法参数设置，本节将其用于 CoCoLCS_MFS 算法中，如表 11-3 所示。

表 11-3　CoCoLCS_MFS 算法中学习分类器算法的参数设置

参　　数	描　　述	取　　值
Size of population	种群规模	200
Prob. of crossover	交叉率	0.6
Prob. of mutation	变异率	0.04
Number of Strata	分层数	2
Prob. of value 1 in initialization	初始化时属性取值被选中的概率	0.5
Selection strategy	父代选择策略	truncation selection
Prob. in selection	父代选择的随机概率	0.5
Replacement strategy	种群替换策略	elitist replacement
Prob. in replacement	种群替换的随机概率	0.5
Number of Rules in initial individual	初始个体的规则长度	20
Terminal generation	进化迭代次数	4000
Generations for rule deletion	规则删除执行间隔	50

11.4.2　实验结果与讨论

为了验证 CoCoLCS_MFS 算法的有效性，本节选取了 4 个经典的分类算法与之进行性能比较，其中包括朴素贝叶斯分类器（NB）、决策树算法（C4.5）、决策表算法（PART）和支持向量机（SVM）。供比较的 4 个算法都采用了开源数据挖掘软件 WEKA 中的实现，并遵从 WEKA 发行版中的默认参数设置。上述 5 个算法的实验结果如表 11-4 所示，其中最优的结果用粗体表示。从表 11-4 中的数据可以看到，CoCoLCS_MFS 算法在大部分 Benchmark 数据集上都取得了最优的预测性能，且具有最高的平均分类准确率。另一方面，CoCoLCS_ MFS 算法分类准确率的标准差在所有算法中也是最低的，这表明 CoCoLCS_MFS 算法有较好的性能稳定性。

表 11-4　CoCoLCS_MFS 算法与 4 个经典分类算法的分类准确率对比

数据集	CoCoLCS_MFS		NB		C4.5		PART		SVM	
	Ave	Std	Ave	Std	Ave	Std	Ave	Std	Ave	Std
aus	**0.8659**	**0.0235**	0.8159	0.0244	0.8565	0.0248	0.8087	0.0392	0.7130	0.0375
che	0.9654	0.0154	0.8798	0.0110	0.9934	**0.0039**	0.9900	0.0055	**0.9941**	0.0046
cre	**0.8732**	0.0184	0.8130	0.0283	0.8725	**0.0150**	0.8522	0.0209	0.8565	0.0165
dia	**0.7779**	**0.0231**	0.7538	0.0477	0.7239	0.0401	0.7252	0.0405	0.7734	0.0289
ger	0.7100	**0.0131**	**0.7420**	0.0225	0.7180	0.0425	0.6840	0.0507	0.6900	0.0177
hab	**0.7825**	**0.0182**	0.7352	0.0911	0.7125	0.0582	0.7223	0.0728	0.7190	0.0759
heart	0.7981	0.0390	**0.8370**	0.0660	0.7333	**0.0336**	0.7630	0.0479	0.7556	0.0479
hep	0.8441	**0.0282**	**0.8452**	0.0699	0.7677	0.1005	0.8065	0.0757	0.7742	0.1496
ion	**0.9109**	0.0328	0.9073	0.0409	0.9041	0.0477	0.9005	**0.0316**	0.8596	0.0444
liv	0.6845	**0.0246**	0.6580	0.0529	0.6812	0.0435	0.6348	0.0361	**0.6928**	0.0516
monk	0.9966	0.0081	0.7500	0.0068	**1.0000**	**0.0000**	0.9953	0.0104	**1.0000**	**0.0000**
mush	0.9915	0.0028	0.9558	0.0089	**1.0000**	**0.0000**	1.0000	0.0000	1.0000	0.0000
par	0.9009	0.0367	0.7128	0.0556	0.8615	0.0693	0.8359	0.0590	**0.9231**	**0.0292**
tic	**0.9672**	0.0213	0.7077	0.0308	0.8393	0.0343	0.9478	0.0274	0.9603	**0.0131**
tra	0.7784	**0.0000**	0.7580	0.0488	**0.7875**	0.0359	0.7835	0.0338	0.7517	0.0204
vote	**0.9732**	0.0242	0.9034	0.0485	0.9632	0.0274	0.9632	0.0274	0.9448	**0.0150**
wis91	0.9691	0.0117	0.9757	0.0109	0.9385	0.0164	0.9485	0.0184	0.9209	0.0181
wis95	0.9413	0.0192	0.9473	0.0165	0.9332	0.0220	0.9420	**0.0159**	**0.9684**	**0.0159**
平均值	0.8739	0.0200	0.8166	0.0379	0.8492	0.0342	0.8502	0.0341	0.8499	0.0326

注：Ave 栏表示各算法多次运行的预测准确率的平均值，Std 栏表示预测准确率的标准差。

11.4.3　显著性检验

为了提高结论的可信度，采用威尔科克森符号秩检验对 CoCoLCS_MFS 算法与其他经典分类算法的比较实验结果进行显著性检验，以验证双方性能是否存在显著性差异。威尔科克森符号秩检验是传统配对 t 检验的非参化版本，更适用于数据分布未知的情况[136]。所提出的 CoCoLCS_MFS 算法作为受控方法（control method），与其他所有供比较的分类算法进行两两比较,统计检验结果如表 11-5 所示。

表 11-5　CoCoLCS_MFS 算法与其他经典分类算法对比实验显著性检验结果($\alpha=0.05$)

比 较 对 象	$R+$	$R-$	p 值	零假设
CoCoLCS_MFS 与 NB	146	25	0.0039	拒绝
CoCoLCS_MFS 与 C4.5	137	34	0.0118	拒绝
CoCoLCS_MFS 与 PART	149	22	0.0027	拒绝
CoCoLCS_MFS 与 SVM	131	40	0.0226	拒绝

由表中数据可以得知,威尔科克森符号秩检验拒绝了所有的零假设(null hypothesis),即表明 CoCoLCS_MFS 算法在与其他经典分类算法的两两对比中都占有显著性的优势。故而可知,CoCoLCS_MFS 算法在分类性能上具有很高的竞争力。

11.5　特征选择对学习分类器的影响分析

本节重点考察整合特征选择后的 CoCoLCS_MFS 算法与传统的 Pittsburgh 式学习分类器 GAssist 算法在各项性能指标上的差异,以分析特征选择对学习分类器带来的影响。GAssist 算法同样采用了表 11-3 中的参数设置。

11.5.1　分类准确率

本节通过实验分析对比了特征选择整合前后学习分类器算法在分类准确率上的差异,如表 11-6 所示。由表 11-6 可知,加入特征选择之后,CoCoLCS_MFS 算法在 11 个 Benchmark 数据集的 9 个中都取得了优于 GAssist 算法的分类性能。其中,改进最为明显的是 dia 和 SPECT 两个数据集,分类准确率都提高了近 8 个百分点;在落后的两个数据集 che 和 mush 上,CoCoLCS_MFS 算法也取得了与 GAssist 算法相差无几的预测准确率。另外,在所有的 Benchmark 数据集上,CoCoLCS_MFS 算法预测准确率的标准差都小于 GAssist 算法,表明整合的特征选择过程不仅帮助 CoCoLCS_MFS 算法提高了分类性能,同时也改善了算法性能的稳定性。

表 11-6　CoCoLCS_MFS 算法与 GAssist 算法的预测准确率对比

数 据 集	CoCoLCS_MFS		GAssist	
	Ave	Std	Ave	Std
che	0.9654	**0.0009**	**0.9684**	0.0032

数　据　集	CoCoLCS_MFS		GAssist	
	Ave	Std	Ave	Std
dia	**0.7239**	**0.0007**	0.6490	0.0088
ger	**0.7078**	**0.0105**	0.6697	0.0257
mush	0.9915	**0.0029**	**0.9967**	0.0043
onehr	**0.9620**	**0.0048**	0.9609	0.0116
par	**0.8949**	**0.0135**	0.8923	0.0501
sonar	**0.7278**	**0.0550**	0.6960	0.0618
spam	**0.9236**	**0.0056**	0.9151	0.0148
SPECT	**0.7519**	**0.0137**	0.6745	0.0288
vote	**0.9690**	**0.0036**	0.9630	0.0155
wis95	**0.9413**	**0.0125**	0.9114	0.0225

11.5.2　运行时间

本节通过实验分析对比了特征选择整合前后学习分类器算法在运行时间上的差异。由于 GAssist 算法可以视为 CoCoLCS_MFS 算法的一个子模块,两者都是使用 Java 编程语言实现的,具有相同的运行环境,且在编程技巧等方面水平相当,故而两者的绝对运行时间具有较高的可比性。表 11-7 中展示了两个算法在各个 Benchmark 数据集上单次运行的时间,所有实验都运行在搭载了 Intel Core2 系列主频 3.00GHz 处理器与 2GB 内存的台式机上,程序的软件运行平台采用的是 Java Platform Standard Edition6[①]。从表 11-7 中可以看到,整合特征选择后的 CoCoLCS_MFS 算法运行时间明显少于 GAssist 算法。在拥有高样本数(8124)、中等特征维数(22)的 mush 数据集上,CoCoLCS_MFS 算法的单次运行时间不到 GAssist 算法的 1/4;在高样本数(4601)、高特征维数(57)的 spam 数据集上,CoCoLCS_MFS 算法也节省了超过 60% 的计算开销。这些实验数据同时也验证了10.3.4 节中对于 CoCoLCS_MFS 算法计算复杂度的理论分析。

---

① http://www.oracle.com/technetwork/java/javase/downloads/index.html。

表 11-7　CoCoLCS_MFS 算法与 GAssist 算法的运行时间对比　　　　　　单位：s

数　据　集	CoCoLCS_MFS		GAssist	
	Ave	Std	Ave	Std
dia	24.87	0.50	91.41	9.68
che	738.05	150.76	2649.16	510.72
ger	96.6	9.96	337.11	51.28
mush	826.66	332.29	3772.23	454.81
onehr	469.17	63.33	1296.05	719.75
par	63.16	5.84	71.33	7.71
sonar	114.69	9.04	137.67	14.09
spam	1742.89	158.48	4569.21	436.67
SPECT	42.93	7.41	193.67	39.36
vote	30.64	2.44	183.02	15.46
wis95	122.46	24.96	168.96	23.18

11.5.3　特征约简率

本节通过实验对 CoCoLCS_MFS 算法中整合的特征选择过程所能达到的特征约简率进行了统计，结果如表 11-8 所示。从表 11-8 中可以得知，CoCoLCS_MFS 算法在所有 Benchmark 数据集上都约简了超过一半的特征，其中特征约简率最高的是 dia 和 vote 数据集，两者都达到了 80% 以上。这说明内嵌的特征选择方法降低了分类过程中需要考虑的特征数量，降低了学习分类器算法中分类器与样本实例进行匹配时的计算量，而这正是分类器适应度评价的主要计算开销，因此，加入特征选择后的 CoCoLCS_MFS 算法相较于 GAssist 算法反而能够节省大量的运行时间。

表 11-8　CoCoLCS_MFS 算法的特征约简率

数　据　集	原始特征数	特征选择后		平均约简率
		Ave	Std	
che	36	14.00	2.62	0.611
dia	8	1.00	0	0.875

数　据　集	原始特征数	特征选择后		平均约简率
		Ave	Std	
ger	24	6.44	1.53	0.732
mush	22	7.10	1.73	0.677
onehr	72	24.25	1.91	0.663
par	23	7.45	0.51	0.676
sonar	60	26.33	1.12	0.561
spam	57	27.60	1.78	0.516
SPECT	22	5.75	0.97	0.739
vote	16	2.10	0.32	0.869
wis95	32	12.44	1.67	0.611

11.5.4　显著性检验

本章继续采用威尔科克森符号秩检验对 CoCoLCS_MFS 算法与 GAssist 算法的比较实验结果进行显著性检验,以验证两者性能是否存在显著性差异。在统计检验中,主要考察了分类准确率和运行时间这两项指标,检验的显著性水平 α 统一设置为 0.05。威尔科克森符号秩检验的结果如表 11-9 所示。鉴于威尔科克森符号秩检验同时拒绝了这两个零假设,可以推定 CoCoLCS_MFS 算法在分类准确率和运行时间这两项指标上都显著地优于 GAssist 算法。

表 11-9　CoCoLCS_MFS 算法与 GAssist 算法两项指标的显著性检验结果对比($\alpha=0.05$)

性 能 指 标	R^+	R^-	p 值	零假设
分类准确率	7	59	0.011	拒绝
运行时间	66	0	0.002	拒绝

11.6　本　章　小　结

本章对第 9 章提出的 MFS 算法以及第 10 章提出的整合 MFS 特征选择过程后的 CoCoLCS_MFS 算法进行了大量的算法评测工作。首先,比较了 CoCoLCS_MFS 算法与传统 GA-Wrapper 方法和 ReliefF 方法,比较实验结果表明 CoCoLCS_MFS 算法中的混合式设计确实能够提高特征选择的分类性能。其次,选择了若干经典的分类算法与 CoCoLCS_MFS 算法比较,并使用非参统计检验方法对比较实验结果进行了显著性检验。分析结果表明,CoCoLCS_MFS 算法在分类性能上显著地优于其他经典分类算法。最后,对 CoCoLCS_MFS 算法与未嵌入特征选择过程的 GAssist 算法进行了细致的比较,结果显示,CoCoLCS_MFS 算法在分类准确率和运行时间这两项指标上都显著地优于传统的 GAssist 算法,而计算开销的节省源于内嵌的特征选择过程在很大程度上减少了分类过程中需要考虑的特征数目,进而降低了分类器适应度评价的计算量。

第 12 章 基于混合式 GVNS 算法的多处理器任务调度研究

12.1 概　　述

伴随着计算机平台多核时代的到来以及云计算等分布式计算技术的兴起,并行计算已经成为当今业界主流的处理方式。随之而来的还有许多在传统的串行计算方式下不曾遇见的问题,其中就包括多处理器任务调度问题。简言之,任务调度处理的是多处理器系统在多个任务上的时间分配问题,不同于串行机进程调度的时间片分配,并行处理中多个任务之间通常存在一定的依赖关系,这种依赖关系无疑增加了问题的难度。本章在系统梳理多处理器系统任务调度算法相关研究的基础上,综合了三大类调度算法的方法要素,提出了一种混合式任务调度算法,大量的仿真实验结果表明,该混合式任务调度算法产生的调度解优于传统算法。进一步的分析发现,混合式任务调度方法设计对算法性能和收敛速度双方面的提高都有所助益。

本章内容组织如下:12.2 节对多处理器系统的任务调度研究进行综述,其中包括任务调度问题出现的背景、问题模型以及主流的几种任务调度算法研究进展;12.3 节介绍本章提出的混合式 GVNS 算法的设计思想和整体框架;12.4 节～12.6 节分别阐述混合式 GVNS 算法的某种方法要素设计;12.7 节详细介绍混合式 GVNS 算法与其他传统任务调度算法的比较实验结果与分析;12.8 节是本章小结。

12.2 多处理器任务调度综述

计算机自从诞生之日开始,就为科学研究不断注入新的活力。随着计算机技术的飞速发展,几乎所有的学科都采用了精确的定量化研究方法,逐渐发展出诸如计算生物学、计算气象学等一系列计算性的学科分支,计算科学已经成为与传统的理论科学和实验科学相提并论的第三大科学门类[137]。归根结底,计算科学的发展需要依托于计算机系统强大的计算能力。

提高计算机系统的计算能力主要有两种途径。其一是提高单机的处理速度。著名的摩尔定律就是针对 CPU 处理能力发展趋势的经验预测,早期半导体集成工艺的发展确实验证了摩尔定律。然而,随着半导体元器件集成度的提高,能耗和散热问题成为难以突破的工艺瓶颈,单机 CPU 的处理速度已经接近现有工艺技术的极限。其二是增加计算机系统中处理器的数量,即提高同一时间可执行运算的物理资源的规模,多机系统与多核系统就是在这种指导思想下发展起来的。理论上,并行系统不存在单机系统中芯片集成度的工艺限制,不过并行计算这种全新的计算方式也带来了许多传统串行处理中未曾遇见的问题,例如处理器间通信(inter-processor communication)、资源分配(resource allocation)、任务调度(task scheduling)等[138]。本质上,这些问题都是为了最大限度地发挥并行系统的并行性,任务调度问题就是其中的关键。

本节首先介绍多处理器系统任务调度问题的研究背景,明确本章的目标研究问题在整个任务调度研究中的位置;然后从多处理器系统与待处理任务两方面建立问题的形式化模型;最后概述现有任务调度算法的研究脉络。

12.2.1 研究背景

根据执行调度的场合不同,多处理器系统上的调度问题可以分为本地调度(local scheduling)与全局调度(global scheduling)。本地调度指的是单个处理器上的进程调度,即单机上的操作系统按照一定的进程调度算法将处理器的时间片分配给运行在本地的进程。不同于本地调度仅仅针对单独的一个处理器,全局调度面向的则是整个多处理器系统,其中涉及多个处理器之间的通信、等待等同步问题。按照调度发生的时机不同,全局调度又可以分为动态调度(dynamic scheduling)与静态调度(static scheduling)。动态调度是在运行时实现的,其核心是进程迁移(process migration),即设立某种策略,指导任务处理对应的进程在多个处理器之间进行迁移,以达到负载平衡的目标。鉴于动态调度本身就有很大的运行开销,且需要运行时环境的支持,本章对其不作进一步讨论,而是把研究的重点放在静态调度上。

对于静态调度而言,所有的调度过程都是在程序运行之前完成的,换言之,调度发生的时机是编译时(compile-time)。这就要求有关任务的计算量、各个任务间的依赖关系与通信情况、每个处理器的计算能力、多处理器系统的网络拓扑结构、网络各条链路的通信带宽等信息在编译时都是已知的。通常情况下,编译系统基于以上信息,在一定的调度算法指导下,将任务分配到某个处理器上,并确定处理器上多个任务之间的处理优先级关系。一旦某个任务分配到具体的处理器上并开始执行之后,该任务就只能在该处理器上执行且不能被其他任务打断,即所谓的非抢占式(non-preemptive)任务执行方式。

12.2.2　多处理器任务调度问题模型

为了便于问题的研究,多处理器系统中的静态任务调度问题通常被抽象为两个形式化模型,一个用来对多处理器系统建模,另一个用来表示待处理的任务。其中,多处理器系统一般被抽象为一个网络拓扑图,拓扑图中的顶点表示单个处理器,而拓扑图中的边则表示处理器之间的通信链路,处理器间通信都依赖于网络链路上的消息传递(message passing)。多处理器系统可以是同构的,即每个处理器都拥有相同的计算能力;也可以是异构的,即各个处理器的处理速度各异。多处理器系统的网络拓扑也可以多种多样。在本章中,假定目标多处理器系统具备如下特征:①异构;②非抢占式执行方式;③全连接的网络拓扑;④通信链路带宽相等;⑤单个任务只能执行一遍[①];⑥每个处理器拥有独立的 I/O 单元,使通信和计算可以在同一时间进行。

另外,为了适应多处理器系统中的并行处理方式,原先的程序通常通过程序划分的方式分解成多个小规模的子任务,这些子任务之间存在某种依赖(dependence)关系。例如,一个任务的输入是另一个任务的输出;又如,多个任务写入相同的存储单元,为了保持结果的正确性,就必须保持这些任务在原先串行处理方式下的执行次序。通常使用有向无环图(Directed Acyclic Graph,DAG)模型描述多个任务及其依赖关系。一个 DAG 包含由 v 个顶点组成的顶点集合 V 以及由 e 条有向边组成的边集合 E,其中每个顶点对应于一个分解后的子任务,而有向边则表示了任务间的优先级约束。例如,任务 n_i 与任务 n_j 之间的有向边 $e_{i,j}$ 就代表 n_j 需要等待 n_i 完成之后才能开始执行。有向边的头顶点被称为前驱(predecessor)顶点,尾顶点则被称为后继(successor)顶点。在 DAG 模型中,入口(entry)顶点没有前驱顶点,而出口(exit)顶点则没有后继顶点。为了方便以后的算法表述,假定目标 DAG 是单入单出的结构。一般而言,每个顶点 n_i 都关联着一个权重 w_i,表示其运行时间,鉴于异构多处理器系统中处理器的计算能力各异,每个顶点的权重是一个 n 维向量,n 是系统中的处理器个数,向量的第 j 个分量 $w_{i,j}$ 表示任务 n_i 在第 j 个处理器上的运行时间。与此同时,每条有向边 $e_{i,j}$ 也都关联着一个权重 $c_{i,j}$,表示相互依赖的任务 n_i 和 n_j 之间的通信开销。值得注意的是,如果两个相互依赖的任务被分配到同一个处理器上执行,则将忽略两者间的通信开销。

图 12-1 给出了多处理器系统任务调度问题示例。其中,图 12-1(a)是待处理任务的 DAG 模型,有向边上的数值就是任务间的通信开销大小;图 12-1(b)给出了各个任务在 4 个处理器上的运行时间矩阵;图 12-1(c)则是调度方案。从图 12-1 中可以看出,这 9 个相互

---

① 某些调度算法会通过假设允许任务复制(task duplication)以减少处理器间通信,进而降低总处理时间[139],不过,任务复制需要运行时环境提供支持以及复杂的容错机制,存在很大的潜在开销。

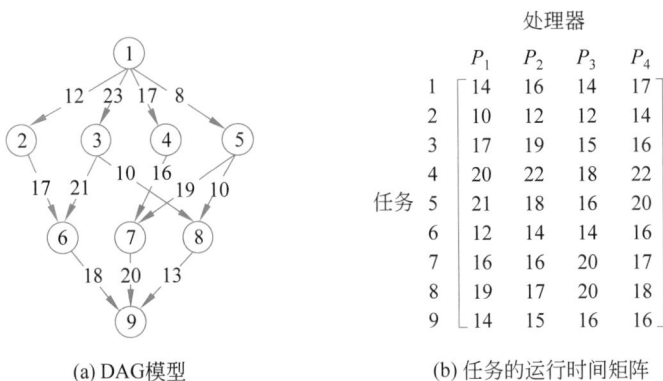

处理器

	P_1	P_2	P_3	P_4
1	14	16	14	17
2	10	12	12	14
3	17	19	15	16
4	20	22	18	22
任务 5	21	18	16	20
6	12	14	14	16
7	16	16	20	17
8	19	17	20	18
9	14	15	16	16

(a) DAG模型   (b) 任务的运行时间矩阵

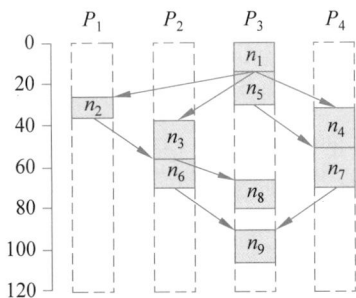

(c) 调度方案

图 12-1　多处理器系统静态任务调度问题示例

依赖的任务分配到 4 个处理器上,完成所有的计算总计需要 106 个单位时间。通常情况下,静态任务调度的目标就是最小化所有任务的完成时间,这个时间又被称为调度全长(makespan)。

12.2.3　多处理器任务调度算法

鉴于调度在并行计算中的重要性,在过去的数十年中多处理器系统的任务调度问题一直是学术界的研究焦点,研究者提出了为数众多的调度算法[140,141]。根据调度算法是否保证每次取得问题的最优解,调度算法可以分为保证取得最优解的完备算法(complete algorithm)和可能收敛到近优解的近似算法(approximate algorithm)。而在近似算法中,根据算法是否引入随机化策略,又可以进一步细分为确定性(deterministic)算法和非确定性(non-deterministic)算法。下面将分别介绍关于这几种调度算法的有代表性的研究工作。

1. 完备算法

由于一般化的静态 DAG 调度早已被证明是一个 NP 完全问题[142]，基于穷举法的完备算法计算复杂度随着 DAG 的规模呈指数级增长，即使对于中等规模的调度问题，这种计算开销也是不可承受的。

目前，研究者只在 3 种受限的调度场景中发现存在多项式复杂度的完备算法：①在任意多个处理器上调度顶点等权重的树状任务图[143]；②在两个处理器上调度任意结构的顶点等权重的任务图[144]；③在任意多个处理器上调度一个区间有序（Interval-ordered，指的是任意两个存在优先约束的顶点能被映射到实数时间轴上互不重叠的区间）的顶点等权重的任务图[145]。在以上 3 种场景中，都没有考虑 DAG 的边权重，即假设相互依赖的子任务之间不存在任何通信开销。这种假设显然过于简化，难以切合实际的调度场景。

由于其高复杂度以及过多的限制，完备算法通常只作为理论研究的对象，或用于求解某些 Benchmark 测试问题集的最优解，缺乏实用性。

2. 确定性算法

由于调度问题的复杂性，最初在实际应用中通常是由工作人员根据经验和直觉制定一系列调度规则，这就是确定性调度算法，又名基于启发式策略的调度算法。具体来说，按照启发式策略所蕴含的方法思想的不同，确定性算法又可以分为表调度（list scheduling）算法和聚类（clustering）算法[140]。

表调度算法的通常做法如下。首先依据一定的启发式规则和目标任务图的结构信息赋予 DAG 中每个顶点一个优先级（priority），并按照该优先级对所有顶点进行排序，使其形成一个调度表（scheduling list）。其后，在每个调度步中将拥有最高优先级的可执行任务从调度表中移除，并按照一定的处理器选择策略将其分配到某个具体的处理器上执行（一般都是选择允许顶点开始执行时间最早的那个处理器）。如此反复，直至调度表为空，即完成所有顶点的调度。由此可知，制定优先级的启发式策略是表调度算法的关键，研究者提出了众多评价指标以衡量各个顶点的重要性，大量模拟实验数据表明基于关键路径（Critical Path，CP）的指标具有性能上的优势[146]。早期的表调度算法只在调度之初计算一遍调度表，此后整个执行过程中所有顶点的优先级都不会发生改变。近年来，有研究者提出在调度过程中"动态"改变顶点优先级的方法，即在每一次任务分配之后重新计算未分配顶点的优先级[147]。这种"动态"方法尽管可能提供更为优化的调度解，不过也提高了算法的计算复杂度。另外，早期的表调度研究通常假设目标多处理器系统是同构的，以简化算法需要考虑的因素[148,149]，近期的表调度研究已经逐渐转向异构多处理器系统，提出了一系列有影响力的调度算法，如异构最早完成时间（Heterogeneous Earliest Finish

Time,HEFT)算法[150]和最长动态关键路径(Longest Dynamic Critical Path,LDCP)算法[151]。

不同于表调度算法中为每个顶点单独计算优先级的做法,聚类算法采用的则是一种任务合并的思想[151,154]。在聚类调度算法中,起初 DAG 中每个顶点都被视为一个簇(cluster),其后尝试合并两个簇,只要这个合并过程可以减小整体的完成时间即可。如此反复进行,直至不存在满足条件的簇。在合并的过程中通常假设处理器数目足够多,因此,对于实际调度场景而言,聚类算法在完成以上的合并步骤之后,还需要将这些可能包含多个任务顶点的簇分配给具体的处理器执行,这个后处理过程在文献中一般被称为映射(mapping)。

总的来说,无论是表调度还是聚类调度,确定性算法的优势在于其搜索过程局限于状态空间的一个很小的子集内,因此算法计算复杂度低,运行效率很高。然而,确定性算法实质上都是基于局部信息的贪心策略,这些策略的有效性很大程度上依赖于特定任务图的结构,因此很难保证算法在大范围的调度问题中一直维持良好的算法性能。

3. 非确定性算法

由于调度问题实质上就是在调度目标指导下的优化问题,为了提高优化质量,许多在搜索过程中引入随机化方法的元启发式(metaheuristics)策略被引入调度领域[153]。元启发式策略通常结合迭代求精的思想以提高搜索质量,按照在每一轮迭代中处理的问题解的数量,该类方法又可以进一步细分为轨迹方法(trajectory method)和基于种群的方法(Population-Based Method,PBM)。

轨迹方法在每轮迭代中仅处理一个问题解,每个算法步骤就是在指定的邻域结构(neighborhood structure)中从当前解跳到另一个局部最优解,其间加入一定随机化策略以避免过早收敛于局部最优解。从整个搜索过程来看,该类方法就是在邻域结构的指导下在状态空间中串联出一道"轨迹"。典型的轨迹方法包括模拟退火(SA)[154]、禁忌搜索(TS)[155]、引导式局部搜索(Guided Local Search,GLS)[156]和变邻域搜索(Variable Neighborhood Search,VNS)[157]。尽管有研究指出,在理论上只要满足一定的条件(如 SA 方法中的对数式退火函数),轨迹算法就可以保证收敛至全局最优解,然而,在实际应用中出于运行效率和算法可用性等方面的考虑,这些理论证明中的严苛条件通常无法满足。加之轨迹方法仅仅针对一个调度解进行搜索,因此还是易于出现早熟收敛的现象。

基于种群的方法实质上就是前面已经介绍过的进化计算方法,典型的如遗传算法[158]、人工免疫系统(Artificial Immune System,AIS)[159]、蚁群优化(Ant Colony Optimization,ACO)算法[160]和粒子群优化(Particle Swarm Optimization,PSO)算法[161]等。这类进化计算方法在搜索过程中维护一个由多个调度解组成的种群,通过在每轮迭代中对这些调度解执行随机化的遗传操作保证算法在状态空间内的全局搜索能力。因此,相较于每轮迭代专注于单个问题解的轨迹方法,基于种群的方法通常具有更好的搜索性能。不过与之相对的是,基于种群的方法由于需要同时处理多个问题解,增大了算法的运行开销;随机化的遗传操作无法有效利用状态空间的局部信息,故而易于出现算法收敛缓慢的效率问题。此外,基于种群的方法通常包含较多的算法参数,算法性能容易受参数初值设定的影响。

相较于确定性算法,非确定性算法更好地保证了算法最终生成调度解的质量,这在调度方案生成之后可以重复使用的应用场景中尤为重要。因此,近年来研究者越来越多地将注意力转移到非确定性算法上,其中又以基于遗传算法的调度方法最为盛行[162-168]。

12.3　基于启发式的混合式 GVNS 调度算法的总体设计

12.3.1　混合式设计的算法思想

通过以上的介绍可以看到,每一大类调度算法都有其优势和劣势。与此同时,不同类别的调度算法又存在一定的互补性。以轨迹方法和基于种群的方法为例,前者善于结合领域知识,充分利用状态空间的局部信息进行局部搜索,而后者则长于随机化的全局搜索以保证搜索的性能,两者的结合就是第 9 章中提及的 Memetic 算法设计范式[169,170]。再例如表调度算法和基于种群的算法,前者基于贪心策略大大缩减了搜索空间以提高效率,而后者巨大的运行开销一定程度上也是由于全局搜索的状态空间过大。因此,如果能结合多种调度算法,取长补短,则可以更好地平衡算法的性能与效率。

正是在这种混合式设计的思想指导下,本章提出基于启发式的混合式遗传变量邻域搜索算法(Genetic Variable Neighborhood Search,GVNS),该算法整合了确定性表调度算法(如 HEFT)、轨迹方法(如 VNS)和基于种群的方法(如 GA)三者的要素,使用表调度的启发式规则计算顶点优先级以缩减搜索的状态空间规模,基于 GA 种群确保一定强度的随机化搜索以保证调度解的质量,并在 GA 全局搜索过程中结合基于 VNS 方法的局部搜索,结合调度领域的经验知识,充分利用状态空间的局部信息以提高搜索的效率,加快算法收敛。

12.3.2　算法整体框架

具体来说,在本章讨论的 GVNS 算法中,调度过程分为两个阶段:首先是将各个任务分配到具体的处理器上;其次则是对分配到同一个处理器上的多个任务计算各自的优先级,以确定任务的执行次序。其中,任务分配由 GA 中的基因编码机制负责,而任务优先级的计算则是基于表调度算法中的启发式规则。图 12-2 给出了 GVNS 算法的整体流程。算法始于 GA 种群的初始化操作,在基因编码机制的指导下,结合一定的随机化策略生成一定种群规模的个体,每个个体都记录了一个任务分配方案(将所有任务分配到具体的处理器上)。其后,基于表调度算法中的启发式规则,计算特定任务分配方案下各个任务的相对优先级,进而确定任务的执行次序并计算调度全长,这也是 GA 中种群个体适应度评估的主要依据。完成种群评估之后,还将继续执行选择、交叉、变异等典型的遗传操作,以保证状态空间内一定强度的随机搜索。与传统 GA 不同的是,GVNS 还引入了 VNS 方法对遗传操作产生的子代个体进行抽样的局部搜索,以期在改善搜索质量的同时提高算法的收敛速度。局部搜索产生的优化解将并入 GA 的子代种群,并基于一定的替代策略更新原种群,至此,新种群的产生标志着一轮迭代的结束。这个迭代的过程将反复执行下去,直至满足事先设定的算法结束条件。

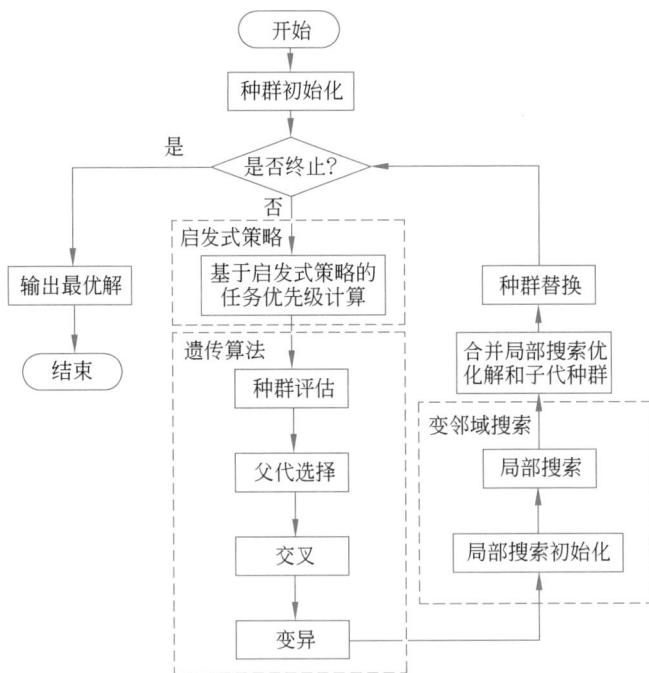

图 12-2　GVNS 算法的整体流程

　　12.4 节～12.6 节将分别介绍负责任务优先级计算的表调度启发式策略、负责全局搜索的 GA 以及负责局部搜索的 VNS 这三者的算法设计细节。

12.4　任务优先级定序的启发式策略

在本章所讨论的 GVNS 算法中,GA 种群个体利用基因编码机制记录了调度解中任务分配部分的信息(详见 12.5.1 节),继而引入了表调度算法中的启发式规则计算同一处理器上分配到的多个任务的相对优先级,从而形成一个完整的调度解并计算对应调度方案的完成时间。直观地看,一个任务的相对优先级应该取决于其对于缩减调度全长的重要性。即,一个任务的执行对于缩短完成时间贡献越大,其相对优先级应该设定得越高。然而,完成时间既受该任务本身的执行结束时间的影响,同时也有赖于该任务的后继任务的完成进度。受到 Topcuoglu 等在文献[150]中提出的 HEFT 算法的启发,本章所讨论的方法也采用一种基于回溯思想的优先级计算方法,同时也借鉴了 HEFT 算法中任务升秩(upwardrank)的概念。对于 DAG 中的某个任务 t_i 而言,其升秩 $\mathrm{rank}(t_i)$ 可以递归地定义如下:

$$\mathrm{rank}(t_i) = \begin{cases} w_{i,p(t_i)}, & \mathrm{succ}(t_i) = \varnothing \\ w_{i,p(t_i)} + \max\limits_{t_i \in \mathrm{succ}(t_i)} (\mathrm{rc}_{i,j} + \mathrm{rank}(t_i)), & \mathrm{succ}(t_i) \neq \varnothing \end{cases} \tag{12-1}$$

其中,$p(t_i)$ 是分配给该任务的处理器编号,$w_{i,p(t_i)}$ 则是任务 t_i 在该处理器上的处理时间;$\mathrm{succ}(t_i)$ 代表包含任务 t_i 对应顶点在 DAG 中所有直接后继顶点的集合;$\mathrm{rc}_{i,j}$ 表示两个存在依赖关系的任务 t_i 和 t_j 之间的实际通信开销,其定义为

$$\mathrm{rc}_{i,j} = \begin{cases} c_{i,j}, & p(t_i) \neq p(t_j) \\ 0, & p(t_i) = p(t_j) \end{cases} \tag{12-2}$$

其中,$c_{i,j}$ 是两个不同的任务 t_i 和 t_j 之间的通信成本。

相较于原始的 HEFT 算法,本章中所使用的基于表调度算法的启发式规则至少在两方面进行了改进。其一,由于提供给启发式规则进行优先级计算的是完整的任务分配方案,在任务分配方案中已经将所有任务映射到具体的处理器上,因此对于某任务的升秩计算过程而言,可以使用指定处理器上的处理时间;而 HEFT 算法中使用任务在所有处理器上的平均处理时间。其二,本章中所使用的启发式规则可以充分利用任务分配信息,精确地给出两个具有依赖关系的任务间的实际通信开销;而 HEFT 算法中假定通信开销一定存在,即使两个相互依赖的任务被分配到同一个处理器上。基于以上改进,本章所提出的基于表调度算法的启发式规则相较于HEFT 算法可以更加合理地评估任务对于调度完成时间的相对重要性,从而提供更高质量的调度优化指导。

12.5　全局搜索的遗传算法设计

12.5.1　种群个体的基因编码

使用遗传算法求解实际优化问题的一大关键就是选取合适的基因编码方式,将问题解表示成计算机方便处理的形式。对于调度问题而言,按照染色体中记录的信息内容,个体的基因编码大致可以分为两类:一类是个体既编码了任务分配信息也记录了任务的优先级信息,后者通常使用染色体中基因码的相对位置隐式地表达[164,171],或者借助优先级的绝对值显式地说明[172];另一类是个体仅记录任务分配信息,任务优先级与相应基因码在染色体中的相对位置无关[173]。

本章采用了一种位置无关的基因编码机制,每个染色体由 T 个基因码组成(T 是目标 DAG 中的顶点总数),每个基因码中记录了对应序号的任务所分配的处理器编号,即 $1 \sim P$ 的一个正整数(P 是目标多处理器系统的处理器总数)。图 12-3 给出了在该编码机制下的一个典型染色体的基因编码。

3	1	2	4	4	3	2	4	3	3

图 12-3　一个典型染色体的基因编码

上述基因编码机制决定了 GVNS 算法中任务分配与任务优先级定序两者分离的调度方式。相较于直接在染色体中对任务优先级编码的方式,这种做法有两个好处:其一,由于无须考虑基因码在染色体中的排列情况,大大地缩减了编码的状态空间;其二,将任务优先级计算分离出来,也避免了直接编码方式中的优先级合法性检查以及可能的后续修复(repairing)操作。这两点都有助于提高算法效率。

12.5.2　种群初始化与个体适应度评估

遗传算法的初始种群就是由随机的一定数量(给定的种群规模)的个体组成的。在个体的染色体编码中,每个任务都随机地分配到一个处理器编号。出于算法描述的方便,假定染色体中的任务顺序符合目标 DAG 中顶点的拓扑排序,通过在分配任务序号之前执行一趟拓扑排序可以很容易地实现该要求。

在 GVNS 算法中,直接使用个体的对应调度方案的完成时间,即调度全长,作为个体的适应度函数。对于一个已编码的个体,在经由 12.4 节介绍的启发式规则完成任务优先级的计算之后,其调度全长的计算过程如下。

假定当前优先级最高的已就绪结点为 n_i,而任务 n_i 被分配到处理器 p_j 上执行,则任务 n_i 的最早开始时间(Earliest Start Time,EST)可定义如下:

$$T_{\mathrm{EST}}(n_i, p_j) = \max\{T_{\mathrm{avail}}(p_j), T_{\mathrm{ready}}(n_i, p_j)\} \qquad (12\text{-}3)$$

其中，$T_{\mathrm{avail}}(p_j)$ 是处理器 p_j 对于任务 n_i 的最早可用时间，定义如下：

$$T_{\mathrm{avail}}(p_j) = \max_{n_k \in \mathrm{exe}(p_j)} \{T_{\mathrm{AFT}}(n_k)\} \qquad (12\text{-}4)$$

其中，$\mathrm{exe}(p_j)$ 代表包含处理器 p_j 上所有已调度的任务的集合，$T_{\mathrm{AFT}}(n_k)$ 表示任务 n_k 的实际结束时间（Actual Finish Time，AFT）。此外，式（12-3）中的 $T_{\mathrm{ready}}(n_i, p_j)$ 指的是任务 n_i 执行所需的所有数据在处理器 p_j 上就绪的时间，定义如下：

$$T_{\mathrm{ready}}(n_i, p_j) = \max_{n_k \in \mathrm{pred}(n_i)} \{T_{\mathrm{AFT}}(n_k) + c_{k,i}\} \qquad (12\text{-}5)$$

其中，$T_{\mathrm{AFT}}(n_k)$ 的含义与式（12-4）相同，$\mathrm{pred}(n_i)$ 则是指包含任务 n_i 所有直接前驱顶点的集合。值得注意的是，如果任务 n_i 和 n_k 被分配到同一个处理器上，代表实际通信开销的 $c_{k,i}$ 等于 0。考虑到任务 n_i 在处理器上 p_j 是以非抢占方式执行的，其最早结束时间（Ealiest Finish Time，EFT）可定义如下：

$$T_{\mathrm{EFT}}(n_i, p_j) = T_{\mathrm{EST}}(n_i, p_j) + w_{i,j} \qquad (12\text{-}6)$$

当任务 n_i 在处理器 p_j 上的调度完成之后，其最早开始时间 $T_{\mathrm{EST}}(n_i, p_j)$ 与最早结束时间 $T_{\mathrm{EFT}}(n_i, p_j)$ 就分别转变为实际开始时间 $T_{\mathrm{AST}}(n_i)$ 和实际结束时间 $T_{\mathrm{AFT}}(n_i)$。对于整个调度方案而言，其调度全长就是所有任务实际结束时间的最大值，即出口顶点 n_{exit} 的实际结束时间。

$$\mathrm{makespan} = \max_{n_i \in V}\{T_{\mathrm{AFT}}(n_i)\} = T_{\mathrm{AFT}}(n_{\mathrm{exit}}) \qquad (12\text{-}7)$$

12.5.3　遗传操作设计

1. 选择操作

采用基于二人锦标赛的选择操作从种群中选出参与后续交叉、变异操作的父代个体，即从父代种群中有放回地随机抽取两个个体进行适应度比较，适应度较高的个体进入候选种群，参与后续交叉、变异等遗传操作。

2. 交叉操作

GVNS 算法中采用了随机单点交叉算子，该算子为两个参与交叉操作的父代个体随机选取一个交叉点，继而以该交叉点为界互换父代染色体中的编码段，从而形成一对新的子代个体。交叉率（crossover rate）参数给出了任一一对父代个体接受交叉操作的概率。图 12-4 描述了一个典型的交叉操作过程。

3. 变异操作

变异操作对于预防早熟收敛意义重大。本章采用的是一种基于位翻转的变异算子，对于给定的种群个体，算法将遍历整个染色体的基因码串，并以一定的概率[由变异率

父代1	3	1	2	4	3	2	4	3	3

父代2	4	2	3	2	2	4	3	1	2

(a) 随机选择交叉点4

子代1	3	1	2	4	1	4	3	1	2

子代2	4	2	3	2	3	2	4	3	3

(b) 交叉操作后

图 12-4　一个典型的交叉操作过程

(mutation rate)参数给定]改变对应位置上的基因码。因此，对于单个个体而言，发生变异的基因码数目的期望值等于变异率乘以染色体基因码串的长度。

12.6　局部搜索的变邻域搜索算法设计

经典的 GA 已被证明可以有效地在状态空间内进行全局搜索，不过随机化的遗传操作却无法有效利用状态空间的局部信息以加快收敛，这也是在进化程中引入轨迹方法进行局部搜索的初衷。本章使用的是近年来较受关注的变邻域搜索算法。变邻域搜索是由 Mladenović 和 Hansen 在 1997 年提出的一种优化算法[174]，该算法的核心思想是在搜索过程中有规律地变换邻域结构，以达到跳出局部最优解、寻求全局最优解的目标。变邻域搜索算法的有效性主要是基于以下 3 个经验观察：

（1）某个邻域结构中的局部最优解在另一个邻域结构中就可能不再是局部最优解。

（2）全局最优解对于所有邻域结构而言都必然是其局部最优解。

（3）对于大部分优化问题而言，多个邻域结构上的局部最优解在状态空间中相对接近。

最后一条经验观察说明局部最优解往往提供了一些全局最优解的相关信息。不同于其他元启发式优化技术，变邻域搜索算法的参数很少，甚至没有任何参数，这种简洁性不仅降低了参数调试的难度，提高了算法的可用性，而且极大地推动了该算法在理论基础和实际应用两方面的研究工作[175]。

下面分别介绍本章中所使用的变邻域搜索算法的整体流程、搜索中用到的邻域结构的设计以及对于单个调度解而言的局部搜索过程。

12.6.1　算法流程

本章所讨论的变邻域搜索算法的伪代码描述如算法 12-1 所示。

算法 12-1　变邻域搜索算法

1:　subpop←初始化变量邻域搜索(offspring,采样率);
2:　　选择邻域结构集合 $N_K(k=1,2,\cdots,k_{max})$;
3:　　　**for** subpop 中的每个个体 s　**do**
4:　　　　**repeat**
5:　　　　　$k\leftarrow 1$;
6:　　　　　　**while** $k\leqslant k_{max}$ **do**
7:　　　　　　　$s'\leftarrow$GenerateRandomNeighbor(s,N_K);
8:　　　　　　　$s'\leftarrow$LocalSearch(s',N_K);
9:　　　　　　　**if** makespan(s'')<makespan(s) **then**
10:　　　　　　　　$s\leftarrow s''$;
11:　　　　　　　　$k\leftarrow 1$;
12:　　　　　　　**else**
13:　　　　　　　　$k\leftarrow k+1$;
14:　　　　　　　**end if**
15:　　　　　　**end while**
16:　　　**until** 满足终止条件
17:　　**end for**
18:　将 subpop 组合起来以更新遗传算法中的后代

　　鉴于有指导的局部搜索是一个计算开销较大的过程(相对于纯随机的遗传操作),为了避免过大的效率损失,在每一轮迭代中 GVNS 算法仅针对子代种群的一小部分执行局部搜索的优化搜索。这样就要对子代种群进行随机抽样,抽样率(sampling-rate)参数指明了单个个体被抽中的概率。

12.6.2　邻域结构设计

　　变邻域搜索算法成功的关键就在于其中的抖动(shaking)步骤,在该步骤中,算法不断变换搜索的邻域结构,以避免过早收敛于局部最优解。同时,邻域结构的设计也是在局部搜索过程中结合领域先验知识的集中体现。

　　本章基于两个一般化的调度策略(平衡负载和减少通信),设计了两个邻域结构,分别命名为 LoadBalance 和 CommReduction。不同于之前研究工作中用到的随机化邻域结构[157],本章设计的两个邻域结构都利用了给定调度解的调度信息以指导局部搜索的过程,使之更具目标性而避免盲目搜索带来的巨大运行开销。

　　算法 12-2 和算法 12-3 分别描述了两大邻域结构的计算过程。LoadBalance 邻域结构的主要思想是找出计算负载最重的处理器,随机选择该处理器上的一个任务并将其调度至其他处理器,以期在所有处理器上尽可能平均地分配计算任务;CommReduction 邻域结构的思想是找出通信开销（包括任务等待执行的空等时间）最大的处理器,在该处理器的任务列表中搜寻需要等待父顶点完成后方可执行的任务,且该任务的父顶点并未分配在这个处理器上,进而将这个父顶点对应的任务转移到该处理器上执行,以期降低通信和等待的开销。

算法 12-2　LoadBalance 邻域结构的计算过程

1：**for** 解决方案 s 中的每个处理器 p_i

2：　　$T_{comm}(p_i) \leftarrow \sum\limits_{n_k \in exe(p_i)} w_{k,i}$

3：**end for**

4：选择具有最大 T_{comm} 的处理器 p_{comm}

5：从 $exe(p_{comm})$ 中随机选择一个顶点 n_{random}

6：随机选择一个与 p_{comm} 不同的处理器 p_{random}

7：将节点 n_{random} 重新分配给处理器 p_{random}

8：对修改后的解决方案 s' 进行编码和重新调度

9：**return** s'

算法 12-3　CommReduction 邻域结构的计算过程

1：**for** 解决方案 s 中的每个处理器 p_i

2：　　$T_{comm}(p_i) \leftarrow T_{AFT}(p_i) - T_{comm}(p_i)$

3：**end for**

4：选择具有最大 T_{comm} 的处理器 p_{comm}

5：设置候选集为空集,cand$\leftarrow \varnothing$

6：**for** 集合 $exe(p_{comm})$ 中的每个顶点 n_i

7：　　计算包括顶点 n_i 的所有前驱顶点的集合 $pred(n_i)$

8：　　使用 $pred(n_i) \leftarrow pred(n_i)) - exe(p_{comm})$ 更新 $pred(n_i)$

9：　　cand$\leftarrow$cand$+pred(n_i)$

10：**end for**

11：从候选集 cand 中随机选择一个顶点 n_{random}

12：将顶点 n_{random} 重新分配给处理器 p_{comm}

13：对修改后的解决方案 s' 进行编码和重新调度

14：**return** s'

12.6.3　局部搜索

为了降低局部搜索的运行开销,GVNS算法采用了一种简化的局部搜索策略。对于给定的一个调度解以及邻域结构,局部搜索就是找出这个调度解在该邻域结构中对应的局部最优解。换言之,GVNS 算法中使用的局部搜索的搜索强度(也成为搜索步长)设置为 1。放弃使用完整的局部搜索过程可以作如下解释:首先,在 GVNS 算法中,VNS 方法被集成到 GA 的进化过程中,因此,从整个进化的迭代过程来看,每一轮迭代中 VNS"迈出"的搜索步将在状态空间中依次连接成一个完整的搜索轨迹,因此,出于效率的考虑,在每轮迭代中进行完整的局部搜索是不必要的;其次,完整的局部搜索反而容易陷入局部极值,导致早熟收敛的现象,从而影响搜索的性能。局部搜索产生的优化解将并入子代种群,并与父代种群一起参与 GVNS 算法的替代过程。具体来说,新一代种群由合并后的父代种群与子代种群中适应度最高的若干个体构成,其数量等于种群规模。

12.7　算法实验

在本节中,将对 GVNS 算法进行全面的性能评估。首先,介绍用于算法性能评估的计量指标与算法的参数设置;其次,分别在确定性结构的任务图和随机生成的任务图所组成的 Benchmark 测试集上比较 GVNS 算法与其他最新调度算法的性能;最后,针对 GVNS 算法中引入的局部搜索在改善算法搜索性能和收敛速度上的有效性进行深入分析。

12.7.1　性能评估指标与参数设置

本章采用调度方案的加速比(speedup)作为比较调度算法求解质量的评判指标。在调度算法相关文献中广泛使用加速比指标进行算法性能比较[150,151,159]。对于给定的一个调度方案,其加速比等于目标 DAG 在目标多处理器系统上的串行执行时间除以调度全长。

$$speedup = serial\text{-}length/makespan \tag{12-8}$$

其中,串行执行时间 serial-length 可以通过将所有任务分配到某个特定处理器上的最小完成时间严格定义如下:

$$serial\text{-}length = \min_{p_j \in P}\left\{\sum_{n_i \in V} w_{i,j}\right\} \tag{12-9}$$

供比较的算法包括基于遗传算法的 CPGA[168]、基于人工免疫系统的 AIS[159] 以及两种表调度算法 LDCP[151] 和 HEFT[150]。表 12-1 给出了比较实验中 GVNS、CPGA 和 AIS 算法的参数设置。GVNS 算法的参数设置通过在小规模测试集上的参数调整过程获得,CPGA 和 AIS 算法的参数设置则遵从原始文献中的设定。

表 12-1　比较实验中 GVNS、CPGA 和 AIS 算法的参数设置

参　　　数	GVNS	CPGA	AIS
种群规模	400	400	400
进化迭代次数	3000	3000	3000
变异率	0.02	0.02	0.1
交叉率	0.8	0.8	
个体抽样率	0.1		0.1

12.7.2　确定图上的结果

首先在两个表征实际并行程序结构的 DAG 上进行了调度算法的性能比较,这两个任务图分别是代表高斯-乔丹消元（Gauss-Jordan Elimination）的 GJ 任务图[176]和代表快速傅里叶变换（Fast Fourier Transformation,FFT）的 FFT 任务图[177]。图 12-5（a）和图 12-5（b）分别给出了带有 21 个顶点的 GJ 任务图和带有 15 个顶点的 FFT 任务图。除此之外,进一步采用了 45 个和 78 个顶点的 GJ 任务图以及 39 个和 95 个顶点的 FFT 任务图作为 Benchmark 测试集,同类任务图的结构基本一致,只是各层顶点增多了。为了体现多处理器系统的异构性,任务顶点在各处理器上的运行时间遵循泊松分布[159]。此外,为了提高结果的可信度,设定了多个通信-计算比（Communication-Computation Rate,CCR）和多种处理器规模。对于任何一个 DAG、CCR 和处理器规模的组合,都随机产生 10 个运行时间的配置,进而对 10 个配置的调度解加速比取平均值并计算标准差。

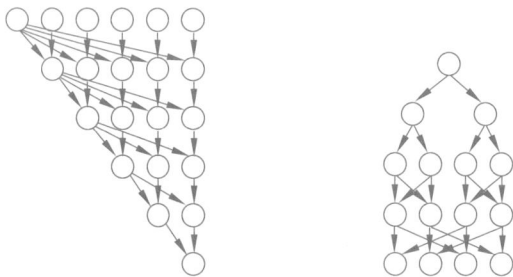

(a) 21个顶点的GJ任务图　　　(b) 15个顶点的FFT任务图
图 12-5　两个典型并行应用程序对应的任务图

表 12-2 和表 12-3 分别总结了各算法在 GJ 任务图和 FFT 任务图上的运行结果,其中使用加粗字体表示所有算法中的最优结果。可以很容易看到,本章提出的 GVNS 算法

在所有的 Benchmark 测试问题上都取得了最佳的平均性能,标准差的结果也说明 GVNS 算法的稳定性明显优于其他算法。随着调度问题规模的扩大(更多的任务顶点或处理器),GVNS 相较于其他算法的性能优势呈现扩大化的趋势。以 FFT-39 任务图为例,在处理器数目为 2 时,GVNS 算法最终调度解的平均加速比仅比 AIS 算法提高了 2%;而当处理器数目增长到 8 个时,GVNS 算法的性能在 AIS 算法的基础上提高了 25%。这种性能变化趋势表明,本章提出的 GVNS 算法在更大规模的状态空间中拥有更好的搜索性能。

表 12-2　各算法在 GJ 任务图上的运行结果

处理器数目	任务图	CCR	GVNS		CPGA		AIS		LDCP	HEFT
			Ave	Std	Ave	Std	Ave	Std		
2	GJ-21	0.25	**1.95**	**0.00**	1.92	0.04	1.94	0.01	1.88	1.84
		0.50	**1.90**	**0.00**	1.88	0.03	1.89	0.01	1.81	1.79
		1.00	**1.81**	**0.00**	1.76	0.04	1.80	0.01	1.70	1.51
		2.00	**1.66**	**0.00**	1.60	0.05	1.61	0.03	1.40	1.31
	GJ-45	0.25	**2.11**	**0.00**	2.00	0.03	2.01	0.01	1.89	1.90
		0.50	**2.08**	**0.01**	1.97	0.03	1.99	**0.01**	1.87	1.89
		1.00	**2.03**	**0.01**	1.91	0.04	1.93	**0.01**	1.78	1.79
		2.00	**1.95**	**0.02**	1.77	0.04	1.79	**0.02**	1.63	1.64
	GJ-78	0.25	**2.15**	**0.00**	2.01	0.03	2.01	0.01	1.95	1.93
		0.50	**2.14**	**0.00**	1.99	0.03	2.00	0.01	1.93	1.88
		1.00	**2.12**	**0.01**	1.95	0.03	1.97	0.01	1.89	1.84
		2.00	**2.07**	**0.01**	1.87	0.03	1.89	0.02	1.80	1.76
4	GJ-21	0.25	**2.99**	**0.03**	2.86	0.09	2.72	0.04	2.72	2.66
		0.50	**2.74**	**0.03**	2.56	0.08	2.47	0.03	2.44	2.43
		1.00	**2.13**	**0.01**	2.03	0.04	2.01	0.02	1.97	1.89
		2.00	**1.75**	**0.01**	1.63	0.06	1.56	0.03	1.35	1.37
	GJ-45	0.25	**3.52**	**0.03**	3.27	0.08	3.02	0.04	3.29	3.14
		0.50	**3.31**	**0.06**	3.04	0.08	2.82	0.06	3.03	2.97
		1.00	**2.80**	**0.02**	2.61	0.07	2.44	0.03	2.52	2.56
		2.00	**2.25**	**0.02**	2.05	0.07	1.87	0.03	1.87	1.80
	GJ-78	0.25	**3.95**	**0.03**	3.44	0.08	3.27	**0.03**	3.60	3.57
		0.50	**3.78**	**0.03**	3.48	0.09	3.12	**0.03**	3.49	3.45
		1.00	**3.44**	**0.01**	3.19	0.08	2.82	0.02	3.12	3.11
		2.00	**2.88**	**0.02**	2.42	0.08	2.25	**0.02**	2.44	2.41

处理器数目	任务图	CCR	GVNS		CPGA		AIS		LDCP	HEFT
			Ave	Std	Ave	Std	Ave	Std		
8	GJ-21	0.25	**3.37**	**0.02**	3.22	0.11	2.96	0.03	2.97	2.74
		0.50	**2.90**	**0.01**	2.71	0.09	2.61	0.01	2.64	2.39
		1.00	**2.14**	**0.02**	2.02	0.06	2.03	0.03	1.96	1.85
		2.00	**1.72**	**0.03**	1.58	0.07	1.49	0.03	1.39	1.27
	GJ-45	0.25	**4.65**	0.06	4.27	0.11	3.70	**0.04**	3.97	4.01
		0.50	**3.99**	**0.04**	3.65	0.08	3.25	0.04	3.37	3.39
		1.00	**3.01**	**0.02**	2.78	0.06	2.60	0.02	2.58	2.60
		2.00	**2.37**	0.05	2.05	0.07	1.86	**0.02**	1.75	1.76
	GJ-78	0.25	**5.75**	0.08	5.05	0.17	4.28	**0.06**	5.15	5.14
		0.50	**5.04**	0.09	4.66	0.16	3.86	**0.05**	4.56	4.53
		1.00	**3.92**	0.07	3.60	0.11	3.20	**0.03**	3.52	3.50
		2.00	**3.01**	0.05	2.57	0.09	2.33	**0.02**	2.42	2.40

注：Ave栏表示各算法生成最终调度解加速比的平均值，Std栏表示加速比的标准差。

GJ-21表示带有21个顶点的GJ任务图，以此类推。

表 12-3　各算法在 FFT 任务图上的运行结果

处理器数目	任务图	CCR	GVNS		CPGA		AIS		LDCP	HEFT
			Ave	Std	Ave	Std	Ave	Std		
2	FFT-15	0.25	**1.97**	**0.00**	1.89	0.04	1.92	**0.00**	1.76	1.75
		0.50	**1.92**	**0.00**	1.86	0.04	1.88	**0.00**	1.69	1.69
		1.00	**1.70**	**0.00**	1.70	0.04	1.70	**0.00**	1.51	1.57
		2.00	**1.40**	**0.00**	1.40	0.03	**1.40**	**0.00**	1.25	1.10
	FFT-39	0.25	**2.03**	0.01	2.01	0.04	1.99	**0.01**	1.94	1.85
		0.50	**2.01**	0.01	2.00	0.04	1.96	**0.01**	1.92	1.82
		1.00	**1.96**	**0.00**	1.95	0.03	1.90	0.01	1.93	1.73
		2.00	**1.87**	0.01	1.82	0.03	1.80	0.02	1.81	1.67
	FFT-95	0.25	**2.17**	**0.00**	2.04	0.03	2.02	0.01	1.95	1.95
		0.50	**2.16**	**0.00**	2.03	0.03	2.01	0.01	1.94	1.94
		1.00	**2.14**	**0.00**	2.01	0.03	1.99	0.01	1.93	1.92
		2.00	**2.11**	0.01	1.97	0.03	1.95	0.01	1.89	1.88

处理器数目	任务图	CCR	GVNS		CPGA		AIS		LDCP	HEFT
			Ave	Std	Ave	Std	Ave	Std		
4	FFT-15	0.25	**2.80**	**0.05**	2.60	0.09	2.55	0.06	2.29	2.37
		0.50	**2.35**	**0.03**	2.25	0.07	2.22	0.03	2.02	2.05
		1.00	**1.82**	**0.01**	1.78	0.05	1.77	0.01	1.59	1.61
		2.00	**1.50**	**0.02**	1.43	0.06	1.39	0.02	1.25	1.23
	FFT-39	0.25	**3.56**	**0.03**	3.25	0.11	3.10	0.05	3.11	2.97
		0.50	**3.35**	**0.02**	3.04	0.12	2.91	0.03	3.07	2.92
		1.00	**2.94**	**0.04**	2.52	0.12	2.56	0.04	2.69	2.54
		2.00	**2.46**	**0.03**	2.07	0.12	2.02	**0.03**	2.01	1.99
	FFT-95	0.25	**4.12**	**0.02**	3.61	0.07	3.54	0.03	3.60	3.61
		0.50	**4.09**	**0.03**	3.51	0.09	3.44	0.03	3.56	3.47
		1.00	**3.90**	**0.03**	3.35	0.09	3.26	0.04	3.39	3.35
		2.00	**3.51**	0.04	2.96	0.10	2.88	0.03	3.17	3.16
8	FFT-15	0.25	**2.89**	**0.01**	2.81	0.12	2.61	0.03	2.38	2.23
		0.50	**2.45**	**0.01**	2.38	0.09	2.24	0.02	2.10	1.92
		1.00	**1.84**	**0.01**	1.81	0.05	1.74	0.01	1.62	1.59
		2.00	**1.49**	**0.01**	1.36	0.06	1.30	0.02	1.27	1.22
	FFT-39	0.25	**4.74**	**0.02**	4.42	0.19	3.78	0.05	4.12	3.94
		0.50	**4.07**	**0.03**	3.73	0.14	3.36	0.04	3.47	3.22
		1.00	**3.16**	**0.04**	2.78	0.11	2.75	0.04	2.64	2.71
		2.00	**2.48**	**0.03**	2.07	0.12	2.02	0.04	2.09	2.04
	FFT-95	0.25	**6.88**	**0.07**	5.69	0.25	5.27	0.09	6.22	6.18
		0.50	**6.40**	0.10	5.26	0.23	4.90	**0.04**	5.90	5.84
		1.00	**5.70**	0.09	4.56	0.21	4.28	**0.04**	5.09	5.06
		2.00	**4.37**	**0.02**	**3.47**	**0.15**	**3.32**	**0.03**	**3.93**	**3.94**

注：FFT-15 表示带有 15 个顶点的 FFT 任务图，以此类推。

12.7.3　随机图上的结果

为了提高性能比较的可信度，本章进一步使用了一个 DAG 随机发生器生成了一组调度问题测试集。该随机发生器不但可以调节调度问题的绝对规模（处理器数目或顶点数目），还可以控制问题的相对复杂性（DAG 的结构参数）。表 12-4 总结了本章使用的随机发生器参数设置。

演化机器学习(第2版)

表 12-4　DAG 随机发生器参数设置

参　　数	描　　述	取　值　范　围
CCR	通信-计算比	$\{0.25,0.50,1.00,2.00,4.00\}$
m	任务顶点数目	$\{16,36,64,100,250,600\}$
n	处理器数目	$\{2,4,8\}$
h_p	处理器异构性	$\{100,200,\text{random}\}$
d_t	DAG 出边依赖度	$\{0.25,0.5,0.75\}$
d_g	DAG 形状系数	$\{0.5,1,2\}$

限于篇幅，仅展示算法在部分随机 Benchmark 问题上的运行结果，在其他问题上也表现出大致相同的趋势。从图 12-6 可以看到，GVNS 算法在随机任务图上也表现出最优的平均性能。而且，随着调度问题规模的扩大，这种性能上的优势也越来越明显，再次验证了 GVNS 算法更适于搜索大规模状态空间的推断。

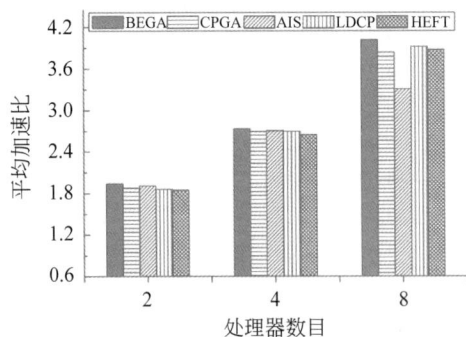

(a) 任务顶点数=16

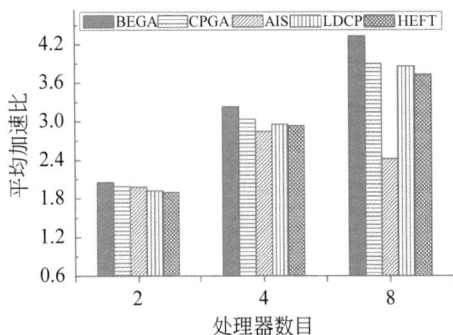

(b) 任务顶点数=100

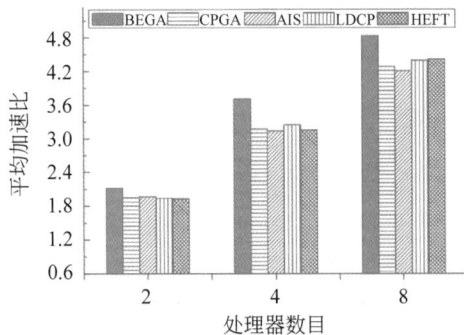

(c) 任务顶点数=250

图 12-6　随机任务图的实验结果（CCR＝1.0，h_p＝random，d_t＝0.5，d_g＝1.0）

12.7.4　显著性检验

为了验证各算法在性能上是否存在显著性差异，需要进行一定的统计检验。鉴于比较实验的结果可能不符合正态分布，也不具有方差齐性，传统的有参检验（如 t 分布检验）并不适用，本章采用了一系列用于多种方法比较的参数检验方法[178]。

首先，Friedman 检验[179]和 Iman-Davenport 检验[180]被于检查供比较的 5 种调度算法之间是否存在显著性差异。如果显著性差异是存在的，则进一步采用作为事后检验的 Holm 方法[181]验证本章讨论的 GVNS 算法与其他算法的差异显著性水平。

首先，需要计算各种算法的性能平均排名，如表 12-5 所示。在此考虑 12.7.2 节和 12.7.3 节中所有测试用例的实验结果。

表 12-5　各调度算法的性能平均排名

算法	性能平均排名
GVNS	1.0278
CPGA	2.5486
AIS	3.5417
LDCP	3.6042
HEFT	4.278

其次，Friedman 检验和 Iman-Davenport 检验被用于检查各算法性能相当的零假设是否成立，计算结果如表 12-6 所示。由表 12-6 可知，在显著性水平 $\alpha=0.05$ 下，两个检验都拒绝了零假设，即各算法性能之间确实存在显著性差异。

表 12-6　Friedman 检验和 Iman-Davenport 检验的计算结果（$\alpha=0.05$）

检 验 方 法	统 计 值	p 值	零 假 设
Friedman	183.87	8.3276×10^{-11}	拒绝
Iman-Davenport	125.38	1.6644×10^{-61}	拒绝

最后，Holm 事后检验方法被用于计算校正后 p 值（Adjusted p-Value，APV），以消除利用多种方法进行比较时引入的偏差（以 GVNS 作为被控方法），结果如表 12-7 所示。鉴于 Holm 方法拒绝了所有的零假设，可以推定本章提出的 GVNS 算法在 $\alpha=0.05$ 的显著性水平下优于其他 3 种调度算法。

表 12-7　Holm 事后检验方法的计算结果

i	比较算法	z	p 值	α/i	APV	零假设
4	HEFT	12.333	6.0252×10^{-35}	0.0125	2.4101×10^{-34}	拒绝
3	LDCP	9.7767	1.4175×10^{-22}	0.0167	4.2524×10^{-22}	拒绝
2	AIS	9.5395	1.4347×10^{-21}	0.025	2.8694×10^{-21}	拒绝
1	CPGA	5.7712	7.8729×10^{-9}	0.05	7.8729×10^{-9}	拒绝

12.7.5 局部搜索有效性分析

为了验证 GVNS 算法引入局部搜索过程的有效性,本章又额外在多个算法配置上进行了比较分析实验。除了使用包括 LoadBalance 和 CommReduction 两个邻域结构在内的 VNS 局部搜索之外,还分别在只用一个邻域结构的简单局部搜索方法以及完全不用局部搜索的算法配置上重新运行了实验(GA 部分的搜索过程保持不变)。限于篇幅,以下仅展示在 GJ-45 任务图上的实验结果。

图 12-7 所示的箱图展示了 4 种算法配置生成调度解的加速比统计情况。结果显示,同时使用两个邻域结构的 GVNS 算法具备最好的中位数性能(如箱图中的框内横线所示)。

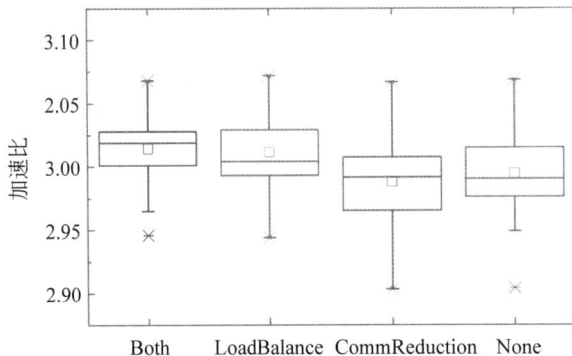

图 12-7　4 种算法配置生成调度解的加速比统计情况

另外,图 12-8 所示的趋势图刻画了 4 种算法配置的进化过程中种群平均性能的变化情况。可以看到,GVNS 算法在收敛速度上也有明显优势。

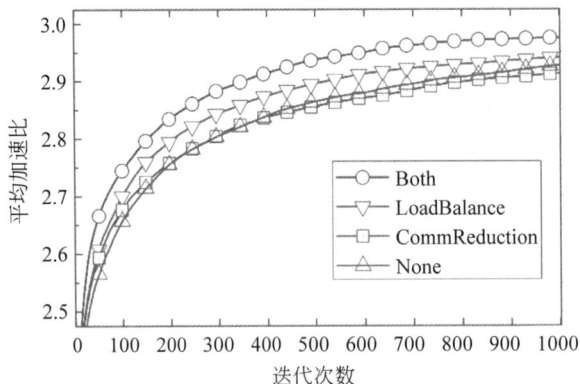

图 12-8　4 种算法配置的进化过程中种群平均性能的变化情况

综上所述,GVNS 算法中引入局部搜索不但改善了算法的搜索性能,同时也提高了算法的收敛速度,这应该归因于局部搜索与 GA 全局搜索的结合更好地平衡了进化过程中全局探索(global exploration)和局部利用(local exploitation)这两大趋势。

12.8　本章小结

本章在整合传统的三大类调度算法的基础上,提出了一种基于启发式策略的混合式调度算法——GVNS。该算法使用加入了 VNS 局部搜索的 GA 演化任务分配方案,并结合启发式策略计算各处理器上的任务优先级以确定唯一的调度解,体现了领域专家知识对进化过程的指导。在大量的确定任务图与随机任务图上执行的比较实验表明,本章提出的 GVNS 算法对于大规模的调度问题表现出更加优化的搜索性能。进一步的统计检验证实,GVNS 算法的性能显著地优于其他供比较的最新调度算法。

第 13 章　中篇总结与展望

13.1　主要工作和结论

针对分类与特征选择两大领域中越来越多地使用到基于进化计算的方法进行问题求解的研究现状,本篇致力于在基于遗传的机器学习范式下整合分类器演化与特征子集搜索这两大过程,创新地提出内嵌特征选择的学习分类器算法。为此,本篇主要介绍了以下几方面研究工作[53]。

本篇对当前学习分类器与特征选择方面的相关研究进行了深入调研与分析,系统地分析并总结了这两个领域研究现状中亟待解决的主要问题。具体来说,对于以进化计算方法为核心进行学习的学习分类器而言,特征选择是其在应用中不容回避的问题,然而当前学术界对学习分类器与特征选择的整合研究缺乏关注,尚未有相关研究见诸报道。另外,在特征选择问题上,传统的 Wrapper 方法和 Filter 方法各有其长,前者偏重算法性能,后者注重计算效率,针对这两者的整合研究也是近年来的研究热点。

针对特征选择领域多种方法整合的研究热点,本篇结合进化计算领域流行的 Memetic 算法设计框架,提出了一种综合了 Wrapper 方法和 Filter 方法的混合式特征选择方法。在该混合式方法中,Filter 方法中使用的相关性度量被用于计算特征排名,继而在原先基于进化计算的 Wrapper 方法中加入由该特征排名信息指导的局部搜索过程,局部搜索产生的优化解将合并到子代种群参与下一轮迭代。实验结果表明,相较于纯粹的 Wrapper 方法或 Filter 方法,混合式方法可以改善特征选择的搜索性能。

面对学习分类器在求解实际问题时对于特征选择的应用需求,在进化计算领域协同进化思想的启发下,本书创新地在合作式协同进化算法的设计框架下整合了学习分类器的分类器演化过程与上面提及的混合式特征选择方法中的特征子集搜索过程,提出了一种内嵌特征选择的学习分类器算法。实验结果表明,相较于原先的学习分类器,集成特征选择过程后的算法在分类性能与计算效率两方面都有所提升。

结合多种经典的分类算法,在 UCI 的分类问题 Benchmark 数据集上进行了范围广泛的比较性实验与分析,进一步验证了本篇提出的内嵌特征选择的学习分类器算法的有效性。

　　作为演化计算工作的一项扩展性内容,本篇还深入讨论了有关多处理器系统静态任务调度问题的研究工作。在这部分内容中,基于对现有调度研究中几种主流方法优缺点的细致分析,提出了一种基于启发式策略的混合式 GVNS 任务调度算法。作为演化计算中搜索策略的探讨,该算法使用结合 VNS 局部搜索的 GA 搜索任务分配方案的状态空间,继而使用启发式策略计算任务的优先级以确定唯一的调度解。比较实验的结果表明,在进化过程中引入包含领域先验知识的局部搜索与启发式策略确实能改善搜索性能并加速算法收敛。

13.2　未来研究工作展望

　　在机器学习中引入协同进化思想是近年来的一个研究热点。本篇涉及的只是相关问题的一小部分。结合已有工作中的一些体会,笔者认为在后续研究中可以从以下几方面完善当前工作。

　　(1)作为进化计算方法的一员,协同进化算法仍然面临着算法参数选择的问题。如何降低算法性能对参数设置的敏感性依赖以至实现参数的自适应调整,是今后研究中值得关注的问题。

　　(2)整合特征选择后的学习分类器虽然在计算效率上取得了一定程度的提升,不过,笔者认为在降低算法运行开销方面仍然存在空间,可以考虑结合机器学习领域其他热门方法,如集成学习(ensemble learning),进一步提高算法在处理大规模问题中的实用性。

　　(3)本书重点研究的是 Pittsburgh 式学习分类器,其学习过程基于完整的训练集,即批量学习(batch learning)。为了满足现实中在线学习场景的应用需求,可以考虑在算法中加入增量学习(incremental learning)的思想,使用实时到达的新样本动态地调整分类器结构,以至扩展到更为复杂的迁移学习(transfer learning)。

　　在多处理器任务调度方面,利用专家知识指导进化过程取得了很好的成效。后续研究中可以进一步考虑在局部搜索过程中扩展更多的基于领域先验知识的邻域结构以及实现参数的自适应调整,以提高算法的可用性。

下篇

分布估计的学习分类器

　　学习分类器以显式规则表示目标概念,在监督学习或强化学习机制的基础上,利用遗传算法对规则空间进行搜索,从而完成学习任务。规则空间的有效搜索是影响学习分类器性能的关键。本篇从提高规则空间的搜索质量出发,着眼于分类问题,提出了基于分布估计算法的学习分类器。重点探讨如下几方面的内容。

　　首先,针对贝叶斯优化算法(BOA)在贝叶斯网络结构学习过程中需要对网络复杂度加以额外控制的问题,提出了基于 L1 正则化贝叶斯网络的分布估计算法(L1-regularized Bayesian network-based distribution estimation algorithm,L1BOA)。该算法利用 L1 正则化的稀疏性质选取候选链接,并在此范围内确定贝叶斯网络的结构,实现对网络复杂度的合理控制。实验结果表明,L1BOA 学习的贝叶斯网络结构能够更准确地反映目标问题中变量的链接关系,从而达到或超过对网络复杂度实施最优额外控制时 BOA 的性能。

　　其次,面向二分类问题,提出了基于分布估计算法的分类器进化算法——

pLCS_L1BOA(Probabilistic Learning Classifier System based on L1BOA,基于 L1BOA 的概率学习分类器系统)。该算法将分类器进化划分为规则和规则集两个层次,利用 L1BOA 实现规则进化,并在规则集进化的过程中保留已建立的规则结构。实验结果表明,较现有的学习分类器,pLCS_L1BOA 的预测性能更高,训练开销更小,其预测性能也优于其他经典分类算法。

再次,在 pLCS_L1BOA 的基础上,提出了面向学习分类器的嵌入式特征选择算法。该算法根据规则统计信息计算各个特征的冗余度,并利用引导规则进化的贝叶斯网络考察特征间的关联关系,从而在分类器训练的过程中逐步删除冗余特征。实验结果表明,嵌入式特征选择算法使得 pLCS_L1BOA 的预测性能提高,训练开销减小,其特征选择性能也优于其他经典特征选择算法。

最后,针对多分类问题,在上述工作的基础上,提出了基于进化纠错输出编码的分类算法。该算法利用 L1BOA 并根据目标问题的特点产生将多分类问题转化为若干二分类问题的编码矩阵,再使用前述算法求解各二分类问题,从而完成多分类任务。实验结果表明,本篇提出的算法的预测性能高于现有的学习分类器和其他经典分类算法。

第 14 章　　下 篇 导 言

14.1　研 究 背 景

人类社会发展的不竭动力源于人类自身对客观世界的认识和学习。通过学习总结规律并付诸实践活动，在实践中结合新环境、新问题进行再认识、再学习，如此往复，便构筑成人类社会前行的轨迹。随着科技的进步，尤其是信息技术的飞速发展，人类在享受着获取数据方式多元化所带来的便捷的同时，也饱受"数据泛滥但信息匮乏"的困扰。面对良莠不齐的数据和信息，人类的学习能力正在面临前所未有的挑战。因此，将人类特有的学习能力赋予机器，使之帮助人们更好地完成学习任务并解决新的问题，在信息泥沙俱下的当下具有十分重要的现实意义。

正是基于上述考虑，机器学习[57]作为人工智能[182]领域的中心课题之一，一直备受学术界和工业界的高度关注。根据 Mitchell 在其著作 *Machine Learning* 中的定义①，机器学习的研究对象是可以通过学习经验知识提高其完成某项任务性能的计算机算法。作为实现人工智能的一种重要途径，机器学习的兴起和发展使得计算机处理复杂信息的能力越来越强，从而被广泛应用于众多的领域，并在解决实际问题中扮演着越来越重要的角色。

机器学习根据解决问题的抽象类型大体可分为监督学习、无监督学习和强化学习 3 类[56]。其中的监督学习是指根据已知的包含输入（特征）和输出（标签）的训练集，获得从输入到输出的映射关系，并将映射关系作用于未知数据的输入，从而预测其输出。根据输出数据的不同类型，监督学习包括面向连续型数据的回归问题和面向离散型数据的分类问题两种。

对于分类问题，目前研究人员已经提出了许多方法，包括朴素贝叶斯分类器、决策树、人工神经网络、k 近邻算法、支持向量机、深度学习等。在解决分类问题的诸多方法中，基

---

① Mitchell 给出的定义是："Machine learning is the study of computer algorithms that improve automatically through experience."

于规则归纳的方法(Rule Induction)由于利用显式的规则表达目标概念,使得其知识表示和运用过程符合人类认知规律和解决问题的思路,易于理解,因此一直是研究人员关注的焦点。尤其是在关注预测结果本身的同时更希望对预测结果进行充分与合理的解释,进而了解其中内在规律的领域,例如医疗、制药等领域,基于规则归纳的方法有着其他分类方法不可替代的作用。

在基于规则归纳的方法中,一种名为学习分类器(LCS)[133,183-185]的机器学习方法正在引起研究者越来越多的注意。概括地说,学习分类器以规则形式表达目标概念,采用遗传算法[68,69]等进化计算方法[186]对规则空间进行搜索,以期寻找到表达目标概念的最优规则,从而完成学习任务。因此,学习分类器也属于更广泛意义的基于遗传的机器学习(GBML)方法[59],它与相关研究领域的关系如图14-1所示。最早的学习分类器是由 Holland 在文献[72]中提出的。该模型使用强化学习的相关理论用于对人类的感知行为进行建模。而在目前,学习分类器主要致力于解决分类问题,并已广泛应用于蛋白质结构分析[131]、医学诊断[187]、网络入侵检测[188]、金融数据分析[189]等诸多领域。相关研究表明,与其他方法相比,学习分类器在解决分类问题时能够表现出很强的竞争力[3]。

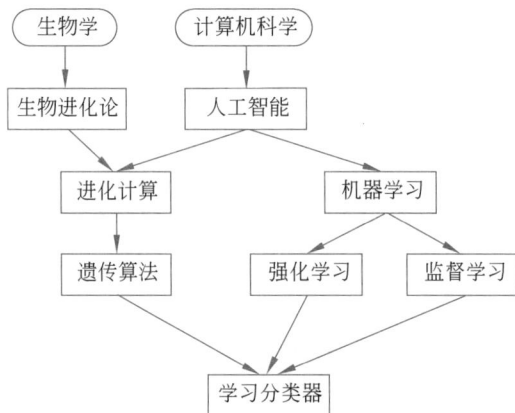

图 14-1 学习分类器与相关研究领域的关系

在学习分类器的发展过程中,逐渐形成了两大流派：Michigan 式学习分类器和 Pittsburgh 式学习分类器。前者沿用了 Holland 在文献[72]中提出的模型,主要面向动态环境的感知和自适应问题,逐步发展成为包含遗传算法、强化学习以及反馈决策等单元在内的复杂决策系统。后者则从遗传算法本身出发,将衡量学习性能的指标视为待优化的目标函数,进而将机器学习问题转化为优化问题进行求解。目前,对 Michigan 式学习分类器的研究已较为充分,并取得了较为丰硕的研究成果。相比之下,对 Pittsburgh 式学习分类器的研究则远远落后于前者。因此本篇将选择 Pittsburgh 式学习分类器作为研究的对象,进行深入探讨与介绍。

Pittsburgh 式学习分类器利用遗传算法对规则空间进行搜索,以期寻找能够表达目标概念的最优规则。因此,遗传算法的搜索质量是决定学习分类器性能优劣的关键因素。根据模式定理[68]和建筑块(Building Block)假设[69],遗传算法利用交叉、变异等遗传算子将低阶建筑块重组为高阶建筑块,从而寻找到全局最优解。但是,由于交叉、变异等遗传算子的作用过程与目标问题的结构无关,因此,当遗传算法求解复杂问题时,特别是当问题所涉及的变量间存在较为紧密的链接关系时,交叉、变异等遗传算子无法保证建筑块的有效重组,从而严重影响了遗传算法的搜索质量。在一些极端的情况下,例如在解决欺骗问题[69]时,遗传算法甚至无法收敛至全局最优。因此,以更为有效的方法重组建筑块,从而提高规则空间的搜索效率,成为提高学习分类器性能的关键。

近些年来,一类名为分布估计算法(EDA)[3-5]的优化方法迅速兴起并成为当前进化计算研究领域中备受关注的热点之一。与遗传算法利用交叉、变异等遗传算子产生子代的过程不同,该类方法通过建立旨在表征优势种群概率分布的模型并对模型随机采样产生新的个体。由于建模和采样的过程需要对目标问题的结构进行学习,因此分布估计算法本质上采用了与目标问题结构相关的操作重组建筑块,从而能够改变遗传算法受制于与目标问题结构无关的遗传算子的局面。

贝叶斯优化算法(BOA)[43,190]作为当前最为流行的多变量分布估计算法之一,利用贝叶斯网络对优势种群的分布建立概率模型,有力地推动了分布估计算法的理论发展[191]。但是,为了尽量减少求解目标问题所需的种群规模,贝叶斯优化算法在学习贝叶斯网络结构的过程中需要对网络复杂度加以额外控制[192,193]。相关研究表明,对于不同类型的问题,贝叶斯优化算法需要设置不同的网络复杂度上限以使性能达到最优[194]。然而,使其性能最优的网络复杂度上限作为与目标问题相关的知识,在求解优化问题之前无法得到。这严重影响了贝叶斯优化算法的实用性。

综上所述,建立更为合理的网络复杂度控制机制以提高贝叶斯优化算法的实用性,并将该算法运用到学习分类器中,无疑能够有效地提高规则空间的搜索效率。对于分类问题,该算法在求解目标问题过程中所建立的旨在描述特征间关系的贝叶斯网络,为删除冗余特征提供了新的参考和依据,可以进一步提高学习分类器的性能。

14.2　主　要　内　容

基于上述分析,为了提高贝叶斯优化算法的实用性,并在此基础上提高学习分类器处理分类问题时的整体性能,本篇将从以下 4 方面展开具体的内容。

（1）基于 L1 正则化贝叶斯网络的分布估计算法（L1BOA）。该算法针对 BOA 在贝叶斯网络结构学习过程中需要对网络复杂度加以额外控制的现状，将贝叶斯网络结构的学习问题转化为参数估计问题，利用 L1 正则化的稀疏性建立候选链接，并在候选链接范围内确定最终的网络结构，从而根据目标问题的特点合理控制网络复杂度。通过对变量间链接程度不同的若干加性可分解问题进行实验，得到以下结论：L1BOA 达到或超过了对网络复杂度实施最优额外控制时 BOA 的性能。在迭代过程中，L1BOA 学习到的贝叶斯网络结构更为准确地反映了目标问题中变量间的链接关系。

（2）基于分布估计算法的分类器进化算法（pLCS_L1BOA）。面向二分类问题，该算法根据 Pittsburgh 式学习分类器中知识表示的层级特点，将分类器进化划分为规则和规则集两个层次，并利用 L1BOA 实现规则层次的进化，而规则集的进化过程保留已建立的规则结构。通过对构造的和实际的二分类问题进行实验，得到以下结论：相比于现有的 Pittsburgh 式学习分类器，pLCS_L1BOA 能够以更少的训练开销获得更高的分类准确率，其分类准确率也优于其他经典分类算法。

（3）面向学习分类器的嵌入式特征选择算法（pLCS_L1BOA_FR）。该算法在 pLCS_L1BOA 的基础上，根据规则统计信息计算各个特征的冗余度，并利用规则进化过程中 L1BOA 学习到的贝叶斯网络结构考察特征间的关联关系，在分类器训练的过程中逐步删除冗余特征。通过对包含冗余特征的构造问题和实际的二分类问题进行实验，得到以下结论：整合了嵌入式特征选择算法的 pLCS_L1BOA_FR 较原有的 pLCS_L1BOA 分类准确率更高，训练开销更少；较其他的特征选择方法，在所选特征规模相同情况下，该算法能够使 pLCS_L1BOA 获得更高的分类准确率。

（4）基于进化纠错输出编码的多分类算法（pLCS_L1BOA_EECOC 和 pLCS_L1BOA_FR_EECOC）。针对多分类问题，这两个算法利用 L1BOA 并结合目标问题的自身特点，设计将多分类问题转化为若干二分类问题的纠错输出编码，并利用 pLCS_L1BOA、pLCS_L1BOA_FR 求解各二分类问题，从而完成多分类任务。通过对实际的多分类问题进行实验，得到以下结论：这两个算法的分类准确率优于现有的 Pittsburgh 式学习分类器及其他经典分类算法。

上述 4 部分内容的关系如图 14-2 所示。其中，矩形表示本章所开展的研究工作，椭圆形表示研究工作所涉及的主要方法和技术。

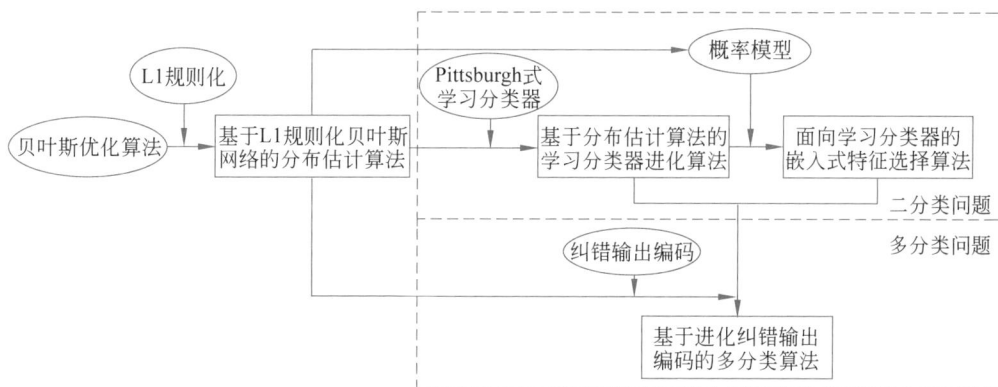

图 14-2　本篇 4 部分内容的关系

14.3　结 构 安 排

本篇各章的内容安排如下。

第 15 章简要介绍分布估计算法和相关的学习分类器的发展历程及研究进展。

第 16 章介绍基于 L1 正则化贝叶斯网络的分布估计算法。在阐述该算法的基本思想和主要步骤后,对该算法和贝叶斯优化算法的优化性能以及优化过程中两种算法所建立的概率模型进行比较,以验证该算法的有效性。

第 17 章研究基于分布估计算法的分类器进化算法。在介绍该算法的基本框架后,描述算法所采用的知识表示方法、规则层次和规则集层次的进化过程以及这两个层次的整合方法。最后以现有的学习分类器和其他经典分类算法为比较对象,对该算法进行评价。

第 18 章介绍面向学习分类器的嵌入式特征选择算法。首先阐述该算法的总体框架,随后详细介绍算法的各主要步骤,最后通过构造问题和实际问题两类测试数据对该算法的多方面性能进行评价。

第 19 章对基于进化纠错输出编码的多分类算法进行讨论。在描述纠错输出编码方法的基本思想后,详细介绍如何利用第 16 章提出的算法并根据目标问题的特点设计纠错输出编码,同时介绍根据纠错输出编码并结合已知二分类器预测性能的解码策略,最后利用实际问题评价该算法的性能。

第 20 章对本篇内容进行总结,并展望未来有待进一步研究的若干问题。

第 15 章 分布估计算法和学习分类器

15.1 概　　述

本章将对本篇所涉及的两个研究要点——分布估计算法和学习分类器分别进行简要的介绍。由于这两方面的研究都源于进化计算领域的遗传算法,因此本章将首先简要介绍进化计算的基本概念以及遗传算法的相关知识。

15.2 进 化 计 算

进化计算(EC)[1]作为人工智能领域中的重要分支之一,指的是将生物界中物种进化的自然选择法则和现代遗传学的基本原理引入计算技术领域所形成的一类用于求解复杂优化问题的启发式随机搜索方法[186]。与其他方法相比,该类方法具有以下 3 个显著特点[195]:

(1) 基于种群(population-based)。对于目标问题,基于种群的进化计算方法需要维护由多个可行解组成的种群。种群将作为求解目标问题的基本载体。

(2) 面向适应度(fitness-oriented)。种群中的每个可行解称为个体。每个个体都通过适应度表征其代表的可行解性能的优劣。在求解目标问题的过程中,根据自然选择法则,适应度高的个体将被保留,反之将被淘汰。

(3) 变化驱动(variation-driven)。在求解的过程中,通过旨在模仿基因遗传过程的交叉、变异等算子改变个体,从而实现对问题空间的搜索。

进化计算的相关研究最早出现在 20 世纪 60 年代。经典的进化计算方法[65]包括遗传算法(GA)[68,69]、遗传编程(GP)[70]、进化策略(ES)[196]、进化编程(EP)[67]等。20 世纪90 年代,又先后出现了粒子群优化(PSO)[197]、蚁群优化(ACO)[198]、人工免疫系统(AIS)[199]和差分进化(Differential Evolution,DE)算法[200]等新的方法,进一步推动了进

---

① 进化计算又被称为进化(演化)算法(Evolutionary Algorithm,EA)。

化计算领域的研究。

15.3　遗　传　算　法

在上述关于进化计算的众多方法中,遗传算法[68-69]因其广泛且成功的应用成为进化计算领域中最为典型的代表方法。遗传算法通过代表基因遗传作用的交叉和变异等遗传算子在原有种群的基础上产生新的可行解,并通过选择、替换等操作实现种群适应度的整体提高。假设目标问题为 $f(\boldsymbol{x}) = \sum_i x_i$,遗传算法的基本流程如图 15-1 所示。

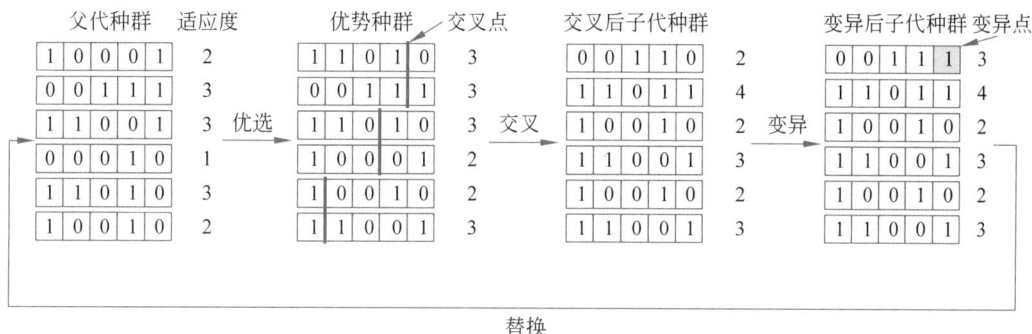

图 15-1　遗传算法的基本流程

自遗传算法诞生伊始,相关研究者就开始分析其内在的运行机制并试图建立解释算法有效性的基础理论,其中以模式定理(Schema Theorem,ST)[68]和建筑块假设(Building Blocks Hypothesis,BBH)[71]最具影响力。

模式定理建立在对模式(schema)的定义之上。所谓模式,指的是编码中某些位置具有相同结构的个体集合。不失一般性,假设个体 α 编码为长度 l 的二进制位串,即 $\alpha \in \{0,1\}^l$。设 * 是表示二进制编码中 0 和 1 的通配符,那么模式为 $h \in \{0,1,*\}^l$。当 h 中的通配符被具体的字符代替从而与某个体编码匹配时,该编码称为模式 h 的一个实例。例如,个体 00001 和 00101 是模式 00*01 的实例。

对模式 $h = (h_1, h_2, \cdots, h_l)$,其中含有的确定字符的数目称为模式 h 的阶(order),记为

$$o(h) = |\{\forall i \in \{1,2,\cdots,l\}, h_i \neq *\}| \tag{15-1}$$

例如,对于模式 $h = 11**0, o(h) = 3$。h 中第一个非通配符与最后一个非通配符之间的距离称为模式 h 的定义长度(defining length),记为

$$\delta(h) = \max(|i-j|, \forall i,j \in \{1,2,\cdots,l\}, h_i \neq *, h_j \neq *) \tag{15-2}$$

例如,对于模式 $h = 11**0, \delta(h) = 4$。

在模式的阶与定义长度这两个概念的基础上，模式定理描述了利用单点交叉、单点变异和基于适应度比例的选择方法。模式定理的表述如下：在已知交叉和变异执行的概率（假设分别为 P_c 和 P_m）时，模式 h 的实例出现的频率为

$$E(m(h,t+1)) \geqslant m(h,t) \cdot \frac{f(h)}{\bar{f}} \cdot \left[1 - P_c \frac{\delta(h)}{l-1}\right] \cdot (1 - P_m)^{o(h)} \quad (15\text{-}3)$$

其中，$m(h,t)$ 表示 t 时刻模式 h 的实例在种群中出现的数目，$E(m(h,t+1))$ 表示 $m(h,t+1)$ 的期望，$f(h)$ 表示模式 h 在种群中实例的平均适应度，$\bar{f}$ 表示种群的平均适应度，l 表示编码长度。在式(15-3)中，选择方法的效果表示为 $f(h)/\bar{f}$，意味着超过平均适应度模式的实例数目将在下一时刻的种群中增加；交叉算子的效应为 $1 - P_c \cdot \frac{\delta(h)}{l-1}$，它表征了模式 h 在交叉算子下的生存概率；而变异算子效应为 $(1-P_m)^{o(h)}$，它表征了模式 h 在变异算子下的生存概率。

模式定理表明[68]，如果 t 时刻种群中属于模式 h 的个体适应度的均值大于种群的平均适应度，那么 $t+1$ 时刻种群中属于模式 h 的个体数目将呈指数级增长。换句话说，适应度高于种群平均适应度、短定义长度且低阶的模式出现的频率将随着迭代的进行呈指数级增长。而在此基础上发展而来的建筑块假设[206]表明，遗传算法对于问题空间的搜索体现在利用建筑块对问题空间的采样过程中，识别并重组低级别的建筑块使得遗传算法向着高于平均适应度的空间区域进行搜索。其中的建筑块指的是低阶、短定义长度的模式。因此，低阶、短定义长度、高适应度的模式在遗传算法的作用下将形成高阶、长定义长度、更高适应度的模式[69]。

由建筑块假设不难看出，遗传算法求解目标问题的过程实质上是对建筑块的处理过程。只有有效地识别并重组建筑块，才能确保其顺利地求解目标问题。而在遗传算法中，建筑块的识别和重组通过与目标问题无关的交叉、变异等遗传算子实现，因此其求解的效率不能得到保证。甚至在一些更为糟糕的情况下，遗传算子在识别并重组建筑块的过程中将遗传算法的搜索过程引导至缺乏全局竞争性的建筑块集合，从而影响最终的寻优结果。这就是所谓的欺骗(deception)问题[69]。事实上，这样的问题并非只是理论上的假设，文献[201]中所设计的 Trap 问题就是欺骗问题的典型例子。为进一步分析并解决该问题，文献[202,203]对比了不同类型的交叉算子求解目标问题所需的最小种群规模。结果表明，当根据已知的问题结构调整交叉算子，使其所有交叉点都出现在不破坏有效建筑块的位置上时，遗传算法能够高效地收敛至全局最优值。由此可见，替换交叉算子，设计与目标问题相关的建筑块识别和重组策略，成为遗传算法有效求解目标问题的关键。

15.4　分布估计算法

为了有效地识别并重组建筑块,需要在考察目标问题各个变量相互作用的基础上,明确变量与建筑块之间的从属关系。在进化计算领域中,这种变量间的相互作用关系被称为链接关系。根据 15.3 节的介绍,从目标问题的宏观结构出发,利用优势种群的统计信息探求变量间的链接关系,并在此基础上有效地识别和重组建筑块,成为改进遗传算法的可行方案。

基于上述考虑,一类新的优化方法——分布估计算法(EDA)[3-5]逐渐成为进化计算领域关注的热点。该方法的核心思想是根据已知的优势种群估计其在整个问题空间内的分布,并利用得到的分布情况产生新个体。换句话说,该方法通过建立旨在描述优势种群分布情况的概率模型,进而对模型采样的方法获得新的个体。因此分布估计算法又被称为基于概率建模的遗传算法(Probabilistic Model-Building Genetic Algorithm,PMBGA)[4]。

15.4.1　分布估计算法的基本流程

假设目标问题仍然为 $f(\boldsymbol{x})=\sum_i x_i$,分布估计算法的基本流程如图 15-2 所示。在每轮迭代中,在优选个体从父代种群产生之后,分布估计算法将建立概率模型以刻画这些优选个体的分布情况,并通过对所建立的模型随机采样的方法产生新的个体。随后,再通过某种形式的替换操作将新个体与已有种群合并。上述过程重复进行,直至终止条件被满足。

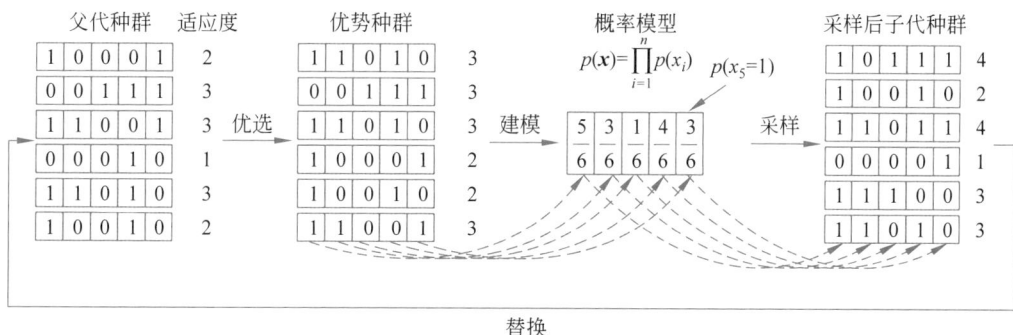

图 15-2　分布估计算法的基本流程

从上面的介绍可以看出。分布估计算法与传统遗传算法的最大区别在于新个体产生的方法。与传统遗传算法利用交叉、变异等与目标问题无关的启发性算子产生新个体的过程不同,分布估计算法通过建模和采样两个步骤产生新个体。因此,分布估计算法对问题空间的搜索过程,实际上是从各种可行解均匀分布的模型出发,不断逼近并最终达到能够表征所有全局最优解分布的模型的过程。这一过程的动力源于对目标问题结构的学习。由于采用与目标问题结构相关的策略产生新个体,分布估计算法能够更为有效地识别和重组建筑块。因此,其在许多问题上的搜索质量和效率明显优于传统遗传算法[204]。

15.4.2　分布估计算法分类

根据15.4.1节可知,分布估计算法的核心在于建立概率模型以描述优势种群的分布。在其发展的过程中,描述种群分布的模型从简单逐渐变得复杂。根据采用的模型不同,分布估计算法可以分为以下3类。

早期的分布估计算法被称为单变量分布估计算法(Univariate Estimation of Distribution Algorithm,UEDA)。它假设优化问题中的各个变量彼此不相关联,因此仅仅通过独立单变量概率乘积的形式估计优势种群的分布。图15-2所示的分布估计算法即采用了这样的模型。虽然该类算法采用的模型简单,但是它奠定了分布估计算法基本思想。单变量分布估计算法包括单变量边际分布估计算法(Univariate Marginal Distribution Algorithm,UMDA)[205]、紧致遗传算法(cGA)[21]、基于种群的增量学习法(PBIL)[20]等。需要指出的是,使用简单的模型使得该类算法的建模效率很高,但是当优化问题中的各个变量间存在着非线性链接关系时,单变量布估计算法无法有效表述优势种群的分布规律,因此其适用范围十分有限。

在单变量分布估计算法基础上,相关研究者采用能够表征两个变量联合分布的链式和树状结构建立概率模型,以期在采样生成的新个体中,成对的两个变量的取值与期望的统计依赖关系相一致。该类算法包括互信息最大化输入聚类算法(Mutual Information Maximization for Input Clustering,MIMIC)[206]和双变量边缘分布算法(Bivariate Marginal Distribution Algorithm,BMDA)[207]等。虽然成对的依赖关系依然不足以解决具有二阶以上子结构的优化问题[208],但是由于该类算法实质性地引入了变量关系分析,从而有力地推动了分布估计算法的发展。

进一步地,通过使用更具一般性意义的依赖关系模型以及更为高级的概率图模型[209]表达多个变量间的联合分布,诸多多变量分布估计算法(Multivariate Estimation of Distribution Algorithm,MEDA)开始涌现。其中包括因子分解分布算法(Factorized Distribution Algorithm,FDA)[210]、扩展紧致遗传算法(ECGA)[211]、贝叶斯网络估计算法(Estimation of Bayesian Network Algorithm,EBNA)[212]、贝叶斯优化算法(BOA)[43,190,193]等。这些算法的提出不仅标志着分布估计算法研究的成熟,还因为其中借鉴了信息论以及机器学习领域最新的研究结果,使分布估计算法成为连接进化计算领域和机器学习领域的桥梁和纽带,从而为进化计算领域发展指明了新的方向。

15.5 学习分类器

学习分类器(LCS)以显式的规则表示目标概念,在监督学习[56]或强化学习[213]机制的基础上,利用遗传算法对规则空间进行搜索,从而完成习任务。所以,学习分类器也属于更广泛意义的基于遗传的机器学习(GBML)方法[59]的一种。学习分类器的概念最早是由 Holland 在文献[72]中提出的。其设计的初衷是通过自适应机制对感知行为进行建模,因此当时的学习分类器又被称为感知系统(cognitive system)。从构成上看,学习分类器包括规则种群、评价单元和发现单元 3 个组成部分[131],其功能如表 15-1 所示。

表 15-1 学习分类器各组成部分功能

组成部分	功　　能
规则种群	对待解决问题中的目标概念进行表示。每条规则采用"条件-动作"的形式代表全体可行解的某个子集。其中,条件部分界定该规则在问题空间内的适用范围,动作部分表示在适用范围内该规则的决策行为
评价单元	根据接收到的外部反馈信息,定量地判断各个规则性能的优劣
发现单元	在分析现有规则性能的基础上,利用遗传算法产生新的、性能更好的规则,从而实现在问题空间上的搜索

根据发展过程中所形成的不同流派,学习分类器分为 Michigan 式和 Pittsburgh 式两种。在这两种学习分类器中,上述各组成部分的具体实现有着较为明显的区别。

15.5.1 Michigan 式学习分类器

最早的 Michigan 式学习分类器是由密歇根大学的 Holland 等于 1978 年提出的 CS-1 系统[72]。在此基础上,研究者从规则评价、知识表示等角度对 CS-1 系统进行扩展和改进,形成了许多的方法,并已广泛应用于强化学习[215,216]、监督学习[217,218]、无监督学习[219]、函数逼近[220]等诸多领域。这其中,以 Wilson 于 1995 年提出的 XCS(eXtended Classifier System,扩展分类器系统)[79]的影响最为深远。而在解决分类问题时,与其他机器学习方法相比,XCS 的改进系统 UCS(sUpervised Classifier System,监督分类器系统)[73]则取得了具有竞争力的实验结果。Michigan 式学习分类器的基本结构如图 15-3 所示。其主要特点如下:

(1) 规则作为单独的个体存在,每个规则仅覆盖目标概念的一部分,所有规则组合在

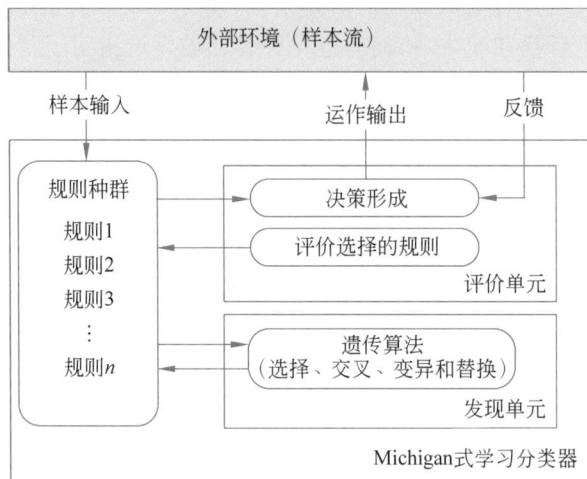

图 15-3　Michigan 式学习分类器的基本结构

一起形成了待求解问题的可行解。这意味着 Michigan 式学习分类器以最终获得的规则全体实现对目标问题的求解。因此，个体之间存在着相互协同的关系。

（2）采用基于小生境技术的稳态遗传算法（Steady State Genetic Algorithm，SSGA）[206] 实现规则的进化。因此，每轮迭代所产生的新规则仅仅是遗传算法作用于规则种群中某一子集的结果。这意味着，作为个体的规则之间也存在着竞争关系。

（3）评价单元根据外部环境的反馈信息，利用强化学习中的信用分配（credit assignment）策略计算前一步动作中所涉及的各规则的适应度。

（4）一般用于解决交互式在线学习问题及复杂的多步骤问题。

15.5.2　Pittsburgh 式学习分类器

在 Michigan 式学习分类器发展的同时，一些研究者从其他的角度出发，将遗传算法以更为简洁的形式扩展并应用于机器学习领域，从而形成了 Pittsburgh 式学习分类器。最早的 Pittsburgh 式学习分类器是匹兹堡大学的 Smith 在其博士论文中提出的 LS-1[83] 系统。在此基础上，研究者将 Pittsburgh 式学习分类器应用于监督学习领域，提出了 GABIL[84] 和 GIL[85] 等系统，并取得了良好的结果。近些年来，Bacardit 在其博士论文中提出的 GAssist[221] 系统在原有 Pittsburgh 式学习分类器基础上添加了默认规则、自适应离散化方法以及膨胀（bloat）控制策略，成为当前最具代表性的 Pittsburgh 式学习分类器。相比之下，Pittsburgh 式学习分类器的研究进展要逊于 Michigan 式学习分类器。

Pittsburgh 式学习分类器的基本结构如图 15-4 所示。其主要特点如下：

（1）种群中的每个个体组织为包含若干规则的规则集合（如图 15-4 左侧的方框所示），进而代表目标问题的一个完整可行解。当求解过程结束时，种群性能最优的某个规则集合将作为目标问题的解。

（2）在每轮迭代过程中，遗传算法将作用于所有的分类器，从而实现种群的整体进化。因此，作为个体的规则集合之间仅仅存在着竞争关系。

（3）评价单元直接根据外部环境的输入信息，从预测水平的角度计算种群中所有分类器的适应度。

（4）一般用于解决离线学习问题，更适合解决分类问题。

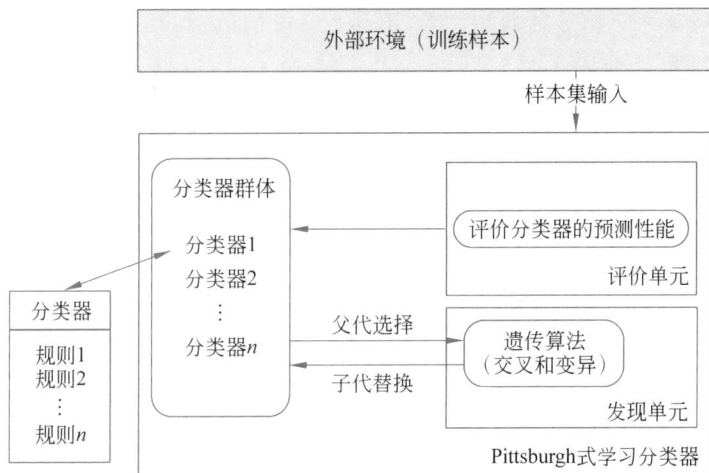

图 15-4　Pittsburgh 式学习分类器的基本结构

根据上面的介绍，两种类型的学习分类器在具体实现机制上存在许多不同之处（如表 15-2 所示）。因此，关于两者优劣的比较研究，从学习分类器诞生伊始就没有中断过，而目前学术界依然没有形成令人信服的结论。事实上，由于两种类型各有所长，所以它们在解决不同类型的问题时表现出不同的优势。

表 15-2　两种学习分类器的主要区别

比 较 项	Michigan 式学习分类器	Pittsburgh 式学习分类器
分类器结构	每个分类器为一条规则	每个分类器为一组规则
分类器间关系	合作与竞争并存	竞争
分类器评价	基于强化学习的信用分配策略	基于预测准确率
遗传算法的使用	稳态遗传算法	一般意义的遗传算法

比 较 项	Michigan 式学习分类器	Pittsburgh 式学习分类器
最终结果	整个分类器种群	性能最优的分类器
适用问题	在线问题	离线问题

Pittsburgh 式学习分类器将规则发现单元与规则评价单元显著地区分开,更易于分析规则之间的相互作用,从而在处理实际问题时能够有针对性地对系统进行调整;而在Michigan 式学习分类器中,信用分配策略增加了规则发现单元和评价单元间的耦合性,因此难以界定规则之间相互影响的关系,不利于系统的改进。另外,Pittsburgh 式学习分类器的个体需要完整地表示目标问题的可行解,因此其知识表示的方法相对有限;而Michigan 式学习分类器中的个体组织为覆盖部分目标问题的单独规则,因此其知识表示的方式更多样,规则间的重组也更灵活。

为了比较两类学习分类器在分类问题上的性能差别,相关研究者已经进行了实验性分析。文献[87]分别以 XCS 和 GAssist 为代表对两类学习分类器进行比较,结果表明:对于采用的实验数据,尽管二者得到的分类器结构不同,但是其预测性能并没有显著的差异。一方面,GAssist 更易于忽略目标问题中无效的复杂性,而 XCS 则倾向于出现过拟合的现象。另一方面,在处理具有较大规模搜索空间的多分类问题时,GAssist 的性能略逊于 XCS。另外,文献[62]通过对 UCS、GAssist 及其他 4 种学习分类器进行比较发现,尽管 UCS 和 GAssist 的预测性能没有统计意义上的差别,但后者获得分类器中所包含的规则数少于前者,表明前者具有更强的泛化能力。总的来看,Pittsburgh 式学习分类器结构较简单,其中要设置的参数也远少于结构复杂的 Michigan 式学习分类器。因此Pittsburgh 式学习分类器更易于实现,实用性更强。

第 16 章　基于 L1 正则化贝叶斯网络的分布估计算法

16.1　概　　述

作为当前最流行的多变量分布估计算法之一,贝叶斯优化算法(BOA)利用贝叶斯网络描述目标问题中各变量间的链接关系,从而有效地寻找并重组建筑块。因此,每轮迭代所建立的贝叶斯网络结构直接决定了贝叶斯优化算法性能的优劣。文献[222]指出,根据已知的样本数据学习与之最相匹配的贝叶斯网络结构是一个 NP 问题。而目前学习贝叶斯网络结构的方法主要包括两类:①基于评分函数(score)和搜索的方法[223],该类方法首先指定评价贝叶斯网络结构与已知数据匹配程度的评分函数,再根据评分函数以某种方式在网络结构空间内寻找最优的网络结构;②基于条件独立性(conditional independence)检验的方法[224],该类方法首先检验变量之间的条件独立性,进而决定是否在网络中添加相应的链接关系。贝叶斯优化算法采取了第一种方法,并且选择贝叶斯信息准则(Bayesian Information Criterion, BIC)[225]或者 BD 度量(Bayesian-Dirichlet Metric, BDM)[223]作为评分函数,在网络结构空间内进行贪婪搜索(greedy search)[193],以确定网络结构。相关研究表明,如果使用贝叶斯信息准则,那么贝叶斯优化算法每轮迭代所建立的贝叶斯网络结构将过于简单,从而导致其需要较大规模的种群才能建立起求解目标问题所必需的链接关系[192]。另外,由于样本中可能存在的噪声使得 BD 度量倾向于产生过于复杂的网络结构,所以需要在该评分函数外引入其他参数控制网络复杂度(一般表示为节点的最大链接数)[193]。在此种情况下,文献[194]指出,BD 度量之外的网络复杂度控制对于贝叶斯优化算法的性能有着至关重要的影响。但作为与目标问题相关的知识,这样的参数在求解实际问题的过程中很难得到。因此,建立某种机制,使算法在学习贝叶斯网络结构的过程中能更合理地控制网络复杂度,成为提高贝叶斯优化算法实用性的关键。

鉴于上述分析出发,本章提出了基于 L1 正则化贝叶斯网络的分布估计算法(L1BOA)。该算法仍然利用贝叶斯网络描述目标问题中变量间的链接关系,但是在根据优势种群学习贝叶斯网络结构的过程中,采取了与贝叶斯优化算法不同的策略。具体地说，L1BOA 在结构学习的过程中，首先将结构学习的问题转化为回归问题，从参数估计的角度建立候选父节点的选择机制；然后，利用 L1 正则化的稀疏性质并结合最小描述长度（Minimum Description Length，MDL）准则[226]为各个节点挑选候选父节点，从而将网络复杂度控制在一定的范围内；最后，在候选父子节点限定的网络结构空间内进行贪婪搜索以确定最终的网络结构。因此，相比于 BOA 在评分函数外利用其他参数控制网络复杂度的策略，L1BOA 能够根据目标问题的特点更合理地控制网络复杂度。本章以不同类型的加性可分解问题（Additively Decomposable Problem，ADP）[43]为对象，对 L1BOA 和 BOA 的性能进行了比较。结果表明，当 BOA 仅根据评分函数学习贝叶斯网络结构时，L1BOA 的性能优于 BOA；而当 BOA 在评分函数之外对网络复杂度进行不同程度的控制时，L1BOA 能够达到甚至超过配置最优网络复杂度上限时的 BOA 性能，同时 L1BOA 所建立的贝叶斯网络能够更为准确地反映变量间的链接关系。

本章内容组织如下：16.2 节介绍基于 L1 正则化贝叶斯网络结构学习的框架和其中的关键步骤；16.3 节介绍如何整合 L1 正则化贝叶斯网络与分布估计算法；16.4 节介绍对比实验的设置情况；16.5 节和 16.6 节分别比较 L1BOA 和 BOA 的优化性能和建立的模型；16.7 节对本章内容进行总结。

16.2 L1 正则化贝叶斯网络

本章提出的算法与 BOA 的主要区别在于每轮迭代中贝叶斯网络结构学习方法不同。本章采用了基于 L1 正则化的方法学习贝叶斯网络结构。具体地说，对于一个空网络，该方法包括以下两个步骤：

（1）对网络中的每个节点施加 L1 正则化的 Logistic 回归，并根据非零的回归系数为节点挑选候选父节点。

（2）在候选父子节点所限定的网络空间中进行贪婪搜索，从而确定最终的网络结构。

L1 正则化贝叶斯网络结构学习流程如图 16-1 所示。

在具体介绍上述两个步骤之前，首先讨论如何在贝叶斯网络结构学习中引入 L1 正则化机制。

16.2.1 贝叶斯网络与 L1 正则化

在贝叶斯优化算法中，需要根据优势种群所形成的样本数据 $\mathfrak{D}$ 学习贝叶斯网络结构。网络中的节点与目标问题中的变量一一对应[①]。其中，$\mathfrak{D} = \{(x_1^k, x_2^k, \cdots, x_i^k, \cdots,$

---

① 因此，在本章中"节点"与"变量"所表达的含义相同。

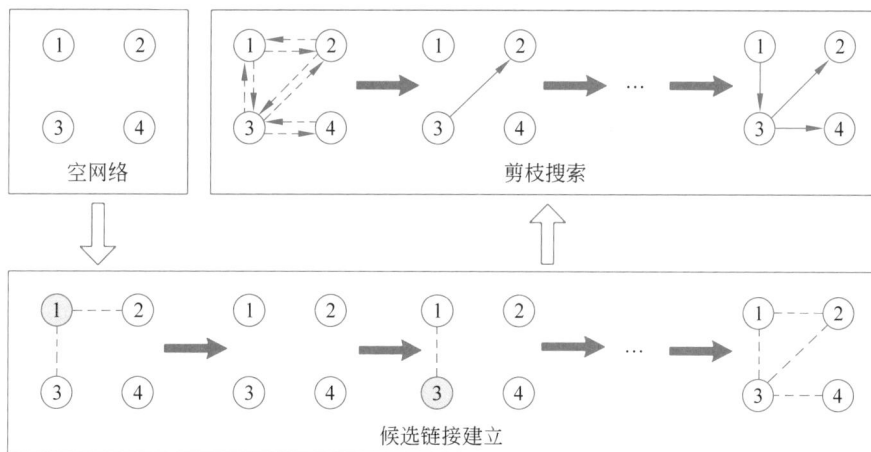

图 16-1　L1 正则化贝叶斯网络结构学习流程

$x_n^k)\}_{k=1}^N$，N 表示 𝔇 的样本数量，n 表示 𝔇 中所涉及变量的个数（在分布估计算法中，由于 𝔇 源于优势种群，因此 N 和 n 分别对应于种群规模和目标问题的规模）。学习贝叶斯网络结构的目标在于寻找到某个网络 𝔅，使得 𝔅 能够与 𝔇 尽可能地匹配。如果采用 16.1 节中提到的关于贝叶斯网络结构学习的第一种方法，根据最小描述长度（MDL）[226]准则，需要寻找某个网络结构使 MDL 最小化：

$$\text{MDL}(\mathfrak{B}) = \sum_{i=1}^{n} L(X_i, \Pi_i, \hat{\boldsymbol{\theta}}_i) + \frac{|\hat{\boldsymbol{\theta}}_i|}{2} \log_2 N \tag{16-1}$$

其中，Π_i 表示节点 X_i 在 𝔅 中的父节点，$\hat{\boldsymbol{\theta}}_i$ 表示 X_i 的参数 $\boldsymbol{\theta}_i$ 的最大似然估计，$|\hat{\boldsymbol{\theta}}_i|$ 表示变量 X_i 的条件概率表（Conditional Probability Table，CPT）中自由参数的个数（即 $\hat{\boldsymbol{\theta}}_i$ 中非零元素的个数）。$\boldsymbol{\theta}_i$ 的最大似然估计 $\hat{\boldsymbol{\theta}}_i$ 可以通过最小化负对数似然估计（negative log-likelihood）$L(X_i, \Pi_i, \boldsymbol{\theta}_i)$ 得到，其定义为

$$L(X_i, \Pi_i, \boldsymbol{\theta}_i) = -\sum_{k=1}^{N} \log_2 p(x_i^k \mid \pi_i^k, \boldsymbol{\theta}_i) \tag{16-2}$$

其中，x_i^j 和 π_i^j 分别表示 𝔇 的第 j 个样本中变量 X_i 和其父节点 Π_i 的值。对于分类问题，通常使用 Logistic 回归模型[56]进行分析。对于节点 X_i 及其父节点 Π_i，其条件概率定义为

$$p(X_i \mid \Pi_i, \boldsymbol{\theta}_i) = \sigma(\widetilde{\boldsymbol{\theta}}_i^{\mathrm{T}} \Pi_i + \theta_{i0}) = \frac{1}{1 + \exp[-(\widetilde{\boldsymbol{\theta}}_i^{\mathrm{T}} \Pi_i + \theta_{i0})]} \tag{16-3}$$

其中，参数 $\boldsymbol{\theta}_i$ 包括 Logistic 回归模型中的偏移项（bias）θ_{i0} 和回归系数 $\widetilde{\boldsymbol{\theta}}_i = [\theta_{i1} \ \theta_{i2} \ \theta_{i3}$

…],$\sigma(a)$表示 Logistic Sigmoid 函数,定义为

$$\sigma(a) = \frac{1}{1 + \exp(-a)} \qquad (16\text{-}4)$$

为了在计算式(16-2)最小值的同时避免过拟合,减少估计值的方差,从而提高模型的可解释性,通常通过添加 L1 正则项构成 L1 正则化 Logistic 回归,其定义为

$$\hat{\theta}_i(\lambda, \Pi_i) = \arg\min_{\theta_i} L(X_i, \Pi_i, \theta_i) + \lambda \parallel \boldsymbol{\theta}_i \parallel_1 \qquad (16\text{-}5)$$

其中,等号右边第二项为 L1 正则项,而正则化系数(regularizer)$\lambda > 0$用来平衡 L1 正则项和似然估计对结果的影响程度。式(16-5)是一个凸优化问题,可利用 L-BFGS 的变形算法[123]对其进行求解。

从上述介绍可知,式(16-3)和式(16-5)通过使用 Logistic 回归建立了节点 X_i 和其他节点 Π_i 的关系:回归系数中各项 θ_{ij} 的绝对值反映了该项在 Π_i 中的对应变量对 X_i 影响的强弱程度,绝对值越大,影响越强。另外,如果正则化系数 λ 充分大,那么回归系数 θ_i 中的大部分项将变成零,从而使得模型稀疏化。在稀疏模型中,回归系数中等于零的各项所对应的变量与目标变量没有任何关系[228]。因此,回归系数中的非零项所对应的变量构成的集合 $\hat{\Pi}_i$ 即可视为节点 X_i 在 Π_i 中的候选父节点。根据上述讨论可得

$$\hat{\Pi}_i = \{X_j \mid j \in \psi\} \qquad (16\text{-}6)$$

其中,$\psi = \{j \mid \theta_{ij} \neq 0, j \neq 0, j \neq i\}$。

16.2.2 候选链接关系建立

由式(16-5)可知,每个节点的候选父节点所形成的集合 $\hat{\Pi}_i$ 可以视为正则化系数 λ 的函数。该集合随着正则化系数 λ 在区间$(0, +\infty)$内变化而变化。当正则化系数较大时,回归系数中大多数项变成零,从而选取较少的候选父节点,如图 16-2(a)所示。其中,各条实线反映了正则化系数的变化对于回归系数中各项的影响情况。而图 16-2(b)展示了候选父节点数目以及 MDL 值随正则化系数变化而变化的情况。在图 16-2 中,垂直的虚线表示当正则化系数小于该虚线所对应的横轴上的数值时,回归系数中某项的数值由零变成非零。当发生这一情况时,新的候选父节点将会产生。根据上述讨论,选取某一节点的候选父节点时,需要在式(16-5)中对正则化系数 λ 设定一个合理的数值。

需要指出的是,对不同节点选取候选父节点时,正则化系数需要根据目标问题分别设定不同的数值。这是因为:①如果正则化系数都相同,那么求解不同类型的问题时,由于变量间的链接关系不同,这样的策略不利于算法根据目标问题的特点合理控制网络复杂度;②在一些问题中,变量之间的链接关系会呈现出异构或不平衡的特点(例如相比于其他变量,少数变量会与更多的变量存在链接关系),如果各个节点的正则化系数保持不变,

(a) 回归系数中各项的变化情况

(b) 候选父节点数目与MDL值的变化情况

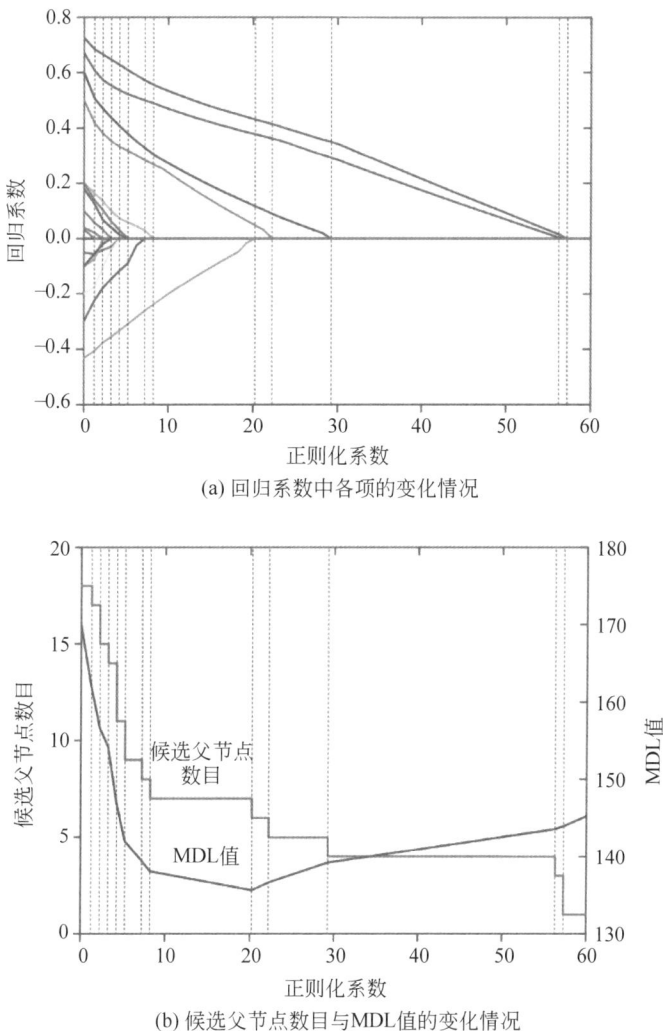

图 16-2　L1 正则化 Logistic 回归中正则化系数与候选父节点的关系

不可能获得与当前样本数据良好匹配的贝叶斯网络；③即使变量之间的链接关系基本保持同构，当各变量对于目标问题结果的贡献相差较大时，使用相同的正则化系数所学习到的贝叶斯网络结构仍然不能准确反映变量间的链接关系。而事实上，如果在求解目标问题的过程中将正则化系数都设定为相同的值，将产生与 BOA 采用统一数值[190,193]限制节点最大链接数类似的不利结果。

　　为了确定正则化系数的值，交叉验证是一种被广泛使用的经典方法。然而，由于需要花费较多的计算开销,该方法亦不可取。通过观察图 16-2(b)不难发现,回归系数中非零项的个数(即候选父节点数目)与正则化系数呈现分段常数的关系。其中的变化点意味着回归系数中某项的数值由非零变成零或相反。因此,可以在正则化系数的变化区间内采用一种 n 步搜索策略[229]。该策略从 $\lambda = \lambda_0$ 开始,其中 λ_0 是使得回归系数中所有项均为零的最小值。因此,当 $\lambda = \lambda_0$ 时,$\tilde{\boldsymbol{\theta}}_i = 0$,候选父节点集合为空。随后,正则化系数的值按照固定步长 $\Delta\lambda = \lambda_k - \lambda_{k+1} = \lambda_0/n$ 递减。在第 k 步中,根据当前的正则化系数 λ_k 计算 $\hat{\boldsymbol{\theta}}_i$。而 MDL 值也可以按照式(16-1)得到。在搜索过程中,如果 MDL 值小于前面计算的最小值,那么就更新候选父节点集合。更新后的集合将包括当前回归系数中所有非零项对应的变量。因此,最终获得的候选父节点集合将使得 MDL 值最小。

需要指出的是,随着正则化系数在 $(0, +\infty)$ 上变化,式(16-1)的结果只有唯一的最小值[230]。这是因为式(16-1)等号右边的第一项所代表的负对数似然估计将随着回归系数中非零项的增加而减小,即随着正则化系数的增大而减小;而式(16-1)等号右边的第二项所代表的对于模型复杂度的惩罚效应将随着回归系数中非零项的增加而增大,即随着正则化系数的增大而增大。两项相加的结果将随着正则化系数的变化取得唯一的最小值。所以在 n 步搜索策略中,当在第 $k+1$ 步获得的 MDL 值大于在第 k 步获得的 MDL 值时,可提前结束搜索过程。

16.2.3　剪枝搜索

根据式(16-5)可知,Π_i 同样影响候选父节点的选择。而 Π_i 的构建则可以采用许多不同的方法。其中的一种方法通过爬山(hill climbing)策略,在节点顺序空间内进行搜索(order search),进而寻找到节点的最优序 L[231]。此时,Π_i 将包括 L 中 X_i 之前的所有节点。在这种情况下,每个节点候选父节点的个数等于 L 中 X_i 前驱节点的个数。因此,$|\Pi_i| \leqslant n-1$。该方法能够减小 Π_i 的规模,但是在对节点进行排序的过程中却引入了额外的计算开销。同时,Π_i 规模的减小将使若干节点在挑选候选父节点之前就被排除在候选父节点范围之外,从而可能遗漏真实的链接关系。因此,设置 $\Pi_i = (X_1, X_2, \cdots, X_{i-1}, X_{i+1}, \cdots, X_n)$,即每个节点将被视为其他所有节点的回归结果。此时,$|\Pi_i| = n-1$。

在明确各个节点的候选父节点之后,需要根据这些节点间的关系在贝叶斯网络中添加链接。由于采样的有限性,候选父子节点对可能出现非对称的情况。例如,当 X_1 被回归到所有其他节点后,X_2 被选作 X_1 的候选父节点;但当 X_2 被回归到所有其他节点时,X_1 却没有被选作 X_2 的候选父节点(如图 16-3 所示)。针对这样的情况,可以采用 OR 和 AND 两种策略[232]。在 OR 策略中,如果链接 $X_i \rightarrow X_j$ 和 $X_j \rightarrow X_i$ 中的一个被检测到,那么 X_i 被视为 X_j 的候选父节点,同时 X_j 也被视为 X_i 的候选父节点。在 AND 策略中,只有链接 $X_i \to X_j$ 和 $X_j \to X_i$ 同时被检测到,X_j 才被视为 X_i 的候选父节点,同时 X_i 也被视为 X_j 的候选父节点。尽管文献[232]指出上述两种策略所产生的网络结构区别不大,但本书在经过比较后采用前者即 OR 策略决定实际链接的添加。之所采用该策略,是出于如下的考虑:此过程旨在删除与目标节点无关的节点,进而寻找可能对目标节点有影响的节点。换言之,此过程的目的是确定候选链接关系,而非实际地添加链接关系。因为在此过程中保留的所有链接还需要经过后续的搜索过程才能添加到网络中,而此过程中删除的链接无法找回,所以删除真实链接的代价高于保留非真实链接的代价。

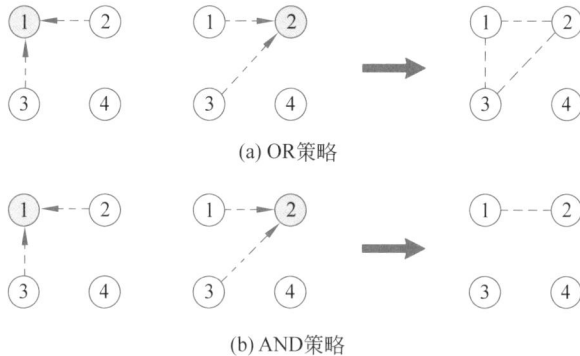

图 16-3　处理非对称父子节点对的 OR 策略和 AND 策略

在明确链接关系后,每一条链接实际产生了两条有向的关联关系,如图 16-1 所示。通过局限于这些节点之间的贪婪搜索策略,将最终确定贝叶斯网络的结构。在此过程中,本章将以 K2 度量[233]作为评分函数,在空网络中逐步添加链接,直至该评分函数不再增加为止。K2 度量是 BD 度量[223]在无先验信息下的一种特例。之所以采用 BD 度量搜索网络结构,是因为贝叶斯信息准则经常导致过于简单的网络结构,使得算法需要较大的种群才可以获得准确的模型[192]。需要指出的是,由于 L1 正则化的稀疏性质,候选父节点形成的搜索空间较原始的搜索空间小很多,从而降低了搜索的计算开销。

在确定网络结构之后,还需要计算贝叶斯网络中每个节点的条件概率表。由于在分布估计算法中样本数据源于优势种群,因此每个节点的取值情况是已知的。这意味着节点的条件概率表可以根据父子节点中对应取值出现的频率计算。综合上面的分析,基于 L1 正则化学习贝叶斯网络结构的流程如算法 16-1 所示。其中,第 5 行表示了 16.2.2 节中讨论的从 Π_i 中计算 X_i 候选父节点的过程。

算法 16-1　基于 L1 正则化贝叶斯网络结构学习算法

输入:样本数据 $\mathfrak{D} = \{X_1, X_2, \cdots, X_n\}$
输出:贝叶斯网络 $\mathfrak{B}$

1： 初始化不含链接的贝叶斯网络 $\mathfrak{B}$
2： $E = \varnothing$
3： **for** 目标问题的每个变量 X_i **do**
4： $\quad \Pi_i \leftarrow (X_1, \cdots, X_{i-1}, X_{i+1}, \cdots, X_n)$
5： $\quad \hat{\Pi}_i \leftarrow \text{CandParents}(X_i, \Pi_i)$
6： $\quad E \leftarrow E \bigcup \{(X_j, X_i) \mid X_j \in \hat{\Pi}_i\}$
7： $\quad E \leftarrow E \bigcup \{(X_i, X_j) \mid X_j \in \hat{\Pi}_i\}$
8： **end for**
9： **repeat**
10： $e \leftarrow$ 集合 E 中使得评分函数提高最多的链接
11： $E \leftarrow E - \{e\}$
12： 将 e 添加到 $\mathfrak{B}$ 中
13： **until** 评分函数不再提高 **or** $E = \varnothing$
14： **for** 目标问题的每个变量 X_i **do**
15： $\quad$ 根据 $\mathfrak{D}$ 计算条件概率表
16： **end for**
17： **return** $\mathfrak{B}$

16.3　L1 正则化贝叶斯网络与分布估计算法整合

在每轮迭代中，除了通过上述方法对优势种群建立贝叶斯网络外，还需要执行以下步骤。首先，算法通过前向采样（forward sampling）[209]方法随机对贝叶斯网络采样，进而产生子代种群。其次，在选择策略方面，本算法选取了截断选择（truncation selection）策略。这是因为，锦标赛选择（tournament selection）策略将使贝叶斯优化算法产生过于复杂的模型，而截断选择策略则有利于获得更为精确的链接信息[234]。在替换策略方面，文献[234]指出，当使用截断选择时，不同的替换方法对贝叶斯优化算法性能的影响不明显，基于这个结论，本书采用了简单的精英替换策略。最后，算法的终止条件包括以下两种情况：

（1）算法在规定的迭代次数内收敛到问题的最优解，此时认为算法成功地解决了目标问题。

（2）迭代次数到达规定的上限，但算法没有收敛到问题的最优解，此时认为算法没有成功地解决目标问题。

综合上面讨论的内容，基于 L1 正则化贝叶斯网络的分布估计算法如算法 16-2 所示。其中的第 6 行所涉及的具体流程如算法 16-1 所示。

算法 16-2　基于 L1 正则化贝叶斯网络的分布估计算法(L1BOA)

1:　$t \leftarrow 0$
2:　随机初始化种群 P_t
3:　计算 P_t 的个体适应度
4:　**repeat**
5:　　　$S \leftarrow$ 利用截断选择策略从 P_t 中选取优势种群
6:　　　$\mathfrak{B} \leftarrow$ 根据 S,利用 L1 正则化学习贝叶斯网络结构
7:　　　$O \leftarrow$ 对 $\mathfrak{B}$ 进行前向采样获得子代种群
8:　　　计算 O 的个体适应度
9:　　　$P_{t+1} \leftarrow$ 利用精英替换策略根据 O 更新 P_t
10:　　　$t \leftarrow t+1$
11:　**until** 收敛 **or** $t > t_{max}$

16.4　实验设置

16.4.1　测试函数

本章以加性可分解问题(ADP)[43]作为实验对象,比较 L1BOA 和 BOA 的性能差异。加性可分解问题的一般形式可表示为

$$f(x) = \sum_{i=1}^{k} g_i(x_{s_i}) \tag{16-7}$$

加性可分解问题的本质在于其函数值 f 可表示为若干子函数 g_i 和的形式。而在每个子函数中,各变量之间存在一定的非线性链接关系。根据第 15 章的介绍,传统的遗传算法中并没有处理变量间链接关系的机制,因此这样的问题被认为是遗传算法难以求解的[235]。而由于在求解过程中建立了变量间的链接关系,分布估计算法能够有效解决该类问题[193]。本章选取 4 种变量间链接关系不同的加性可分解问题,包括 Onemax 函数、Link-10 函数以及两种尺度的 Trap-4 函数,作为评价算法性能的测试函数。这 4 种测试函数都以二进制位串作为输入。

1. Onemax 函数

Onemax 函数定义如下:

$$f_{\text{Onemax}}(x) = \sum_{i=1}^{n} x_i \tag{16-8}$$

其中,x_i 表示长度为 n 的二进制位串的第 i 位。对于 Onemax 函数而言,子函数为各变量自身。因此,子函数内部不包含任何链接关系,输入串的各二进制位相互独立。对于

Onemax 函数，输入串中的 1 越多，函数值越大。当输入串的各二进制位全部为 1 时，函数值等于 n，达到最大。

2. Link-10 函数

Link-10 函数定义如下：

$$f_{\text{Link}_{10}}(x) = \sum_{i=1}^{\frac{n}{10}} \text{Link}_{10}(x_{10i-9}\,x_{10i-8}\cdots x_{10i}) \tag{16-9}$$

其中，

$$\text{Link}_{10}(x_{10i-9}\,x_{10i-8}\cdots x_{10i}) = \sum_{j=1}^{4} t_j + v + w \tag{16-10}$$

$$t_j = \begin{cases} 1, & x_{10i-2j-1} = x_{10i-2j} \\ 0, & \text{其他} \end{cases} \tag{16-11}$$

$$v = \begin{cases} 1, & x_{10i-1} \neq \text{mod}\left(\sum_{j=1}^{4} x_{10i-j}, 2\right) \\ 0, & \text{其他} \end{cases} \tag{16-12}$$

$$w = \begin{cases} x_{10i}, & \sum_{j=1}^{4} x_{10i-2j-1} = 4 \\ 0, & \text{其他} \end{cases} \tag{16-13}$$

在 Link-10 函数中，每个子函数（如式（16-11）到式（16-13）所示）涉及 10 个布尔型变量。当输入串的各二进制位全部为 1 时，Link-10 函数取得最大值 $0.6n$，n 表示函数输入串的长度。在 Link-10 函数的子函数中，变量间链接关系的紧密程度不同。具体地说，与其他变量相比较，变量 x_{10i} 和 x_{10i-1} 所涉及的链接关系更紧密。因此，Link-10 属于 16.2.2 节中讨论的具有异构链接关系的函数。

3. 均匀尺度 Trap-4 函数

均匀尺度 Trap-4 函数[71,201]定义如下：

$$f_{\text{uTrap}_4}(x) = \sum_{i=1}^{\frac{n}{4}} \text{trap}_4(x_{4i-3}\,x_{4i-2}\,x_{4i-1}\,x_{4i}) \tag{16-14}$$

$$\text{Trap}_4(x_1 x_2 x_3 x_4) = \begin{cases} 4, & \sum_{i=1}^{4} x_i = 4 \\ 3 - \sum_{i=1}^{4} x_i, & \text{其他} \end{cases} \tag{16-15}$$

均匀尺度 Trap-4 函数的最大值为 n(n 表示输入串长度),当且仅当输入串的各二进制位全为 1 时取得最大值。需要指出的是,对于均匀尺度 Trap-4 函数,需要将子函数所涉及的各变量视为一个整体,并建立起彼此之间的链接关系,才能获得函数的最优值[71]。因此,各子函数内部变量间的链接关系较为紧密。另外,在该函数中,各个子函数的尺度相同(均为 1)。这意味着,各子函数对函数值的贡献程度相同。在本章后续部分,均匀尺度 Trap-4 函数将简写为 uTrap-4 函数(uniformly scaled)。

4. 指数尺度 Trap-4 函数

指数尺度 Trap-4 函数[236]定义如下:

$$f_{\text{eTrap}_4}(x) = \sum_{i=1}^{\frac{n}{4}} 3^i \times \text{Trap}_4(x_{4i-3} x_{4i-2} x_{4i-1} x_{4i}) \tag{16-16}$$

与 uTrap-4 函数类似,指数尺度 Trap-4 的子函数仍然采用了 Trap-4 函数。两者的不同之处在于各个子函数的尺度不同。由式(16-16)可以看出,各个子函数对于函数值的贡献程度按照指数尺度随着下标的增加而增加。在本章后续部分,指数尺度 Trap-4 函数将简写为 eTrap-4 函数(e 代表 exponentially scaled)。

16.4.2　参数设置

L1BOA 和 BOA 的参数设置情况如表 16-1 所示。其中,截断选择策略和精英替换策略各占 50%。这意味着两种算法都将根据当前种群中较优的一半学习贝叶斯网络结构,然后产生相同规模的种群并替换原种群中适应度较低的一半。此外,根据文献[193],BOA 将采用 K2 度量[233]作为评分函数学习贝叶斯网络结构。在求解的过程中,迭代次数的上限设置为 200。在本章的后续实验中,如果没有特殊说明,给出的实验结果均为 30 次运行结果的平均值。

表 16-1　L1BOA 和 BOA 的参数设置情况

步　　骤	所　选　策　略	相　关　参　数
选择过程	截断选择	$p_s = 0.50$
替换过程	精英替换	$p_r = 0.50$
终止条件判断	收敛或迭代次数超过规定值($t > t_{\max}$)	$t_{\max} = 200$

16.5　优化性能比较

本节将通过两组实验对比本章所提出的算法和贝叶斯优化算法。在第一组实验中，贝叶斯优化算法的网络结构学习过程终止当且仅当 K2 度量不再增加为止。在第二组实验中，贝叶斯网络的复杂度被视为网络结构学习过程终止条件的另一项指标。如果贝叶斯网络中的链接数超过了规定的上限，即使 K2 度量仍然增加，结构学习过程也将结束。需要指出的是，在第二类实验中，贝叶斯优化算法将会配置不同的网络复杂度上限，从而研究网络复杂度上限对于贝叶斯优化算法性能的影响。

16.5.1　第一组实验

在本组实验中，各个测试函数的规模（即函数的变量个数）均为 40，种群规模按照指数尺度递增。本组实验选取了适应度和求解成功率两项指标（定义如下所示）比较 L1BOA 和 BOA 的性能差异。适应度取算法终止时所获得的测试函数的最优值平均值。求解成功率取成功求解的次数与实验总次数的比值。

实验结果如图 16-4 所示。L1BOA 和 BOA 的实验结果分别用实线和虚线表示。

图 16-4 所示的实验结果表明，在求解不同的测试函数时，如果使用同样规模的种群，L1BOA 的适应度始终明显高于 BOA。而在求解成功率方面，除 Onemax 函数外，BOA 均不能确保 100% 成功求解测试函数。甚至在求解 Link-10 函数时，BOA 的求解成功率几乎为 0。这意味着，在处理除 Onemax 函数以外的其他 3 种测试函数时，BOA 所建立

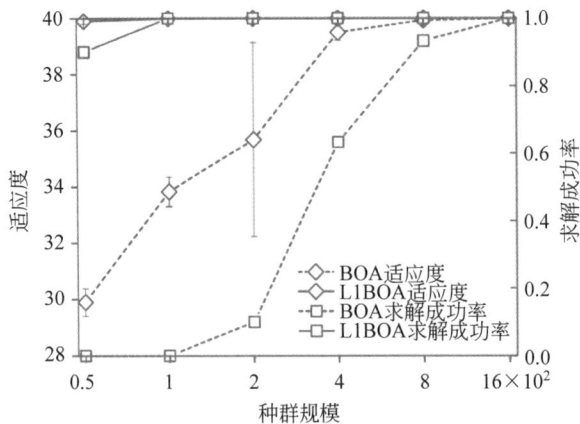

(a) Onemax 函数

图 16-4　第一组实验 L1BOA 与 BOA 的性能比较

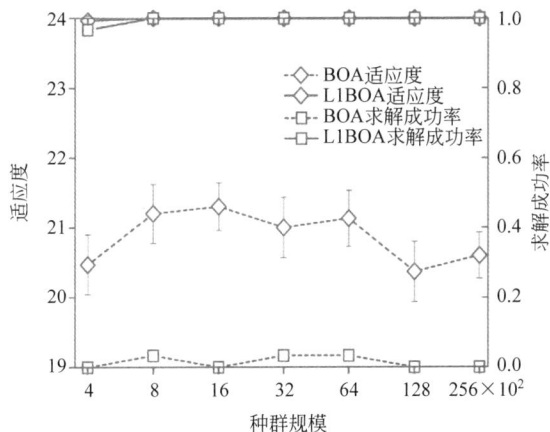

(b) Link-10函数

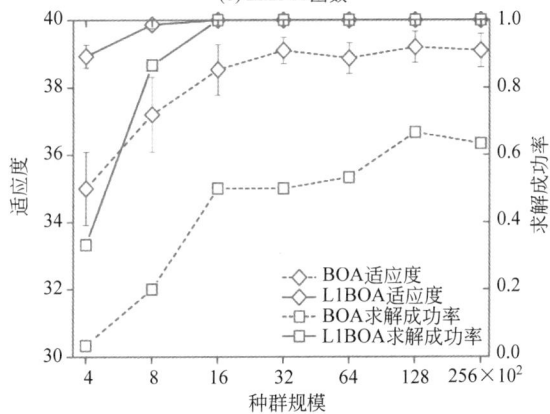

(c) uTrap-4函数

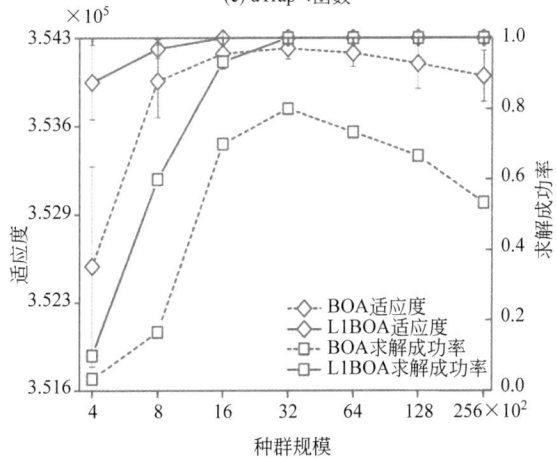

(d) eTrap-4函数

图 16-4　（续）

的贝叶斯网络不能有效地表征变量间的链接关系。因此,如果不对网络复杂度进行额外的控制,BOA 将不能确保寻找到目标函数的全局最优解。而对于 L1BOA 而言,当种群达到一定规模时,求解成功率均可以达到 100%。这表明,当 BOA 缺少对网络复杂度的额外控制时,L1BOA 的性能明显优于 BOA。

16.5.2 第二组实验

本组实验中,BOA 在学习贝叶斯网络结构时,将在评分函数外通过其他参数对网络复杂度加以控制。该上限将被表示为每个节点的最大链接数 k。本组实验首先统计 100% 成功求解测试函数时所需的最小种群规模(Required Minimum Population Size,RMPS)以及相应的适应度计算次数,并通过这两项指标比较 L1BOA 和 BOA 的性能。本组实验还将考察 L1BOA 和 BOA 时间和空间复杂度的相互影响关系。由于算法所需的迭代次数和种群规模分别反映了其在时间和空间上的计算开销,因此,本节将分析种群规模在 RMPS 基础上逐渐增大时迭代次数的变化情况。

1. 种群规模比较

本组实验首先选取不同规模的测试函数(见表 16-2),并按照文献[193]所介绍的二分查找算法比较 L1BOA 和 BOA 的 RMPS 以及相应的适应度计算次数。

表 16-2　各测试函数的规模

测 试 函 数	规　　模	测 试 函 数	规　　模
Onemax	{30,40,50,60,70,80}	uTrap-4	{32,40,48,56,64,72}
Link-10	{30,40,50,60,70,80}	eTrap-4	{32,40,48,56,64,72}

第二组实验结果如图 16-5 和图 16-6 所示。

当求解 Onemax 函数时,L1BOA 和 BOA 所需的 RMPS 如图 16-5(a)所示。当 $k=0$ 时,BOA 的 RMPS 最小,而 L1BOA 的 RMPS 略高于 $k=0$ 时的 BOA,它们都显著低于 $k=1,2,3$ 时的 BOA。而当 k 值增加时,BOA 的 RMPS 也随之增加。图 16-6(a)中关于适应度计算次数的结果也呈现出与图 16-5(a)相同的趋势。

图 16-5(b)反映了 L1BOA 和 BOA 在求解 Link-10 函数时的 RMPS。在求解相同规模的 Link-10 函数时,L1BOA 的 RMPS 均小于 BOA,而 BOA 的 RMPS 随着 k 的增加而增加。需要指出的是,对于 BOA,$k=0$ 时的 RMPS 高于其他配置情况一个以上数量级,因此其结果没有反映在图 16-5(b)中。图 16-6(b)表现了 L1BOA 和 BOA 以 RMPS 求解不同规模 Link-10 函数时所需的适应度计算次数。其趋势与图 16-5(b)基本一致。

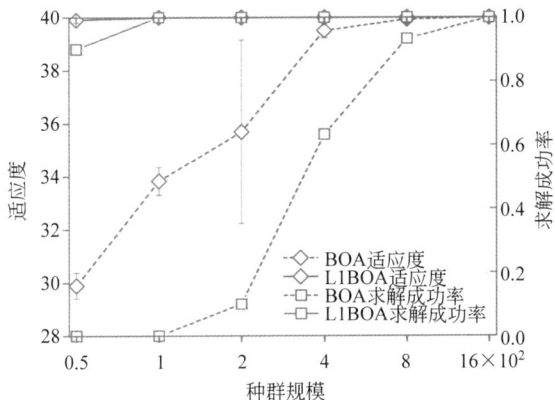

(a) Onemax函数

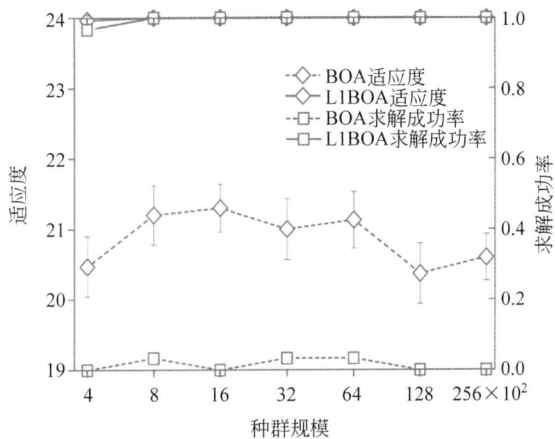

(b) Link-10函数

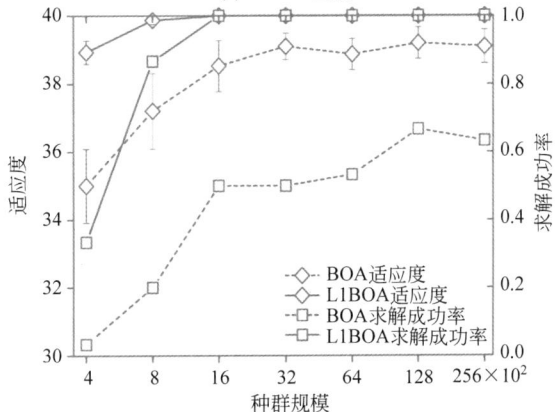

(c) uTrap-4函数

图 16-5　第二组实验 L1BOA 与 BOA 性能比较

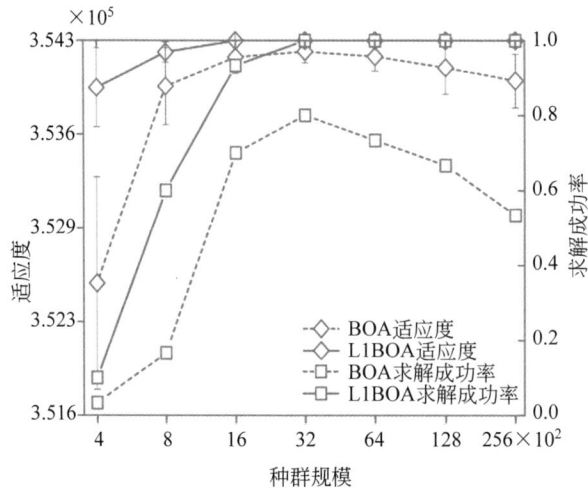

(d) eTrap-4函数

图 16-5 （续）

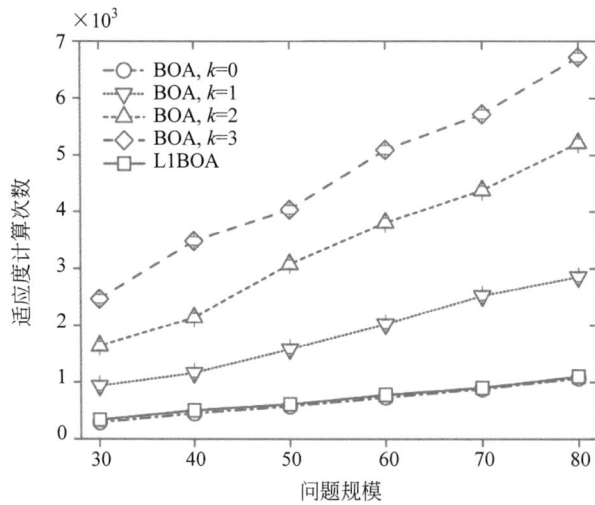

(a) Onemax函数

图 16-6 第二组实验 L1BOA 与 BOA 的适应度计算次数比较

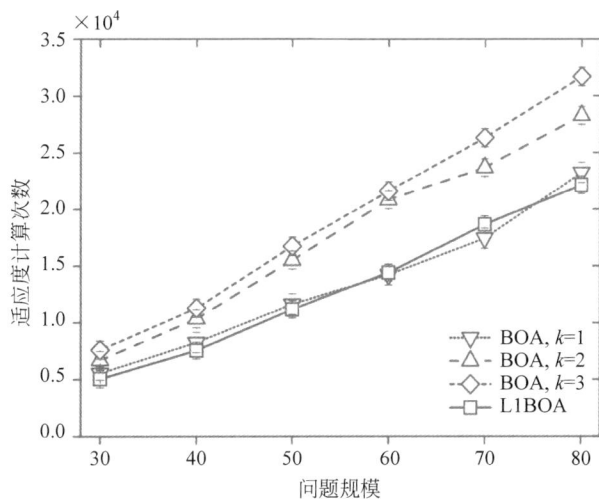

(b) Link-10函数

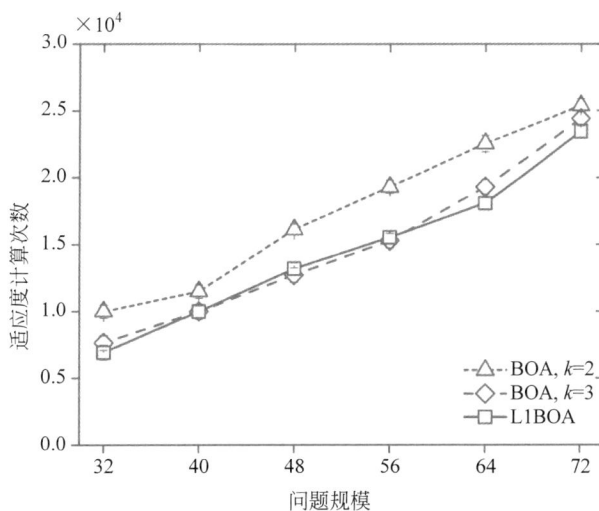

(c) uTrap-4函数

图 16-6　（续）

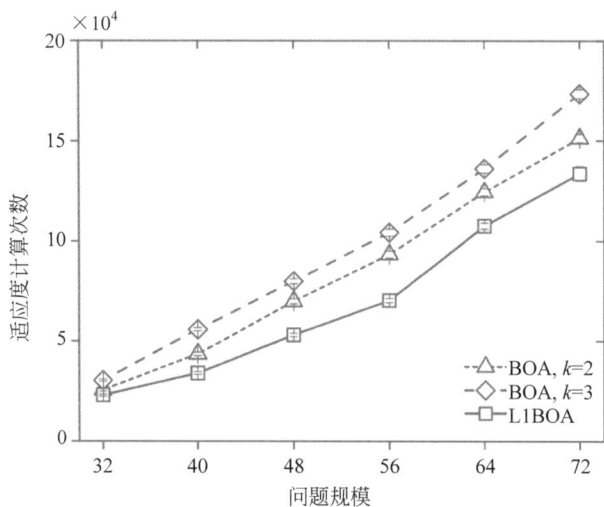

(d) eTrap-4函数

图 16-6　（续）

　　图 16-5(c)和图 16-6(c)分别反映了 L1BOA 和 BOA 求解 uTrap-4 函数时的实验结果。由于 $k=0$ 和 $k=1$ 时 BOA 不能确保 100% 成功求解该测试函数，因此对这两种配置下的 BOA 不再讨论。当求解 uTrap-4 函数时，L1BOA 的 RMPS 及对应的适应度计算次数明显小于 $k=2$ 时的 BOA，而与 $k=3$ 时的 BOA 大体相同。

　　图 16-5(d)展示了求解 eTrap-4 函数时 L1BOA 和 BOA 的 RMPS。对于不同规模的 eTrap-4，L1BOA 的 RMPS 均为最小。对于 BOA 而言，$k=2$ 时的 RMPS 较 $k=3$ 时要小。该结果与求解 uTrap-4 函数的结果相反。这主要是由于 eTrap-4 函数的各子函数对适应度的贡献不一样，因此 BOA 能够按照贡献的大小逐渐建立各个子函数所需的链接关系。图 16-6(d)展示的关于适应度计算次数的结果也呈现了与图 16-5(d)类似的趋势。

　　为了进一步比较 L1BOA 和 BOA，对图 16-6 所示的两种算法的适应度计算次数进行了显著性检验，以明确两者是否存在统计意义上的差别。本章选择了目前被广泛采用的参数化检验方法——t 检验（t-test）和目前流行的一种非参数化的检验方法——威尔科克森符号秩检验[237]（记为 WilcoxonTest）作为显著性检验的方法。之所以采用非参数化的威尔科克森符号秩检验方法，是因为文献[238-240]指出，在无法保证待检验数据的正态性及方差齐性的情况下，使用非参数化的检验方法更为合理。显著性检验结果如表 16-3 所示，其中的显著性水平 α 设置为 0.05。根据两种检验方法得到的结论如表 16-3 "结论"列所示。该列中的各个符号借鉴了文献[114]的表示方法，其具体意义如下：$\oplus$ 和 $\ominus$ 均表示两种检验方法同时拒绝零假设的情况。此时，所比较的两种算法在适应度计算次数上存在统计意义上的差别,也就是说它们存在统计意义上的大小关系。进一步地,$\oplus$/$\ominus$表示参与比较的两种算法中第一种算法的适应度计算次数大于/小于第二种算法。类似地,$+$ 和 $-$ 均表示两种检验方法中只有一种拒绝零假设的情况。此时,根据拒绝零假设的检验方法,$+$/$-$表示参与比较的两种算法中第一种算法的适应度计算次数大于/小于第二种算法。$=$表示两种检验方法中都没有拒绝零假设的情况。在后续关于显著性检验结果的表中,上述 5 种符号的意义与表 16-3 相同。

表 16-3　L1BOA 与 BOA 适应度计算次数的显著性检验结果($\alpha = 0.05$)

测试函数	比 较 对 象	t-test p 值	Wilcoxon test			结论
			W^+	W^-	p 值	
Onemax	L1BOA-BOA($k=0$)	0.0002	21	0	0.0106	$\oplus$
	L1BOA-BOA($k=1$)	0.0011	0	21	0.0106	$\ominus$
	L1BOA-BOA($k=2$)	0.0009	0	21	0.0106	$\ominus$
	L1BOA-BOA($k=3$)	0.0003	0	21	0.0106	$\ominus$
Link-10	L1BOA-BOA($k=1$)	0.2680	3	18	0.0468	$-$
	L1BOA-BOA($k=2$)	0.0043	0	21	0.0106	$\ominus$
	L1BOA-BOA($k=3$)	0.0012	0	21	0.0106	$\ominus$
uTrap-4	L1BOA-BOA($k=2$)	0.0006	0	21	0.0106	$\ominus$
	L1BOA-BOA($k=3$)	0.1285	4	17	0.0711	$=$
eTrap-4	L1BOA-BOA($k=2$)	0.0022	0	21	0.0106	$\ominus$
	L1BOA-BOA($k=3$)	0.0011	0	21	0.0106	$\ominus$

从表 16-3 中的结果可以看出,网络复杂度的额外控制对 BOA 的性能有着至关重要的影响。当处理不同类型的测试函数时,BOA 需要设置不同的复杂度上限,才能使得其适应度计算次数达到最小,从而发挥其最优性能。而如果对复杂度的上限设置不合理,BOA 的性能将大打折扣,甚至在某些情况下不能寻找到全局最优解。而对于 L1BOA,当处理不同类型的测试函数时,其性能达到甚至超过了 BOA 配置最优复杂度上限时的性能。此外,对于 BOA 自身而言,当对贝叶斯网络复杂度加以额外控制时,如果节点链接数的上限设置得较大,虽然 BOA 的性能不一定达到最优,但在一定程度上可以保证 BOA 收敛至目标问题的全局最优解。

2. 时间-空间复杂度关系比较

本组实验接下来考察种群规模在 RMPS 基础上增加时 L1BOA 和 BOA 的迭代次数和适应度计算次数的变化情况,进而研究算法时间和空间复杂度的关系。在这一部分实验中,所有测试函数的规模均为 40。实验结果如图 16-7 和图 16-8 所示。

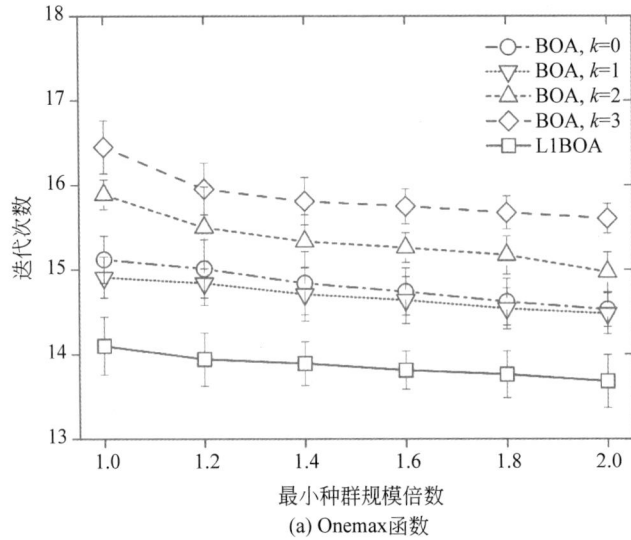

(a) Onemax函数

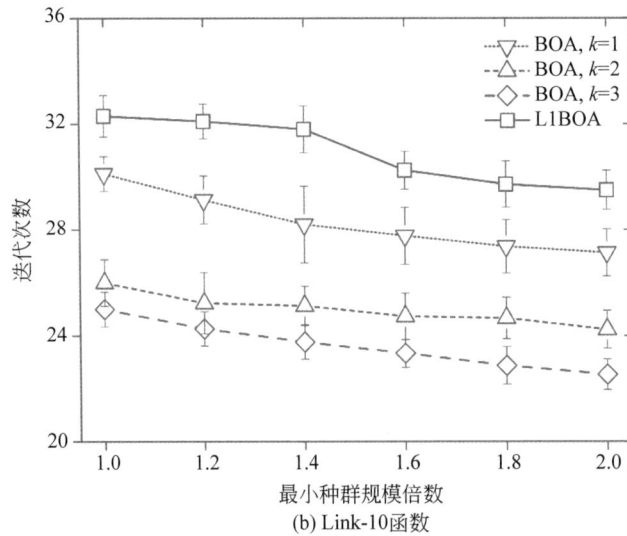

(b) Link-10函数

图 16-7　种群规模增加时 L1BOA 与 BOA 的迭代次数比较

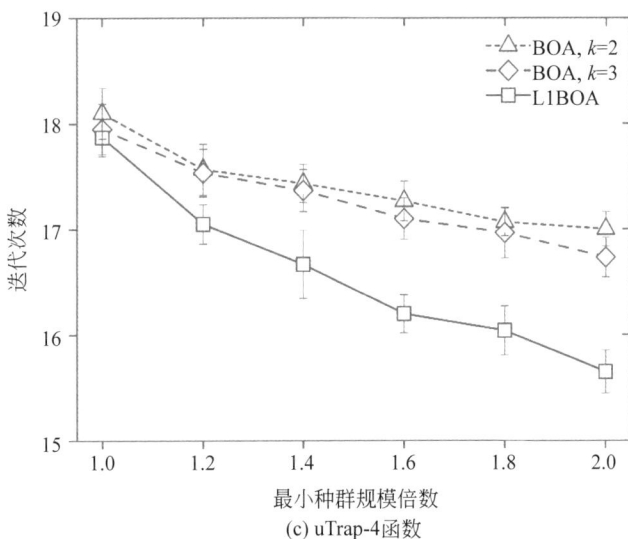

(c) uTrap-4函数

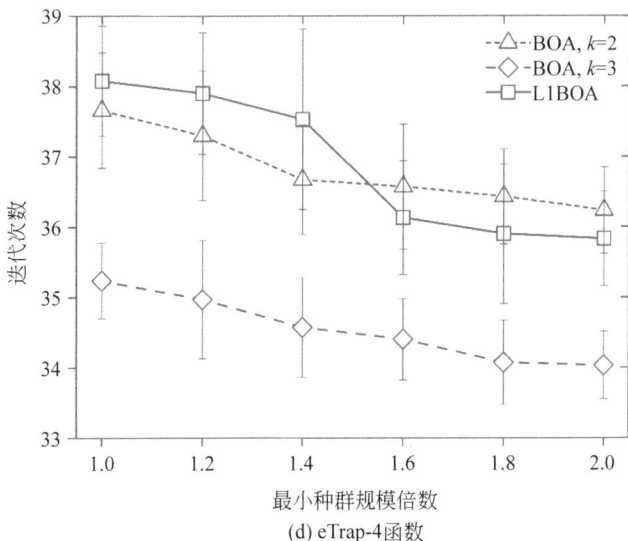

(d) eTrap-4函数

图 16-7　（续）

　　当求解 Onemax 函数时，图 16-7(a) 和图 16-8(a) 分别反映了 L1BOA 和 BOA 的迭代次数和适应度计算次数随种群规模变化的结果。从实验结果可以看到，无论 BOA 的复杂度上限设置为何值，L1BOA 所需的迭代次数均小于 BOA。随着种群规模的增加，L1BOA 的适应度计算次数基本保持不变，而 $k=1,2,3$ 时 BOA 的适应度计算次数却有明显的增加。

(a) Onemax函数

(b) Link-10函数

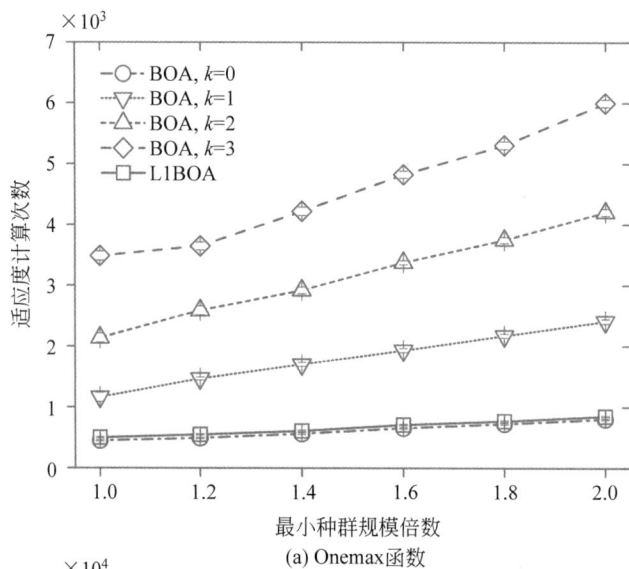

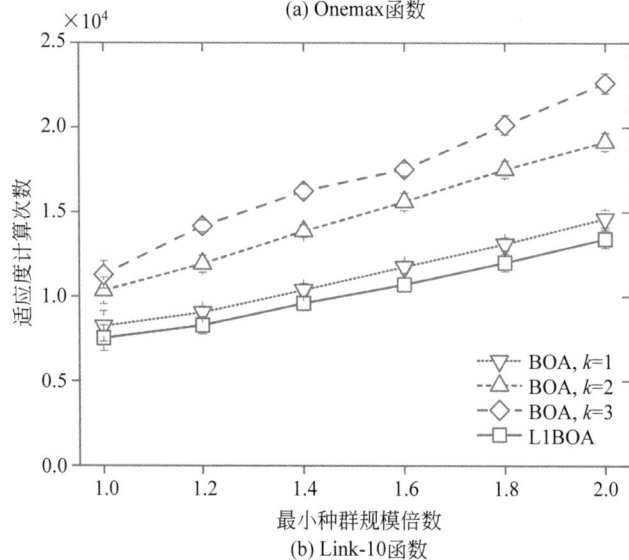

图 16-8　种群规模增加时 L1BOA 与 BOA 的适应度计算次数比较

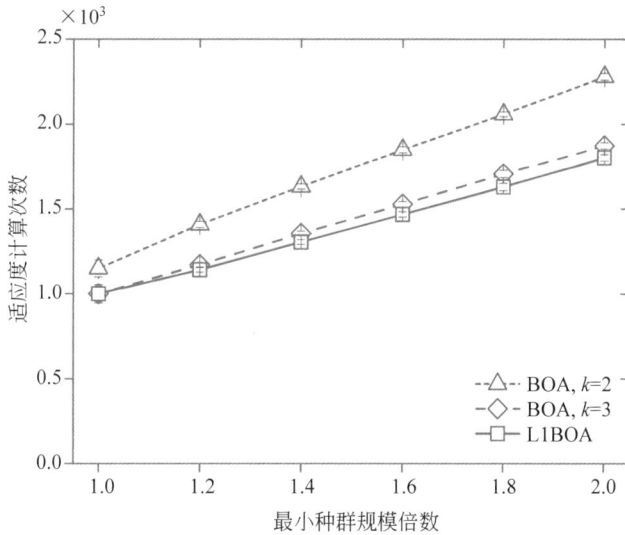

(c) uTrap-4函数

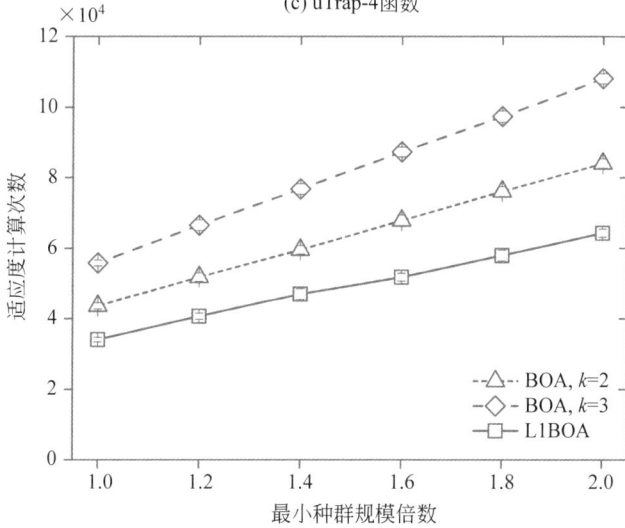

(d) eTrap-4函数

图 16-8 （续）

图 16-7(b)和图 16-8(b)分别反映了 L1BOA 和 BOA 求解 Link-10 函数时的情况。
尽管 L1BOA 的迭代次数大于 BOA,但是其适应度计算次数要小于 BOA。而当种群规模
为两倍的 RMPS 时,L1BOA 的适应度计算次数仅仅增加了 1/3,这个指标也明显低
于 BOA。

L1BOA 和 BOA 求解 uTrap-4 函数的实验结果如图 16-7(c)和图 16-8(c)所示。随着

种群规模的增加,两种算法所需的迭代次数都有所减少,且减少的幅度较求解 Link-10 函数时更大。而当设置相同的种群规模时,L1BOA 的迭代次数要少于 BOA。此外,当种群规模为两倍的 RMPS 时,L1BOA 的适应度计算次数仅仅增加了 50％,明显低于 BOA。

图 16-7(d)和图 16-8(d)反映了 L1BOA 和 BOA 求解 eTrap-4 函数时的情况。虽然 L1BOA 的迭代次数在某些情况下高于 BOA,但其适应度计算次数始终保持最少。特别地,随着种群规模的增加,L1BOA 所需的迭代次数的下降幅度要明显大于 BOA,而 L1BOA 的适应度计算次数的增长幅度也明显小于 BOA。

由上述实验结果可以看出,虽然 L1BOA 的迭代次数在一些情况下大于 BOA 配置最优复杂度上限时的迭代次数,但是 L1BOA 的适应度评价次数却等于或小于 BOA 配置最优复杂度上限时的适应度评价次数。同时,随着种群规模的增加,L1BOA 适应度评价次数增加的幅度也明显小于 BOA。这表明,当种群规模增加时,L1BOA 依然能够获得甚至超过 BOA 配置最优复杂度上限时的性能。

16.6　模型比较

根据 16.5 节讨论的结果可知,当 BOA 对网络复杂度进行额外控制时,L1BOA 的性能与 BOA 配置最优复杂度上限时的性能基本一致,甚至在求解某些测试函数时,L1BOA 的性能更优。本节将对比 L1BOA 和 BOA 在求解测试函数过程中建立的概率模型,即贝叶斯网络结构。在进行具体的比较之前,本节将先根据 16.4.1 节中各测试函数的表达式定义求解这些函数时应建立的理想模型。然后,比较这两种算法求解过程中建立的实际模型与理想模型的差异。在此基础上,本节实验将通过模型复杂度和模型准确度两项指标比较 L1BOA 和 BOA 学习到的贝叶斯网络结构的优劣。

16.6.1　测试函数的理想模型

16.4.1 节中的各个测试函数都属于子函数相互独立的加性可分解问题,变量之间的链接关系都产生于各个子函数内部,而子函数之间不存在链接关系,因此理想模型中的链接关系应当完全与其子函数的定义相符合。需要指出的是,在求解各测试函数的过程中,算法所建立的模型与理想模型可能不完全一致。

对于 Onemax 函数而言,由于每个子函数即为各个变量自身,因此变量间相互独立。其所对应的理想模型应当不包含任何链接关系,如图 16-9(a)所示。

对于 Link-10 函数,子函数的按照式(16-11)到式(16-13)计算结果。由式(16-11)可知,在子函数内部,当 $k \geqslant 2$ 时,变量 x_{10i-k} 仅仅与变量 x_{10i-1} 相链接,其中 $\lfloor k/2 \rfloor = \lfloor l/2 \rfloor$。而由式(16-12)式(16-13)可知,变量 x_{10i-1} 和 x_{10i} 分别与变量集合$\{x_{10i-8}, x_{10i-6},$

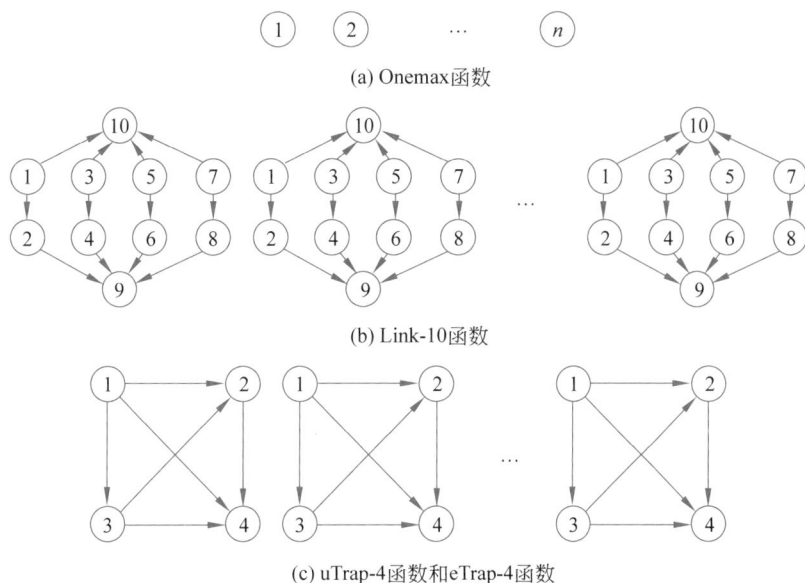

(a) Onemax函数

(b) Link-10函数

(c) uTrap-4函数和eTrap-4函数

图 16-9　求解 Onemax 函数、Link-10 函数、uTrap-4 函数和 eTrap-4 函数时的理想模型

x_{10i-4}, x_{10i-2} 和 $\{x_{10i-9}, x_{10i-7}, x_{10i-5}, x_{10i-3}\}$ 存在链接关系。因此，与其他变量相比，x_{10i-1} 和 x_{10i} 与更多的变量相链接。根据上述分析，求解 Link-10 函数时应建立的理想模型如图 16-9(b)所示。对于规模为 n 的 Link-10 函数，其理想模型的链接总数为 $1.2n$。

由于 uTrap-4 函数和 eTrap-4 函数所采用的子函数相同，因此它们所对应的理想模型也一致。由于式(16-15)属于完全欺骗(fully deceptive)[71]，因此子函数内的变量两两之间都存在链接关系。其理想模型如图 16-9(c)所示。对于规模为 n 的 uTrap-4 函数和 eTrap-4 函数，其理想模型的链接数为 $1.5n$。

16.6.2　模型复杂度比较

本节将统计在求解目标问题的过程中 L1BOA 和 BOA 建立的模型包含的链接数。两种算法的种群规模将设置为 16.5.2 节中所确定的 RMPS。图 16-10 反映了各轮迭代算法建立的模型中链接数的平均值，而图 16-11 则反映了当函数规模均为 40 时两种算法在求解过程中链接数随迭代次数的变化情况。

从图 16-10 所示的结果可以看到，当求解相同类型和规模的测试函数时，BOA 学习的贝叶斯网络的平均链接数随着 k 值的增加而增加，并且该数值与 k 的大小基本成正比关系。而从图 16-11 所示的结果可以看到，在最初的若干轮迭代中，BOA 学习的贝叶斯网络所含链接数完全保持不变，并且与 k 的大小成严格的正比关系。这说明，对于 BOA 而言，其模型中的链接数主要由模型复杂度上限(即参数 k)决定。上述的实验结果与 16.5 节的结果一致，并再次表明了模型复杂度对 BOA 的性能有着至关重要的影响。对于 L1BOA 而言,其模型中的链接数将随着求解函数的不同而发生改变。这说明了 L1BOA 能够根据目标问题的特点控制网络复杂度。而通过图 16-11 所示的结果可以看到,在各轮迭代中,L1BOA 学习的贝叶斯网络中的链接数的变化情况与 BOA 完全不同。L1BOA 呈现出的链接数先升后降的趋势符合其在求解过程中先在较大的问题空间范围内进行搜索而后收敛的特点。

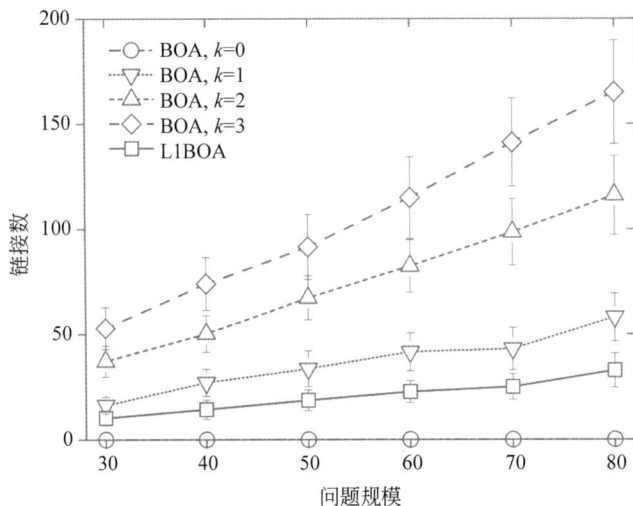
(a) Onemax函数

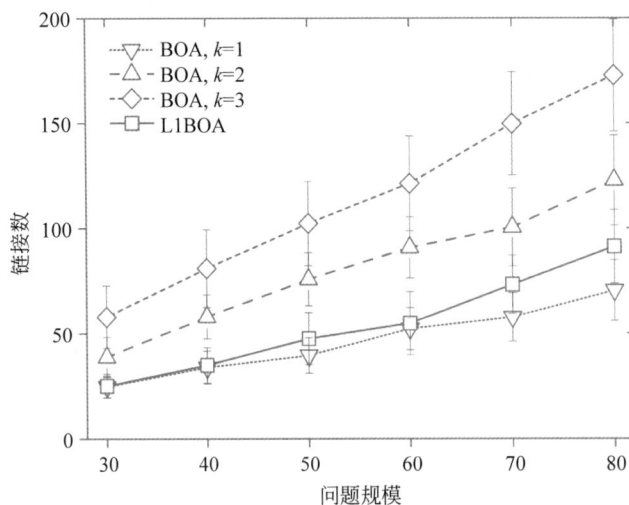
(b) Link-10函数

图 16-10　求解目标问题过程中 L1BOA 和 BOA 建立的模型中平均链接数的比较

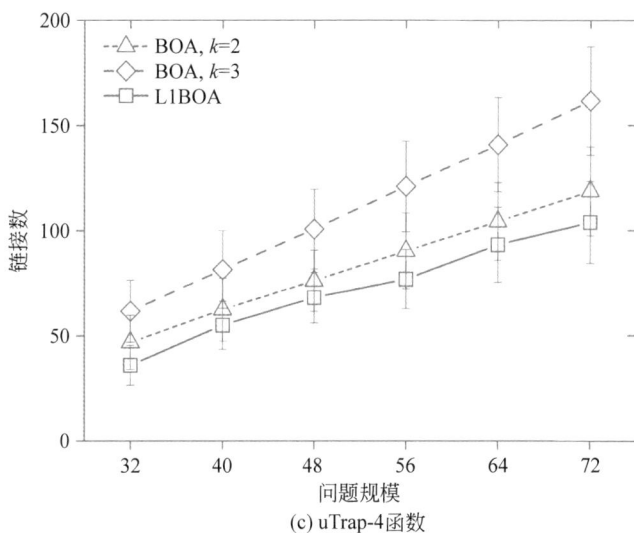

(c) uTrap-4 函数

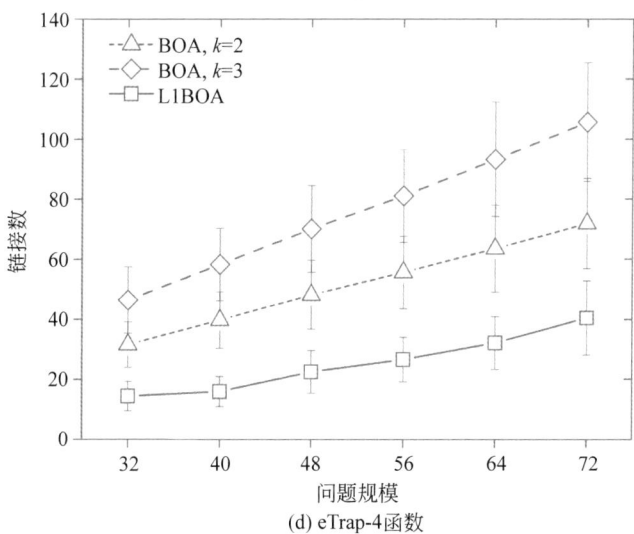

(d) eTrap-4 函数

图 16-10　（续）

16.6.3　模型准确度比较

本节将比对 L1BOA 和 BOA 在求解目标问题过程中建立的实际模型的准确度。每轮迭代中算法的模型准确度定义为

$$\mathrm{Acc_{model}} = r_1 / N \tag{16-17}$$

其中,r_1表示算法建立的实际模型和理想模型都拥有的链接数,N表示实际模型中的链接总数。在本节中,L1BOA 和 BOA 在求解各测试函数时,其种群规模设置仍然采用16.5.2 节中所确定的 RMPS。需要说明的是,由于 Onemax 函数的理想模型中所包含的链接数为零,因此本节不再讨论 L1BOA 和 BOA 求解 Onemax 函数时的模型准确度。其他 3 个函数的规模设置为 40。

实验结果如图 16-11 和图 16-12 所示。由图 16-12 所示的实验结果可以看出,当处理

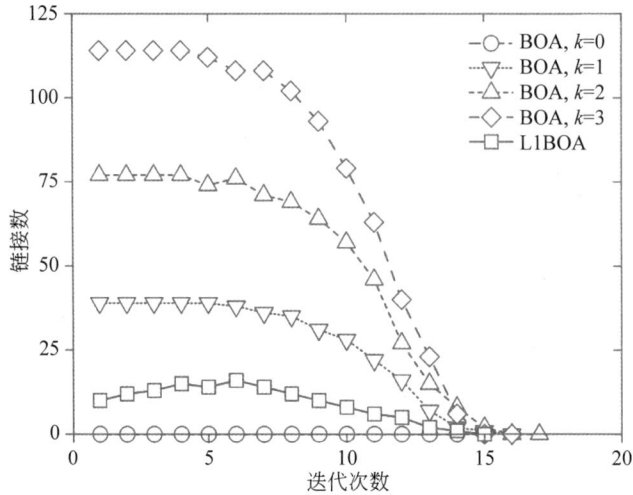

(a) Onemax函数

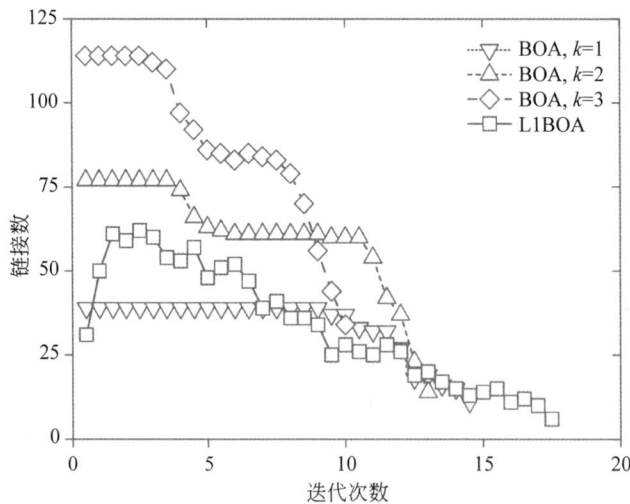

(b) Link-10函数

图 16-11　各轮迭代中 L1BOA 和 BOA 建立的模型中链接数的比较

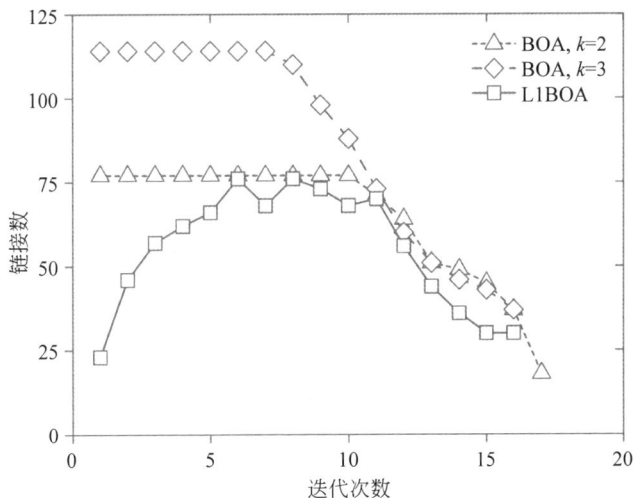

(c) uTrap-4函数

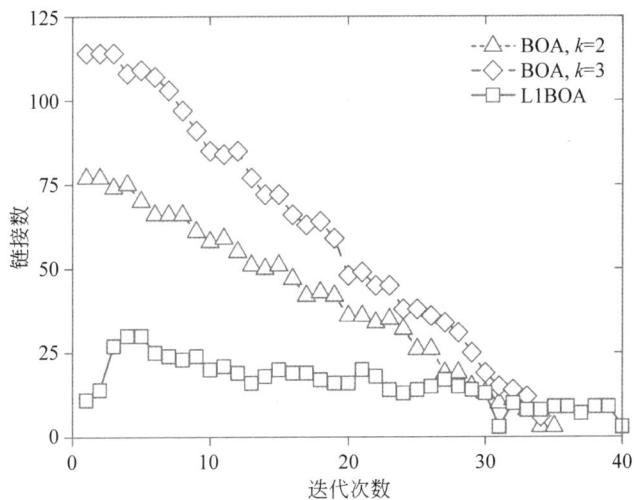

(d) eTrap-4函数

图 16-11　（续）

不同的测试函数时,L1BOA 构建的模型的准确度基本上都高于 BOA。只有当求解 Link-10 函数时,$k=1$ 时的 BOA 在最初若干次迭代中,其模型准确度高于 L1BOA。同时,模型准确度的高低关系与图 16-5 和图 16-6 所反映的算法性能基本一致:模型准确度越高,算法的性能越优。实验结果还表明,对于 L1BOA 和 BOA,模型准确度随着求解的深入(即迭代次数增加)而增加。之所以出现这样的结果,主要由于在求解过程的后期模型中的链接数越来越少(如图 16-11 所示);同时,种群的分布逐渐集中,使得链接正确率逐渐增加。

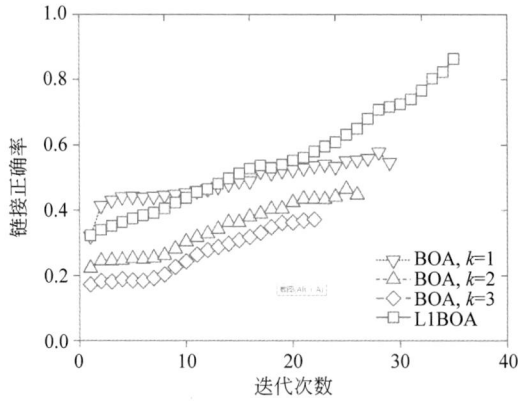

(a) Link-10函数

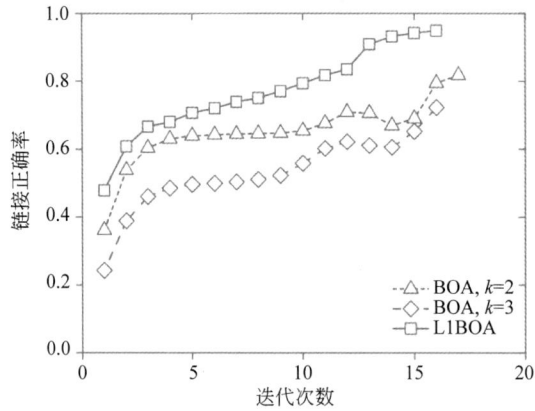

(b) uTrap-4函数

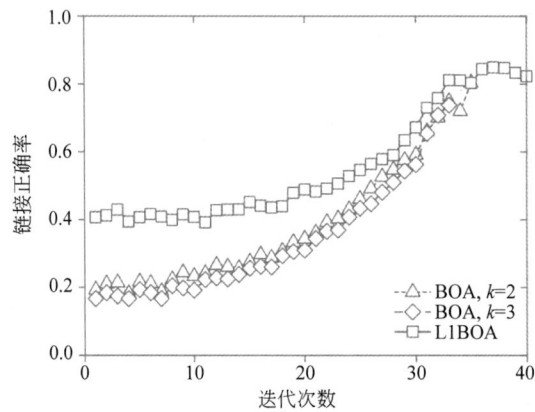

(c) uTrap-4函数

图 16-12　各轮迭代中 L1BOA 和 BOA 链接正确率的比较

16.7　本章小结

在贝叶斯优化算法中,每轮迭代中所建立贝叶斯网络的复杂度对其性能有着至关重要的影响。由 16.5.1 节的实验结果可知,如果不对网络复杂度加以额外控制,那么将无法保证 BOA 收敛至全局最优值;而如果对网络复杂度上限约束得不合理,也同样会影响到 BOA 的性能。但是网络复杂度的合理上限作为与目标问题相关的知识往往不容易得到。在网络结构学习过程中,建立更为合理的网络复杂度控制机制,成为提高 BOA 实用性的关键。

鉴于上述情况,本章提出了一种基于 L1 正则化贝叶斯网络的分布估计算法(L1BOA)。在每轮迭代的过程中,该算法首先通过 L1 正则化 Logistic 回归考察变量的相互影响关系。L1 正则化的稀疏性质使得回归系数中绝大多数项的数值为零。而其他非零项所对应的变量即被视为贝叶斯网络中目标节点的候选父节点。随后,该算法利用贪婪搜索在限定的候选链接范围内确定最终的网络结构,从而能够根据目标问题的特点实现对网络复杂度的自动调整。对不同类型的加性可分解问题进行的实验表明,由于在函数求解的过程中 L1BOA 所构建的模型能够更为准确地反映变量间的链接关系,从而使得其达到甚至超过 BOA 设置最优网络复杂度上限时的性能。

第 17 章 基于分布估计算法的分类器进化算法

17.1 概　　述

　　根据 15.5 节的介绍,学习分类器采用遗传算法对规则空间进行搜索。因此,遗传算法的搜索效率对学习分类器的整体性能有着至关重要的影响。根据建筑块假设,遗传算法利用交叉、变异等传统的遗传算子识别并重组建筑块,使得遗传算法向着高于平均适应度的空间区域进行搜索[187]。然而,由于交叉、变异等遗传算子的作用过程与目标问题的结构无关,因此当遗传算法求解复杂问题时,特别是当问题所涉及的变量间存在较为紧密的链接关系时,交叉、变异等遗传算子无法保证有效地识别和重组建筑块。甚至在一些极端的情况下,交叉、变异等遗传算子对建筑块的识别和重组将搜索过程导向至缺乏全局竞争性的建筑块集合,从而导致遗传算法的优化性能和搜索效率大打折扣。与遗传算法不同,分布估计算法以优势种群建模和采样的方式替代传统的遗传算子产生子代,进而能够根据目标问题的结构特点实现建筑块的自动识别和有效重组。因此,分布估计算法为提高学习分类器对规则空间的搜索质量提供了有效途径。

　　鉴于此,本章提出了基于分布估计算法的分类器进化算法(pLCS_L1BOA)。该算法根据 Pittsburgh 式学习分类器知识表示的层级特点,将分类器的进化划分为规则和规则集两个层次。在规则层次,算法以对优选规则建立贝叶斯网络和采样的方法引导分类器中单独规则的进化;在规则集层次,规则集根据已建立的规则结构实现自身的重组和进化。这样的划分使得分类器能够同时在不同层次上对规则空间进行有效搜索。对构造的和实际的二分类问题进行实验,结果表明:与现有最新的 Pittsburgh 式学习分类器——GAssist 相比,pLCS_L1BOA 能够以更少的迭代次数和规则比较次数获得更高的分类准确率;与其他当前被广泛采用的分类算法相比,pLCS_L1BOA 的分类准确率同样有着统计意义上的优势。

　　本章内容组织如下:17.2 节介绍本章提出的算法的整体框架;17.3 节介绍该算法中的知识表示结构;17.4 节和 17.5 节分别详细阐述规则层次和规则集层次上的进化过程;17.6 节讨论如何整合两个层次的进化过程;17.7 节和 17.8 节介绍为评价本章提出的算法

而进行的实验工作及获得的实验结果；17.9 节总结本章的主要内容。

17.2　算法框架介绍

根据 15.5.2 节的介绍可知，Pittsburgh 式学习分类器中的各分类器表示为包含不同数目的规则的规则集。这些规则集各自独立地、完整地表达目标概念。因此，在进化过程中，分类器之间没有合作的关系，而只有竞争的关系。与图 15-4 所示的结构不同，本章提出的 pLCS_L1BOA 将分类器的进化划分为两个层次：规则层次和规则集层次。规则层次的进化利用第 16 章提出的 L1BOA 实现，规则集层次则在前者产生的规则基础上对规则集进行重组。本章提出的算法的基本结构如图 17-1 所示，虚线上、下分别表示规则和规则集两个层次的进化过程。在对其分别进行讨论之前，以下将首先介绍算法中知识表示的方法。

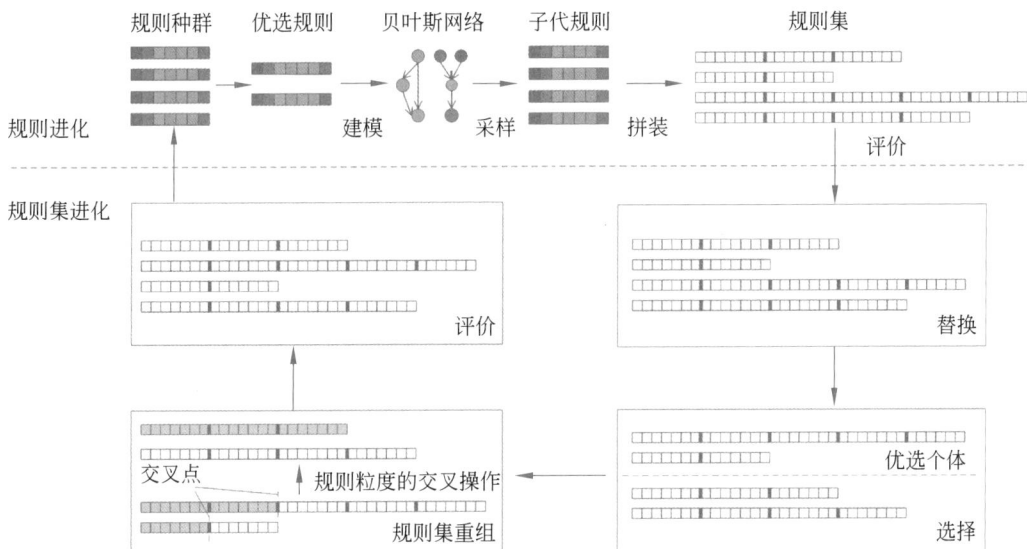

图 17-1　基于分布估计算法的分类器进化算法的基本结构

17.3　分类器的知识表示

本章借鉴了文献[84,211]中的方法设计分类器的知识表示结构。具体地说，每个分类器首先被组织为若干规则的析取范式（Disjunctive Normal Form，DNF）。

$$classifier = r_1 \lor r_2 \lor \cdots \lor r_m \tag{17-1}$$

其中，每项规则 r_j 由条件部分（condition part）和动作部分（action part）组成。前者用于明确规则适用的范围（即定义域），而后者规定了条件满足时该规则应采取的行动。对于分类问题，动作部分给出了预测的类别。每项规则 r_j 的定义为

$$t_1 \wedge t_2 \cdots \wedge t_n \rightarrow \text{classification} \qquad (17\text{-}2)$$

其中，箭头左端的条件部分表示各特征的检查项（feature test）t_i 的合取范式（Conjunctive Normal Form，CNF），而 t_i 表示特征 F_i 若干可取值的析取范式，其定义为

$$t_i = \vee \, f_i^j, \quad f_i^j \in \text{cover}(r, F_i) \qquad (17\text{-}3)$$

其中，f_i^j 表示特征 F_i 的第 j 个可取值，$\text{cover}(r, F_i) \subseteq S_i$，$S_i$ 表示由 F_i 所有可取值组成的集合，$\text{cover}(r, F_i)$ 表示规则 r 中 F_i 可取值的集合。对于样本 $x = (x_1, x_2, \cdots, x_n)$，当且仅当 $\forall i, x_i \in \text{cover}(r, F_i)$ 时，x 属于规则 r 的定义域，即 x 与规则 r 的条件部分相匹配。其中 x_i 表示 x 中特征 F_i 的取值。如果采用二进制位对规则 r 的条件部分进行编码，那么每项特征 F_i 的每个可取值 f_i^j 可由一个二进制位编码 b_i^j 表示：

$$b_i^j = \begin{cases} 1, & f_i^j \in \text{cover}(r, F_i) \\ 0, & \text{其他} \end{cases} \qquad (17\text{-}4)$$

上述定义可通过如下例子表述。假如样本 x 由特征 A、B、C 组成，如果这 3 个特征的可取值范围分别表示为 $\{a_1, a_2\}$、$\{b_1, b_2, b_3\}$ 和 $\{c_1, c_2, c_3, c_4\}$，那么规则 r_{example}：$11|001|1001|1001 \rightarrow 1$ 表示，当且仅当 x 中特征 A 的取值为 a_1 或 a_2，特征 B 的取值为 b_3，特征 C 的取值为 c_1 或 c_4 时，样本 x 与规则 r_{example} 的条件部分相符合，此时 r_{example} 的预测结果为类别 1。

由上述介绍可知，Pittsburgh 式学习分类器中的每项规则的条件部分的编码长度 l 均相同，定义为

$$l = \sum_{i=1}^{n} k_i \qquad (17\text{-}5)$$

其中，k_i 表示特征 F_i 的可取值数目。进一步地，如果用一个二进制位表示规则的动作部分，那么每项规则的编码长度为 $l+1$。对于由 n 项规则组成的分类器，其编码长度为 $n(l+1)$。

上述知识表示方法只能直接处理仅含有离散型特征的问题。如果问题涉及连续型特征，则需要将其离散化。为此，本章采用了基于 Chi2 算法[251]的离散化方法。对于某项特征，该方法首先将各样本中该特征的数值分别放到单独的区间（interval）中，每个区间用唯一的离散值表示。随后，通过卡方检验判断代表相邻两个区间的离散值对于类别是否在统计上相互独立。若不独立，则合并这两个区间；反之，则不合并。上述自底向上的合并过程一直进行到所有相邻的区间都不能合并为止。对于含有 n 个类别的样本数据，如果将某一特征离散化为 m 个区间，那么类别与区间的关系如表 17-1 所示。其中，q_{ij} 表示

第 i 个区间中属于类别 j 的样本数；s_{i+} 和 s_{+j} 分别表示类别 i 和第 j 个区间所包括的样本数，即 $s_{i+} = \sum\limits_{j=1}^{m} q_{ij}$，$s_{+j} = \sum\limits_{i=1}^{n} q_{ij}$。

表 17-1　基于 Chi2 算法的离散化方法中类别与区间的关系

类　别	区　间				合计
	$[d_0, d_1]$	$(d_1, d_2]$	$\cdots$	$(d_{m-1}, d_m]$	
C_1	q_{11}	q_{12}	$\cdots$	q_{1m}	s_{1+}
C_2	q_{21}	q_{22}	$\cdots$	q_{2m}	s_{2+}
$\vdots$	$\vdots$	$\vdots$	$\vdots$	$\vdots$	$\vdots$
C_n	q_{n1}	q_{n2}	$\cdots$	q_{nm}	s_{n+}
合计	s_{+1}	s_{+2}	$\cdots$	s_{+m}	s

根据表 17-1 所示的结构，Chi2 算法中卡方值的计算方法为

$$\chi^2 = \sum_{i=1}^{n} \sum_{j=1}^{m} \frac{(q_{ij} - e_{ij})^2}{e_{ij}} \tag{17-6}$$

其中，$e_{ij} = s_{i+} s_{+j} / s$，$s$ 表示样本总数。如果 $s_{i+} = 0$ 或 $s_{+j} = 0$，那么 e_{ij} 将设置为 0.1；卡方检验中的自由度等于类别数减 1，即 $n - 1$。

17.4　规　则　进　化

17.4.1　规则评价

根据 17.3 节的介绍，每项规则的条件部分都对规则的作用范围进行了界定。因此，规则的适应度应当首先反映该规则在其条件部分所限定的样本空间上的分类准确率

$$\alpha_p(r) = N_p(r) / N_c(r) \tag{17-7}$$

其中，$N_c(r)$ 表示与规则 r 条件部分相匹配的样本个数，$N_p(r)$ 表示在与规则 r 的条件部分相匹配的样本中规则 r 预测的类别与样本实际类别相同的样本数。由于 $\alpha_p(r)$ 仅仅表征了规则的特化(specification)能力，因此仅依靠该指标不足以全面表征规则的性能。例如，对于两个规则 r_i 和 r_j，假设其预测的类别分别为 c_i 和 c_j。如果 $\alpha_p(r_i) = \alpha_p(r_j)$，但是在它们的定义域之外，属于 c_i 的样本数比属于 c_j 的样本多，这意味着 r_i 的泛化(generalization)能力不及 r_j，那么 r_j 的整体性能优于 r_i。鉴于上述考虑，需要引入另一项指标用以表征规则在其作用范围外的预测性能，进而评价规则的泛化能力。

$$\alpha_n(r) = N_n(r)/(N - N_c(r)) \qquad (17\text{-}8)$$

其中，$N_n(r)$ 表示与规则 r 的条件部分不匹配且类别与 r 的预测类别不同的样本数，N 表示样本总数。综合上述两项指标，规则的适应度定义为

$$f(r) = w_p \alpha_p(r) + (1 - w_p)\alpha_n(r) \qquad (17\text{-}9)$$

其中，w_p 反映了特化性能在适应度中的重要性。对于一般的样本数据而言，$w_p = 0.5$。在具体问题中，可根据训练样本的特点对 w_p 进行设置。

17.4.2　规则重组

根据 15.5.2 节的介绍，现有的 Pittsburgh 式学习分类器中利用传统的遗传算子（包括交叉和变异）重组规则。然而，文献[77]指出，传统的遗传算子在学习分类器的规则重组过程中将破坏已经得到的特征组合，从而降低学习分类器的整体性能。鉴于此，本章将利用第 16 章提出的 L1BOA，以对优势种群建立贝叶斯网络并采样的机制替换传统的遗传算子实现规则重组，从而提高学习分类器对规则空间的搜索质量。

在利用 L1BOA 实现规则重组的过程中，首先需要解决优势规则种群的选择问题，即需要明确贝叶斯网络所表征的规则种群。由于 Pittsburgh 式学习分类器最终需要通过规则集实现对于目标问题的求解，因此可直接以高适应度规则集中的所有规则作为优势规则种群。尽管该策略原理简单且可操作性强，但是它有以下 3 方面的缺点：①当规则集中多于一项规则与样本匹配，且这些规则的预测结果不一致时[1]，规则集需要从中根据一项规则给出预测结果。在这种情况下，未被选取的规则的适应度低于被选取的规则，这意味着在适应度高的规则集中并非所有规则都拥有较高的适应度；②适应度高的规则集中可能包含一些与当前所有样本都不匹配的规则，如果优势规则种群包含这些规则，那么将在贝叶斯网络结构的学习过程中引入不必要的噪声；③具有高适应度的规则可能包含在适应度低的规则集中，仅仅因为同一规则集中的其他规则适应度低，就影响了该规则集的整体性能。鉴于上面的分析，本章将根据式(17-9)在所有规则中选择优势规则种群，而忽略规则所在的规则集的性能。

根据 17.3 节的讨论可知，每项规则条件部分的编码长度相等。因此，优势规则种群形成了学习贝叶斯网络结构所需的样本数据 $\mathfrak{D}$。其中，$\mathfrak{D}$ 的维度等于 l[见式(17-5)]，$\mathfrak{D}$ 的数据规模等于优势规则种群的规则数目。根据 $\mathfrak{D}$，本章将利用第 16 章提出的 L1BOA 引导规则重组。对于 Pittsburgh 式学习分类器而言，在 L1BOA 得到的贝叶斯网络中，每个节点反映了特征的各个可取值在优势规则种群中的出现情况。而网络中各节点的条件概率表可以根据优势规则种群中特征的各可取值出现的频率进行计算。最后，对得到的

---

① 见 10.5.1 节的讨论。

贝叶斯网络按照前向采样[209]的方法随机采样,即可获得子代规则。

在利用 L1BOA 实现规则重组的过程中,还需要保持规则种群的多样性。根据 17.3 节的讨论,每项规则的条件部分规定了其适用范围。因此,规则之间的竞争应当考虑到彼此适用范围的影响。鉴于此,本章采用小生境技术[242]以达到适用范围相似的规则间充分竞争、适用范围差别较大的规则间避免竞争的目标。小生境技术的实现方法有很多,包括Crowding[243]、Fitness Sharing[244] 和 Clearing[245] 等。本章采用了第一类方法中的受限锦标赛替换(Restricted Tournament Replacement,RTR)[246]方法。在替换可行解 I 的过程中,该方法通过比较 I 与其他可行解的相似性实现局部竞争。该方法的主要过程如下:首先,在种群中随机生成规模为 σ 的子集 S。然后,在 S 中选择与 I 最为相似的候选解 I'。最后,比较 I 和 I' 的适应度。如果 I' 的适应度大于 I,那么将 I 替换为 I';反之,则不替换。在本章中,规则 I 和 I' 之间的相似度通过彼此条件部分的汉明距离(Hamming distance)表示[247]。根据文献[193]的讨论,本章将子集 S 的规模 σ 设置为规则条件部分的编码长度 l。这是因为:当子集 S 规模都相同的情况下,全体种群中可保持的小生境的个数 n_{niche} 在数值上与种群规模 N 成正比,即 $n_{niche}=O(n)$。另外,小生境的个数与子集 S 的规模 σ 具有线性关系,即 $n_{niche}=O(\sigma)$。而在贝叶斯优化算法中,所需种群的规模与问题规模基本具有线性关系,即 $N=O(l)$,其中 l 表示目标问题的规模。所以对于 RTR 方法而言,子集 S 的规模 σ 应当与问题规模成正比,即 $\sigma=O(l)$,从而在种群规模一定的条件下获得尽可能多的小生境。

根据上述讨论,基于 L1BOA 的规则进化过程如算法 17-1 所示。该算法根据学习分类器中的规则集种群 P_{rs} 和样本数据 $\mathfrak{D}$ 获得新一代的规则种群 P_r。其中,第 3～5 行采用了第 16 章提出的 L1BOA。

算法 17-1　基于 L1BOA 的规则进化算法 ruleEvo(P_{rs},$\mathfrak{D}$)

输入:规则集种群 P_{rs},样本数据 $\mathfrak{D}$
输出:规则种群,P_r
1:　$P_r \leftarrow \{r | r \in rs_i, rs_i \in P_{rs}\}$
2:　根据 $\mathfrak{D}$ 由式(16-9)评价 P_r 中的各项规则
3:　$S \leftarrow P_r$ 中的优势规则
4:　$\mathfrak{B} \leftarrow$ 根据 S 学习贝叶斯网络结构
5:　$O \leftarrow$ 对 $\mathfrak{B}$ 采样
6:　根据式(16-9)评价 O 中的各个规则
7:　$P_r \leftarrow$ 根据 O 利用 RTR 方法更新 P_r
8:　**return** P_r

17.5　规则集进化

17.5.1　规则集评价

在定义规则集的适应度之前,首先需要解决预测过程中可能出现的以下问题:对于同一个样本,如果规则集中有若干与之匹配的规则,但是这些规则的预测结果不一致,此时规则集必须明确规则取舍的标准,从而给出唯一的预测结果。根据 17.4.1 节的讨论,此时可以根据式(17-7)、式(17-8)或者式(17-9)对匹配的规则进行取舍。由于参与取舍过程的各个规则与样本完全匹配,而式(17-7)反映了规则在其定义域内的性能,即特化能力,因此规则集应根据式(17-7)选择规则,从而产生最终的预测结果。在明确规则集的预测结果后,规则集 rs 的适应度定义为

$$f(\mathrm{rs}) = N_{\mathrm{p}}(\mathrm{rs})/N \tag{17-10}$$

其中,N 和 $N_{\mathrm{p}}(\mathrm{rs})$ 分别表示样本总数及规则集 rs 给出正确预测结果的样本数。

需要指出的是,上述问题并没有出现在当前最新的 Pittsburgh 式学习分类器 GAssist 中。在进行规则比较和类别预测的过程中,GAssist 按照在分类器中出现的先后顺序寻找与待处理样本相匹配的规则。一旦发现匹配规则,GAssist 的将以该项规则的预测结果作为分类器的预测结果,并终止比较和预测过程。因此,即使分类器还有其他的匹配规则,GAssist 的预测结果也不会受到这些规则的影响。与本章提出的算法相比,尽管这样的机制减少了每轮迭代中规则比较的计算开销,但是很难保证规则空间搜索的充分性和规则评价的完整性,从而最终影响学习分类器的整体性能。

17.5.2　规则集重组

由 15.5.2 节的介绍可知,GABIL[84] 和 GAssist[221] 使用传统的单点交叉算子实现分类器的重组。由于交叉点可以设置在表示分类器的二进制编码的任何位置上,因此 GABIL 和 GAssist 将规则和规则集的重组过程混淆在一起。而在本章提出的算法中,规则层次的进化通过 L1BOA 实现,因此需要在规则集重组的过程中保留已有的规则层次的进化结果。鉴于此,本章采用规则粒度的交叉算子实现规则集的重组过程。该算子的主要特点是将交叉点设置在规则集的两个相邻规则之间,如图 16-1 中的候选链接建立部分所示。尽管仍然使用了交叉算子,但这样的设计保证了规则的完整交换,从而使得规则中所蕴含的结构不被破坏。需要指出的是,尽管该算子对交叉点进行了限制,但是交叉点的设置并不需要额外的信息。由 17.3 节的讨论可知,规则集所包含各项规则的长度 $l+1$ [见式(17-5)]可以根据训练样本计算得到。因此,交叉点可设置在规则集编码的第

$i(l+1)$ 位和第 $i(l+1)+1$ 位之间,其中 i 为小于 n 的非负整数,n 表示规则集中的规则数目。

17.6　规则与规则集进化整合

根据 17.3 节的介绍可知,在 Pittsburgh 式学习分类器中,规则需要拼装成规则集才能实现对目标问题的求解。以下将介绍对贝叶斯网络采样得到新规则以构成新规则集的基本步骤:首先,根据当前的规则集种群 P_{rs} 生成新的新规则集种群 P'_{rs},使后者的规模与前者相同。P'_{rs} 中各规则集所包含的规则从算法 17-1 获得的规则种群中通过随机选择得到。同时,还要使得 P'_{rs} 中各规则集所包含的规则数与 P_{rs} 对应的规则集所包含的规则数相同。其次,P'_{rs} 中各规则集按照式(17-10)计算适应度。最后,P'_{rs} 和 P_{rs} 中的所有规则集按照其适应度由高到低进行排序,前 50% 的规则集将构成新的规则集种群。上述将规则拼装为规则集的过程如算法 17-2 所示。该算法根据原有规则集种群 P_{rs}、新的规则种群 P_r 及样本数据 $\mathbb{D}$ 产生新的规则集种群 P_{rs}。

算法 17-2　规则拼装算法 $\text{ass}(P_{rs}, P_r, \mathbb{D})$

输入:规则集种群 P_{rs},规则种群 P_r,样本数据 $\mathbb{D}$
输出:规则集种群 P_{rs}
1:　$P'_{rs} \leftarrow P_{rs}$
2:　**for** P'_{rs} 中的每个规则集 rs **do**
3:　　　　$n \leftarrow$ rs 中的规则数
4:　　　　删除 rs 中的所有规则
5:　　　　**for** $i = 1$ to n **do**
6:　　　　　　$r \leftarrow$ 随机从 P_r 中挑选规则
7:　　　　　　将 r 添加到 rs 中
8:　　　　**end for**
9:　**end for**
10:　根据 $\mathbb{D}$ 由式(17-10)评价 P'_{rs} 中的各个规则集
11:　$P_{rs} \leftarrow P_{rs}$ 和 P'_{rs} 中适应度高的前一半规则集
12:　**return** P_{rs}

将上述关于规则和规则集层次的进化过程及规则拼装过程整合,就构成了完整的基于分布估计算法的分类器进化算法。考虑到学习贝叶斯网络结构的计算开销相对较高,为了提高算法的整体效率,规则层次的进化每隔若干轮迭代执行一次。与之相反,由于规则集进化的计算复杂度较低,因此每轮迭代都将更新规则集种群。综合上述考虑,本章提出的 pLCS_L1BOA 的流程如算法 17-3 所示。其中,参数 K 代表了规则进化的执行频

率,第5~8行展示了基于贝叶斯网络建模和采样的规则进化过程,而第9~12行表现了规则集的进化过程。

算法17-3　pLCS_L1BOA流程

输入:样本数据 $\mathfrak{D}$

1: $t \leftarrow 0$

2: $P_{\mathrm{rs}}^t \leftarrow$ 随机生成规则集种群

3: 根据 $\mathfrak{D}$ 由式(17-10)评价 P_{rs}^t 中的各个规则集

4: **repeat**

5:　　**if** $\mathrm{mod}(t,\kappa)=0$ **then**

6:　　　　$P_t \leftarrow \mathrm{ruleEvo}(P_{\mathrm{rs}}^t, \mathfrak{D})$

7:　　　　$P_{\mathrm{rs}}^t \leftarrow \mathrm{ass}(P_{\mathrm{rs}}^t, P_r, \mathfrak{D})$

8:　　**end if**

9:　　$S_{\mathrm{rs}} \leftarrow P_{\mathrm{rs}}^t$ 中的优势规则集

10:　　$O_{\mathrm{rs}} \leftarrow S_{\mathrm{rs}}$ 通过规则粒度的交叉算子产生子代

11:　　根据 $\mathfrak{D}$ 由式(17-10)评价 O_{rs} 中的各个规则集

12:　　$P_{\mathrm{rs}}^{t+1} \leftarrow$ 根据 O_{rs} 更新 P_{rs}^t

13:　　$t \leftarrow t+1$

14: **until** 满足结束条件

15: P_{rs}^t 中性能最优的规则集被视为最终的分类器

17.7　实　验　设　置

为了对本章提出的算法进行评价,分别选取构造的二分类问题和 UCI 数据集[248]中的二分类问题进行实验。本节首先介绍作为测试数据的构造问题和实际问题的特点,其次介绍参与性能比较的其他算法以及用于比较算法性能的评价指标,最后介绍参与比较的各算法的配置信息。

17.7.1　测试数据

1. 构造问题

本节所涉及的构造问题均为布尔函数。这些问题根据输入的二进制位串输出布尔型变量的结果。对于分类算法而言,如果预测结果与布尔函数的结果相同,则视为分类正确;反之,则视为分类错误。

1) Multiplexer 问题

Multiplexer 问题一直是学习分类器领域内经典的研究对象之一[249]。其输入是一个

长度为 $k+2^k$ 的二进制位串：

$$A_{k-1} \cdots A_1 A_0 D_{2^k-1} \cdots D_1 D_0 \qquad\qquad (17\text{-}11)$$

其中,前 k 位 (A_i,$0 \leqslant i \leqslant k$) 和后 2^k 位 (D_i,$0 \leqslant i < 2^k$) 分别称为地址位和数据位。该问题的输出等于 k 位地址数值所指定的数据位的数值。例如,对于共 6 位的 Multiplexer 问题 (f_{MP-6})[①],输入的前 2 位与后 4 位分别表示地址位和数据位,那么 $f_{MP-6}(100010)=1$,$f_{MP-6}(000111)=0$。由式 (17-11) 可知,n 位 Multiplexer 问题搜索空间的规模为 2^n,其中 $n=k+2^k$。后面将 n 位 Multiplexer 问题简写为 MP-n 问题。此外,通过在概率 p_n 下改变 Multiplexer 问题的输出结果,本节还设计了带有噪声的 MP-n 问题。其中的 p_n 称为噪声水平,其取值范围为 $p_n = \{0.05, 0.10, 0.15, 0.20\}$。

2) CountOnes 问题

CountOnes 问题 (f_O) 的输出取决于输入的二进制位串中 1 的个数。如果 1 的个数大于输出位串长度的一半,那么结果为 1；反之结果为 0。例如,对于长度为 5 的二进制位串,$f_O(00001)=0$,$f_O(10111)=1$。后面将长度为 n 的 CountOnes 问题将简写为 One-n 问题。

3) Parity 问题

与 CountOnes 问题类似,Parity 问题 (f_P) 的输出也由输入二进制位串中 1 的个数决定。但是其结果等于 1 的个数模 2 的余数。同样,对于长度为 5 的二进制位串,$f_P(00001)=1$,$f_P(10111)=0$。后面将长度为 n 的 Parity 问题将简写为 Parity-n 问题。

4) Ladder 问题

Ladder 问题同样考察输入二进制位串中 1 的个数。具体地说,Ladder-l-n 问题 (f_{L-l-n}) 意味着,对于 n 位二进制位串,如果有至少 l 位为 1,那么输出的结果为 1；反之输出的结果为 0。例如,$f_{L-2-3}(011)=1$,$f_{L-3-3}(011)=0$。

除上述各问题本身外,本章还将这些问题组合以构成具有层级关系的复杂问题,进而对本章提出的算法进行评价。如图 17-2 所示,在层级问题中,原始输入的二进制位串首先以 Parity 问题或者 Ladder 问题的方式求取结果。随后,将这些结果作为输入并以 Multiplexer 问题或者 CountOnes 问题的方式计算出最终的结果。在本章实验中,共构造了 3 种层级问题,分别为 Parity＋Multiplexer(简写为 PMP)问题、Parity＋Count Ones (简写为 POne 问题)和 Ladder＋Multiplexer(简写为 LMP)问题。标识为 X-n-m 的形式明确了层级问题 X 的具体规模：输入的二进制位串中相邻的 n 位首先以 Parity 问题或者 Ladder 问题的方式计算中间结果,然后相邻的 m 个中间结果再按照 Multiplexer 问题或者 CountOnes 问题的方式得到最终的结果。

---

① 　Multiplexer 问题也可以通过析取范式定义。例如,对于 f_{MP-6},其定义可表示为 $f_{MP-6}(x_1 x_2 x_3 x_4 x_5 x_6) = \neg x_1 \neg x_2 x_3 \vee \neg x_1 x_2 x_4 \vee x_1 \neg x_2 x_5 \vee x_1 x_2 x_6$。

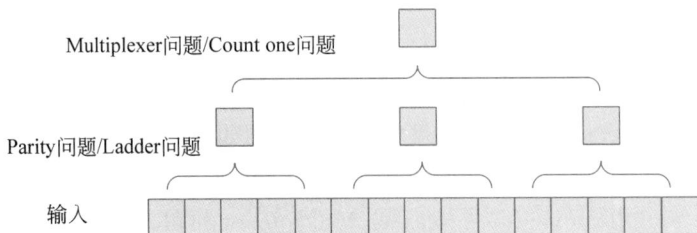

图 17-2 具有层级结构的构造问题

根据上面的介绍,本章实验所涉及的构造问题的基本信息如表 17-2 所示。对于构造的二分类问题,除了 MP-37、MP-70、PMP-3-6 和 POne-3-5 之外,训练和测试数据将覆盖构造问题所有的样本。而由于上述 4 个问题的样本空间比较大,算法在每轮迭代中将在这些问题的样本空间中随机采样一部分数据作为训练样本。对于上述 4 个问题,每轮迭代中训练样本的规模分别等于 1373、1574、1000 和 1000。

表 17-2 构造问题的基本信息

问 题	样 本 数	特 征 数	规则条件部分编码长度
MP-11(不包含或包含噪声)	2048	11	22
MP-20	1 048 576	20	40
MP-37	1.37×10^{11}	37	74
MP-70	1.18×10^{21}	70	140
PMP-2-6	4096	12	24
PMP-3-6	262 144	18	36
POne-2-5	1024	10	20
POne-3-5	32 768	15	30
LMP-2-2-6	4096	12	24
LMP-1-2-6	4096	12	24
LMP-3-3-6	262 144	18	36
LMP-2-3-6	262 144	18	36

2. 实际问题

除构造问题外,本章实验还在 UCI 数据集[248]中选取了 21 组二分类数据作为评估对象。这些数据集源于不同的实际应用领域,因此可以较好地反映分类算法在处理实际问题时的性能。这些数据集的基本信息如表 17-3 所示。

表 17-3　UCI 数据集的基本信息

数据集简称	数据集全称	样本数	特　征　数		
			离散类型	连续类型	总计
aus	Australian Credit	690	8	6	14
che	Chess	3196	36	0	36
cre	Credit Approval	690	9	6	15
dia	Diabetes	768	0	8	8
ger	German	1000	0	24	24
hab	Haberman	306	0	3	3
heart	Heart	270	8	5	13
hep	Hepatities	165	13	6	19
hill	Hill-Valley	1212	0	100	100
ion	Ionosphere	351	0	34	34
liv	Liver Disorders	345	0	6	6
monk	Monk's Problems	432	6	0	6
mush	Mushroom	8124	22	0	22
musk1	Musk Version 1	476	0	166	166
musk2	Musk Version 2	6598	0	166	166
par	Parkinsons	197	0	23	23
tic	Tic-Tac-Toe Endgame	958	9	0	9
tra	Transfusion	748	0	4	4
vote	Voting Records	425	16	0	16
wis91	Wisconsin(Jan，1991)	699	0	9	9
wis95	Wisconsin(Nov，1995)	569	0	30	30

17.7.2　比较对象

本章实验首先将提出的 pLCS_L1BOA 同现在最流行的 Pittsburgh 式学习分类器

GAssist 进行比较。同时，实验还比较了利用 BOA 实现算法 17-1 并将其整合到算法 17-3 中的结果。在本书后续部分，该算法记作 pLCS_BOA。此外，本章实验还选择了当前广泛使用的其他 5 种分类算法作为比较对象。这些算法的基本情况如表 17-4 所示。由于 WEKA 系统[250] 已经实现了这 5 种算法，因此本章实验将利用该系统获得这 5 种算法的相关结果。

表 17-4　作为比较对象的 5 种分类算法的基本情况

简称	名　　称	基 本 思 想
NB	朴素贝叶斯[54]	基于概率论的贝叶斯定理
C4.5	决策树[104]	基于树状结构和自顶向下的递归比较
PART	部分决策树（Partial Decision Trees）[251]	基于规则归纳和分治思想
SVM	支持向量机[252]	基于统计机器学习理论
KNN	k 近邻算法[57]	基于实例的学习思想

17.7.3　评价指标

本章的实验将从预测性能、训练开销以及结果复杂度等方面比较各分类算法。实验涉及的指标包括分类准确率、迭代次数、规则比较次数和分类器中的规则数。其中，第 1 项指标用于比较预测性能，第 2、3 项指标用于比较训练过程中的计算开销，第 4 项指标用于比较结果复杂度。需要指出的是，由于各个算法的实现语言、编译环境及操作系统不同，绝对运行时间无法准确、客观地反映各算法训练过程的计算开销，因此选择迭代次数、规则比较次数等指标对算法的训练开销进行比较。

1. 分类准确率

在本章的实验中，将以分类算法在测试样本上的分类准确率衡量该算法的预测水平。具体地说，分类算法首先在训练样本集上得到某个分类器。然后，该分类器对各测试样本进行分类，并判断预测类别与该样本标定的类别是否一致。分类算法的分类准确率定义为预测类别与标定类别一致的测试样本数与测试样本总数的比值。分类准确率越高，表明算法的预测性能越强。

2. 迭代次数

pLCS_L1BOA、pLCS_BOA 和 GAssist 在训练过程所需要的迭代次数是衡量其训练开销的重要指标。在本章中，判断训练过程结束的标准为：最近 100 轮迭代中算法对于训练样本的分类准确率没有提高。训练所需的迭代次数越少，表明算法在训练过程中的计算开销越低。

3. 规则比较次数

规则比较次数指在训练过程中分类器种群与训练样本进行比较的总次数。其中,判断某分类器中的一项规则与一条训练样本是否匹配的过程视为一次规则比较。之所以通过该指标评价算法的计算开销,是因为文献[253]指出在学习分类器的训练过程中,有65%～85%的计算开销用于规则与样本比较。另外,相比于迭代次数,该指标在更细粒度级别上反映了算法的计算开销。与迭代次数相同,该指标的数值越小,表明算法在训练过程中的计算开销越低。

4. 分类器中的规则数

对于 pLCS_L1BOA、pLCS_BOA 和 GAssist 而言,最终获得的分类器中包含的规则越多,表明该分类器越复杂。而分类器的复杂程度在很大程度上反映了其泛化性能的高低。在预测水平相同的情况下,该指标的数值越大,分类器的泛化性能越差。

17.7.4　参数设置

pLCS_L1BOA、pLCS_BOA 和 GAssist 的参数设置情况如表 17-5 所示。pLCS_L1BOA 和 pLCS_BOA 分别利用 L1BOA 和 BOA 实现规则进化时的参数设置,与表 16-1 所示的参数设置相同。由于 pLCS_L1BOA 和 pLCS_BOA 中没有变异操作,因此表 17-5 中的变异概率仅与 GAssist 相关。对于表 17-4 中的 5 种算法,将采用 WEKA 系统[250]的默认参数。本章的所有实验均采用了 5-交叉验证计算分类准确率,而 pLCS_L1BOA、pLCS_BOA 和 GAssist 的每项实验结果取 30 次运行结果的平均值,因此,对于一般的数据集,这 3 种算法都需要运行 150 次。

表 17-5　pLCS_L1BOA、pLCS_BOA 和 GAssist 的参数设置情况

参　　数	设　　置
规则初始化过程中编码为 1 的概率	0.90
规则集初始化中的规则数	20
规则集种群规模	200
规则粒度交叉概率	0.60
规则集进化中的选择方法	锦标赛选择
锦标赛个数	3
规则拼装的替换比例	0.50

续表

参　　　数	设　　置
两次规则进化之间的迭代次数	10
终止条件	算法收敛
变异概率(仅用于 GAssist)	0.60
贝叶斯网络节点链接数上限(仅用于 pLCS_BOA)	5

如果数据集涉及连续型特征,pLCS_L1BOA、pLCS_BOA 将采用 17.3 节介绍的基于 Chi2 算法的离散化方法对数据进行预处理。其中卡方检验的显著性水平分别取 0.1、0.01 和 0.001。最终的分类准确率取这 3 种设置中的最大值。而 GAssist 将采用文献[221] 提出的自适应离散化区间(Adaptive Discretization Interval,ADI)方法以及 17.3 节介绍 的离散化方法。其中,ADI 将采用区间数为 $\{5,10,15,20,25\}$ 的等宽度和等频率两种设 置对连续型特征进行离散化。GAssist 在每组数据集上最终的分类准确率取这 5 种情况 下的最大值。对于含有连续型特征的数据集,pLCS_L1BOA 和 pLCS_BOA 需要分别运 行 450 次,而 GAssist 需要运行 750 次。

17.8　实　验　结　果

17.8.1　构造问题

图 17-3 展示了在求解不同规模的 Multiplexer 问题时 pLCS_L1BOA、pLCS_BOA 和 GAssist 的性能差异[①]。当问题规模较小时,例如对于 MP-11、MP-20 和 MP-37 问题,3 种算法所最终获得的分类器的分类准确率都接近 100%。对于这些问题,与 GAssist 相 比,pLCS_L1BOA 和 pLCS_BOA 收敛时需要较少的规则比较次数,表明这两种算法训练 过程中的计算开销较小。当问题规模较大时,例如对于 MP-70 问题,GAssist 不能有效地 求解,而 pLCS_L1BOA 和 pLCS_BOA 的分类准确率则接近 100%。因此,对于不同规模 的 Multiplexer 问题,pLCS_L1BOA 和 pLCS_BOA 的性能优于 GAssist。另外,这 3 种算 法收敛所需的规则比较次数随着问题规模的增加而增加,表明 Multiplexer 问题的难度随 着其规模的增加而增加。

---

① 图 17-3(a)～(c)中,3 条曲线从上到下分别对应 pLCS_L1BOA、pLCS_BOA 和 GAssist;图 17-3(d)中,3 条曲 线从上到下分别对应 pLCS_BOA、pLCS_L1BOA 和 GAssist。

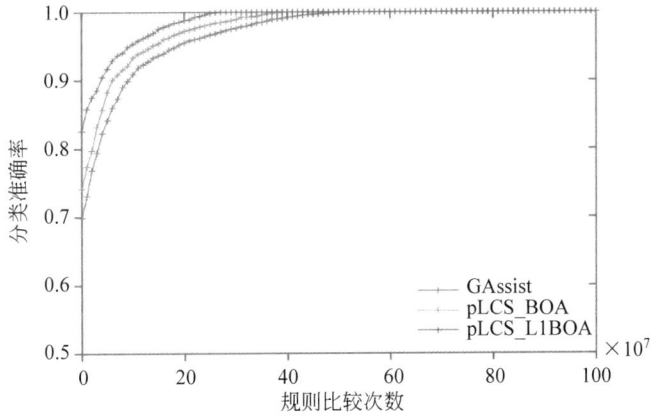

(a) Multiplexer-11问题

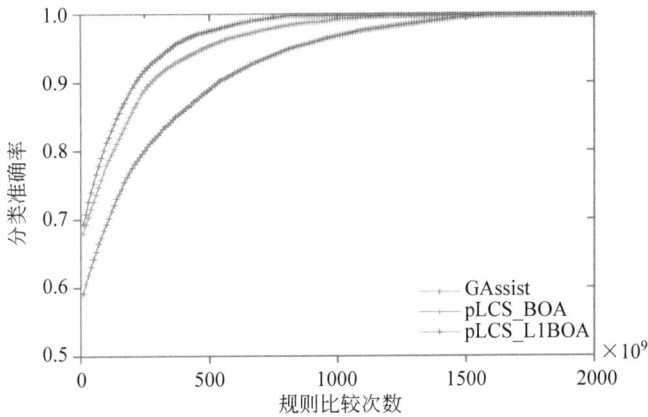

(b) Multiplexer-20问题

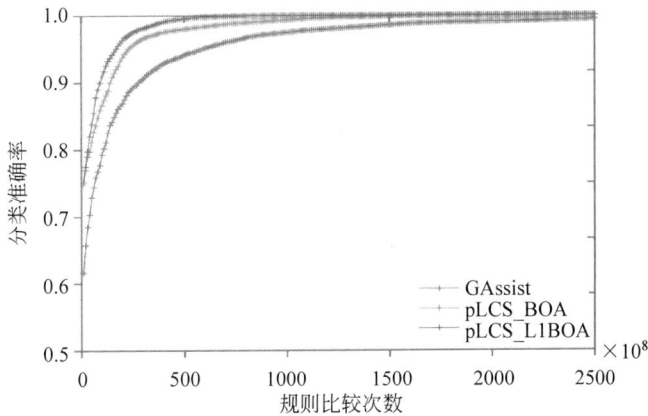

(c) Multiplexer-37问题

图 17-3　3 种算法在不同规模的 **Multiplexer** 问题上的性能比较

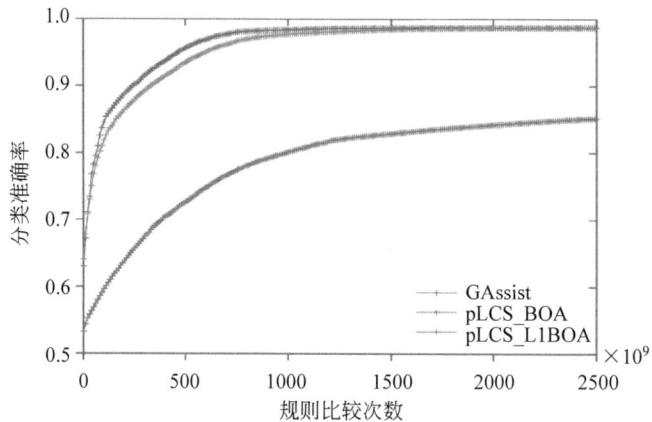

(d) Multiplexer-70问题

图 17-3　（续）

对于具有不同噪声水平的 MP-11 问题，3 种算法的实验结果如图 17-4 所示①。可以看到，图 17-4 所反映的算法间的收敛速度关系与图 17-3 相同，即 pLCS_L1BOA 和 pLCS_BOA 都快于 GAssist。同时，各种算法收敛时所需的规则比较次数都随着噪声水平的提高而增加；而各种算法获得分类器的分类准确率大致为 100% 减去问题的噪声水平。这表明，噪声水平在相当程度上表征了问题的复杂度，噪声水平越高，问题越复杂。

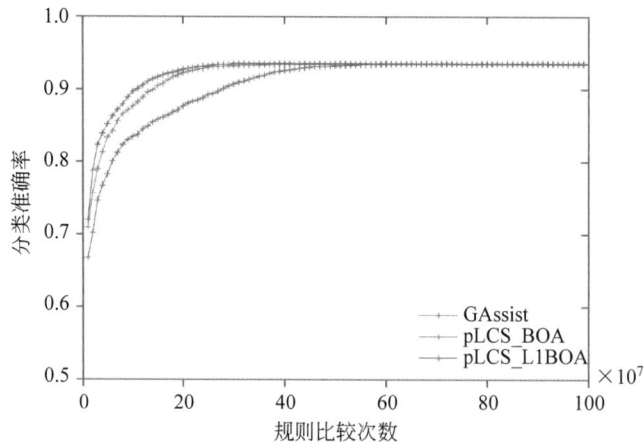

(a) p_n=0.05

图 17-4　3 种算法在具有不同噪声水平的 MP-11 问题上的性能比较

---

① 图 17-4 中，3 条曲线从上到下分别对应 pLCS_L1BOA、pLCS_BOA 和 GAssist。

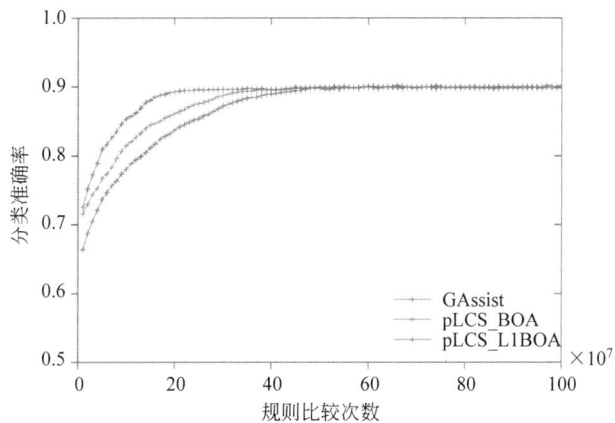

(b) $p_n=0.10$

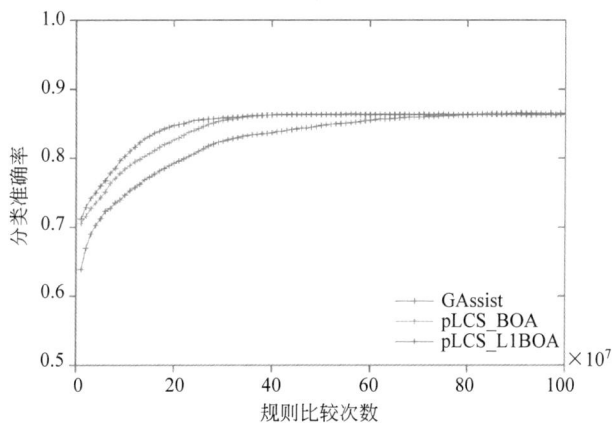

(c) $p_n=0.15$

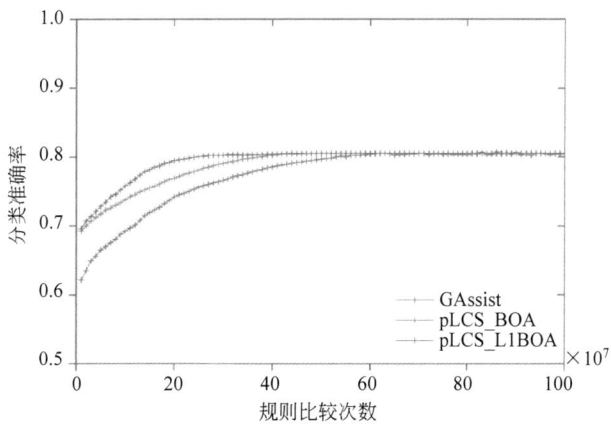

(d) $p_n=0.20$

图 17-4 （续）

  在复杂的层级问题上,3 种算法的性能比较结果如图 17-5 和图 17-6 所示[①]。与 Multiplexer 问题(包含或不包含噪声)上的实验结果基本相同,pLCS_L1BOA 和 pLCS_BOA 的收敛速度仍然快于 GAssist。当问题规模增大时,例如对于 POne-3-5 和 PMP-3-6 问题,本章提出的两种算法的分类准确率明显高于 GAssist,如图 17-5(c)、(d)所示。而当底层问题较为复杂时,例如对于 LMP-1-2-6 和 LMP-2-3-6 问题,pLCS_L1BOA 和 pLCS_BOA 在收敛速度上的优势更加明显,如图 17-6(b)、(d)所示。

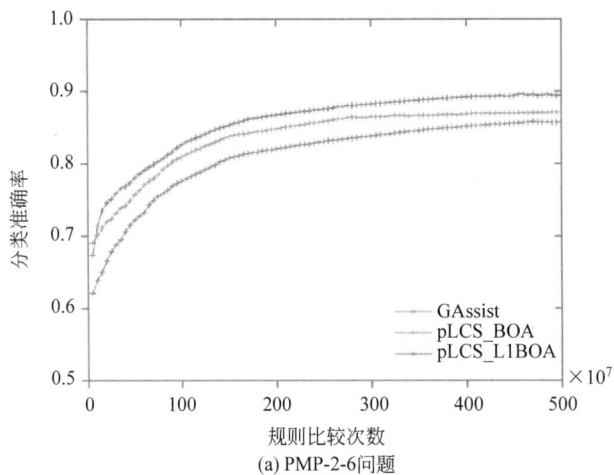

(a) PMP-2-6问题

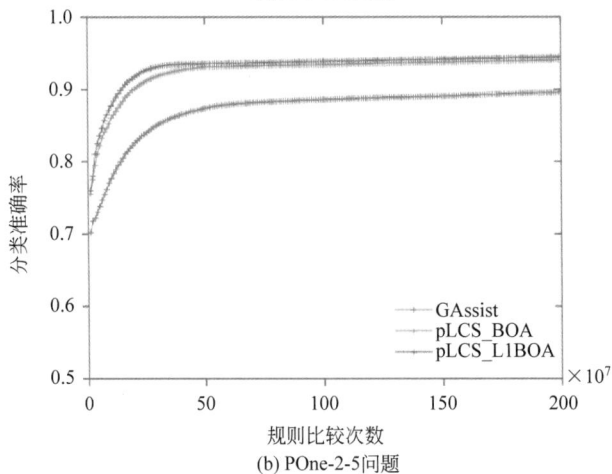

(b) POne-2-5问题

图 17-5 3 种算法在 PMP 和 POne 问题上的性能比较

---

 ① 图 17-5 和图 17-6 中,3 条曲线从上到下分别对应 pLCS_L1BOA、pLCS_BOA 和 GAssist。

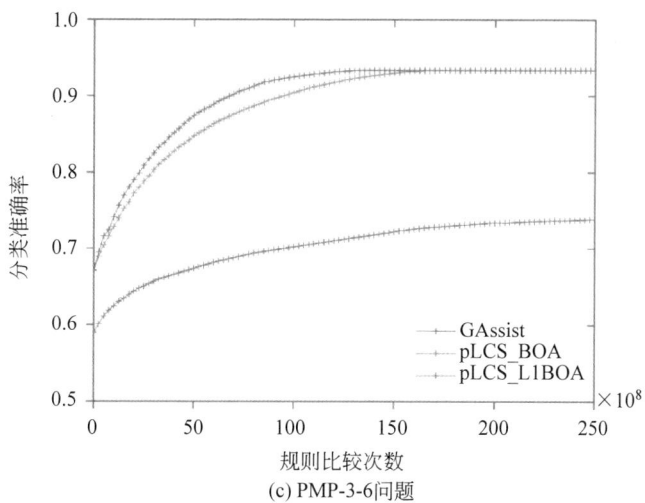

(c) PMP-3-6问题

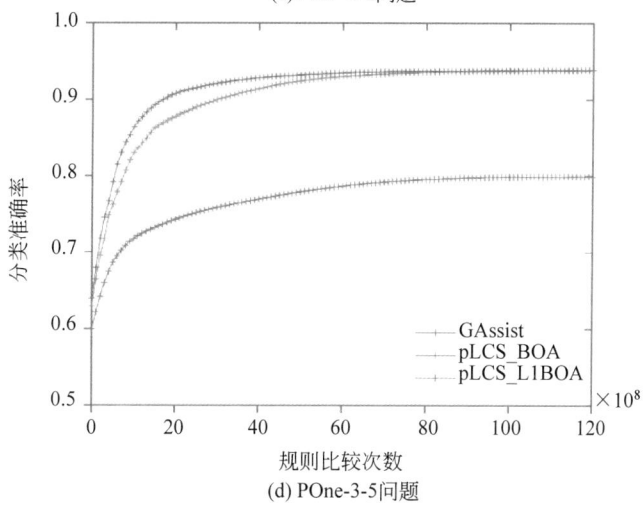

(d) POne-3-5问题

图 17-5 （续）

此外,从图17-3到图17-6中的结果可以看到,pLCS_L1BOA较pLCS_BOA的收敛速度更快。这一结果与第16章所得到的结果一致。由于L1BOA较BOA学习的贝叶斯网络结构能够更好地反映变量之间的链接关系,因此在通过贝叶斯网络对优势规则种群建模和采样实现规则进化的过程中,pLCS_L1BOA能够更有效地搜索规则空间,从而提高学习分类器的整体性能。

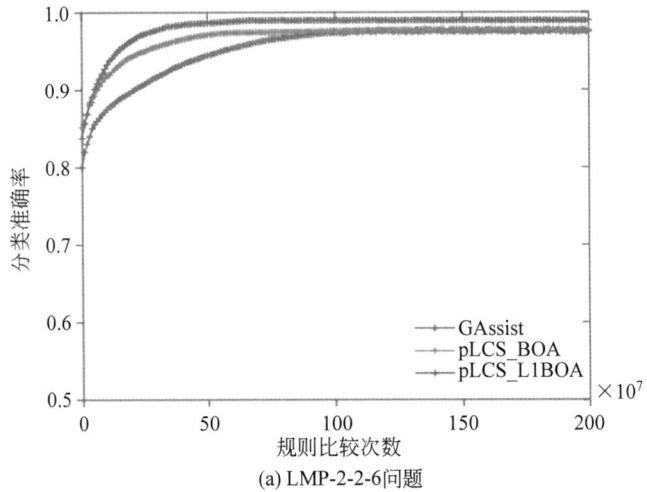

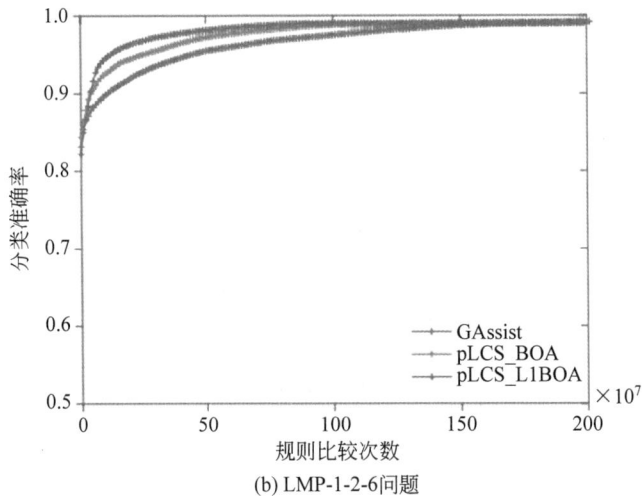

(a) LMP-2-2-6问题

(b) LMP-1-2-6问题

图 17-6　3种算法在 LMP 问题上的性能比较

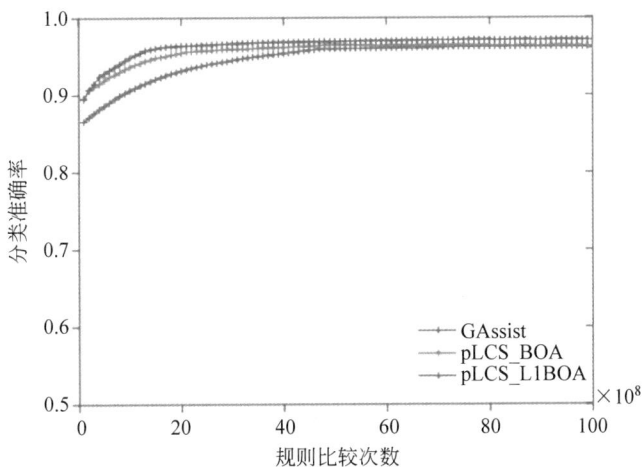

(c) LMP-3-3-6问题

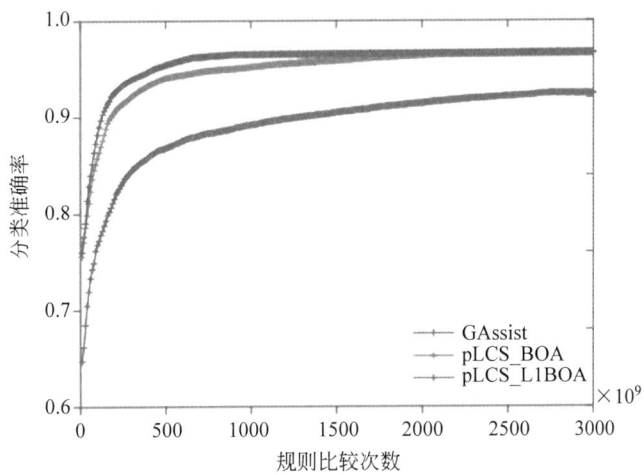

(d) LMP-2-3-6问题

图 17-6　（续）

表 17-6 展示了 GAssist、pLCS_BOA 和 pLCS_L1BOA 在构造问题上的分类准确率和分类器中的规则数目。其中,对于各项指标,加粗的数据表示在该数据集上获得的最优结果。可以看到,pLCS_L1BOA 和 pLCS_BOA 的分类准确率与 GAssist 基本相同。而对于一些问题,前两种算法还能获得更高的分类准确率。对于分类器所包含的规则数目,3 种算法也没有明显的区别。

3 种算法收敛时所需的迭代次数和规则比较次数如表 17-7 所示。这两项表征算法训练开销的指标显示出 pLCS_L1BOA 和 pLCS_BOA 的收敛速度明显快于 GAssist。总体上,与 GAssist 相比,pLCS_L1BOA 和 pLCS_BOA 在这两项指标上分别减少了30％和 15％左右。同时,实验还统计了每轮迭代中各算法所需的规则比较次数。根据表 17-7 所示的结果,与 GAssist 相比,pLCS_L1BOA 和 pLCS_BOA 需要在每轮迭代中进行更多的规则比较。这一结果符合 17.5.1 节的分析。尽管如此,由于 pLCS_L1BOA 和 pLCS_BOA 需要更少的迭代次数,因此它们在分类器进化过程中需要的规则比较总次数更少。

实验还分析了表 17-6 和表 17-7 所示结果的显著性差异。与 16.5.2 节相同,本章实验同样采用了参数化和非参数化两种显著性检验的方法,即 t 检验和威尔科克森符号秩检验[237]。显著性检验的结果如表 17-8 所示,其中显著性水平 α 设置为 0.05。表 17-8 中"结论"列各符号所表示的含义与表 16-3 中的相同。根据表 17-8 所示的结果可知,尽管每轮迭代中 pLCS_L1BOA 和 pLCS_BOA 的规则比较次数大于 GAssist,但前两者训练过程中所需的迭代次数和规则比较次数小于后者。对于分类准确率,pLCS_BOA 与 GAssist 之间没有统计意义上的差别。这意味着 pLCS_BOA 在不降低预测性能的基础上能够有效减少分类器的训练开销。对于 pLCS_L1BOA,由于其较 pLCS_BOA 在收敛时需要更少的迭代次数和规则比较次数,同时分类准确率显著高于 pLCS_BOA 和 GAssist,因此在 3 种算法中 pLCS_L1BOA 的性能最优。此外,3 种算法所获得的分类器的复杂度没有统计意义上的差别。

17.8.2 实际问题

本节以表 17-3 所示的 21 组 UCI 数据集为对象比较 pLCS_L1BOA、pLCS_BOA、GAssist 以及表 17-4 中 5 种算法之间的性能差异。这 8 种算法的分类准确率结果如表17-9 所示。其中最后两行显示了在求解各个数据集时 8 种算法的平均排名以及排名序号。为了进一步比较各算法的优劣,本节实验仍然采用了 t 检验和威尔科克森符号秩检验两种方法对表 17-9 中的结果进行显著性检验,结果如表 17-10 所示。

表 17-6 3 种算法在构造问题上的分类准确率及分类器中的规则数目

数据集	分类准确率/%			分类器中的规则数目		
	pLCS_L1BOA	pLCS_BOA	GAssist	pLCS_L1BOA	pLCS_BOA	GAssist
MP-11	**100.00±0.00**	**100.00±0.00**	**100.00±0.00**	9.53±0.67	9.62±0.87	9.34±0.94
MP-20	99.69±0.67	99.74±0.52	**99.89±0.89**	17.6±1.29	18.1±1.87	**17.3±1.48**
MP-37	**99.25±0.13**	99.14±0.35	98.70±1.57	43.8±4.27	34.9±5.23	48.7±4.49
MP-70	**98.93±1.24**	98.67±1.14		89.5±8.67	**82.8±9.47**	
MP-11($p_n=0.05$)	94.01±0.41	94.17±0.47	**94.42±0.54**	9.75±0.63	9.53±0.42	**9.34±0.78**
MP-11($p_n=0.10$)	**89.98±0.52**	89.31±0.46	89.95±0.74	9.59±0.74	9.68±0.50	**9.49±0.92**
MP-11($p_n=0.15$)	86.37±0.31	86.43±0.98	**86.94±0.53**	9.81±0.67	9.37±0.79	9.54±0.67
MP-11($p_n=0.20$)	80.25±1.23	80.59±1.43	**81.38±0.89**	9.58±0.67	9.83±0.73	9.41±0.63
PMP-2-6	**89.96±2.36**	87.02±2.14	85.93±2.34	41.7±3.62	**32.1±3.97**	36.2±3.20
POne-2-5	**94.09±2.03**	93.87±1.87	89.23±1.03	**28.8±3.74**	35.4±3.94	32.6±4.21
PMP-3-6	**93.13±2.64**	93.02±2.47	77.89±1.00	89.4±7.95	95.7±8.12	**86.0±7.46**
POne-3-5	**93.82±1.99**	93.68±2.75	80.49±0.93	73.2±5.36	**69.7±4.98**	76.0±5.67
LMP-2-2-6	**99.08±2.42**	98.01±1.93	98.37±2.97	15.1±0.92	15.5±1.34	**14.4±1.05**
LMP-1-2-6	98.30±1.80	**98.74±0.97**	98.59±1.03	11.8±1.09	12.3±1.30	**11.2±1.21**
LMP-3-3-6	**98.93±3.03**	96.52±2.65	98.38±3.14	9.59±0.94	**9.04±0.83**	9.37±0.76
LMP-2-3-6	**96.84±2.81**	96.52±2.01	92.50±1.82	**91.8±7.96**	99.3±8.45	94.9±8.76

表 17-7　3 种算法在构造问题上训练过程中的计算开销

数据集	迭代次数（×10）			规则比较次数（×10⁹）			每轮迭代中规则比较次数（×10⁶）		
	pLCS_LIBOA	pLCS_BOA	GAssist	pLCS_LIBOA	pLCS_BOA	GAssist	pLCS_LIBOA	pLCS_BOA	GAssist
MP-11	14.2±4.14	16.4±4.41	22.7±6.41	0.29±0.12	0.34±0.07	0.39±0.15	2.08±0.23	2.19±0.25	1.60±0.06
MP-20	43.2±17.3	45.7±18.6	110±21.6	846±247	982±221	1454±370	2264±433	2354±475	1129±345
MP-37	264±64.4	320±81.3	657±47.4	46.1±16.3	57.8±17.5	69.3±17.4	18.9±3.03	18.2±3.25	9.79±1.43
MP-70	1547±398	1840±451		759±164	958±175		50.6±12.1	49.5±14.6	
MP-11(p_n=0.05)	15.6±5.34	17.2±4.16	29.0±7.45	0.31±0.07	0.35±0.07	0.42±0.08	2.12±0.17	2.21±0.19	1.47±0.04
MP-11(p_n=0.10)	20.2±5.23	23.8±4.36	44.6±6.12	0.36±0.09	0.43±0.09	0.46±0.08	1.87±0.28	1.83±0.32	1.03±0.07
MP-11(p_n=0.15)	22.1±5.84	29.5±7.75	60.3±5.28	0.38±0.14	0.53±0.14	0.62±0.16	1.87±0.11	1.84±0.12	1.02±0.08
MP-11(p_n=0.20)	28.0±2.86	36.4±2.87	69.6±2.78	0.44±0.15	0.68±0.14	0.75±0.10	1.67±0.81	1.90±0.89	1.04±0.06
PMP-2-6	89.3±10.6	84.5±12.9	122±7.58	4.38±1.13	4.22±0.97	4.65±1.62	5.08±0.26	5.04±0.24	3.81±0.32
POne-2-5	34.2±8.67	38.2±9.88	89.7±14	1.02±0.16	1.15±0.11	1.42±0.28	3.02±1.16	3.12±1.13	1.57±0.11
PMP-3-6	61.7±21.2	67.6±20.4	267±34.5	11.2±4.23	12.1±3.18	23.4±5.74	19.2±1.19	20.3±1.21	8.38±1.21
POne-3-5	45.3±15.3	49.6±16.3	182±26.4	4.11±1.22	4.60±0.93	7.67±1.64	9.21±0.82	9.15±0.79	4.01±0.68
LMP-2-2-6	36.8±2.08	44.5±2.29	69.3±19.4	0.62±0.11	0.79±0.08	1.00±0.29	1.86±0.42	1.81±0.54	1.42±0.11
LMP-1-2-6	35.3±8.13	40±8.23	79.2±9.22	0.61±0.20	0.75±0.16	0.96±0.24	1.83±1.23	1.91±1.54	1.19±0.22
LMP-3-3-6	5.98±0.13	6.34±0.13	5.84±0.12	3.43±0.41	3.69±0.44	3.49±0.46	59.8±17.2	58.1±18.7	53.4±11.0
LMP-2-3-6	88.2±17.1	94.7±16.8	242±26.9	1875±77.2	2124±76.3	2473±83.6	2246±491	2334±518	986±133

表 17-8　3 种算法在构造问题上各项指标的显著性检验结果（$\alpha = 0.05$）

指标	比较对象	t-test	Wilcoxon test			结论
		p 值	W^+	W^-	p 值	
分类准确率	pLCS_BOA 与 GAssist	0.0543	65.5	39.5	0.1985	=
	pLCS_L1BOA 与 GAssist	0.0276	80	25	0.0394	⊕
	pLCS_L1BOA 与 pLCS_BOA	0.0381	92	28	0.0346	⊕
迭代次数	pLCS_BOA 与 GAssist	<0.0001	1	119	0.0004	⊖
	pLCS_L1BOA 与 GAssist	<0.0001	1	119	0.0004	⊖
	pLCS_L1BOA 与 pLCS_BOA	<0.0001	3	133	0.0004	⊖
规则比较次数	pLCS_BOA 与 GAssist	<0.0001	1	119	0.0004	⊖
	pLCS_L1BOA 与 GAssist	<0.0001	0	120	0.0003	⊖
	pLCS_L1BOA 与 pLCS_BOA	<0.0001	1	135	0.0004	⊖
每轮迭代中规则比较次数	pLCS_BOA 与 GAssist	<0.0001	120	0	0.0003	⊕
	pLCS_L1BOA 与 GAssist	<0.0001	120	0	0.0003	⊕
	pLCS_L1BOA 与 pLCS_BOA	0.0880	97	39	0.0668	=
规则数目	pLCS_BOA 与 GAssist	0.3906	75	45	0.1971	=
	pLCS_L1BOA 与 GAssist	0.2923	72	48	0.2476	=
	pLCS_L1BOA 与 pLCS_BOA	0.3514	72	64	0.4180	=

表 17-9 3 种算法在 UCI 数据集上的分类准确率

数据集	pLCS_LIBOA	pLCS_BOA	GAssist	NB	C4.5	PART	SVM	KNN
aus	86.09±2.31	86.23±1.97	85.80±1.42	81.59±2.44	85.65±2.48	80.87±3.92	71.30±3.75	**86.38±2.96**
che	97.38±1.04	96.32±1.26	96.85±1.39	87.98±1.10	99.34±0.39	99.00±0.55	**99.41±0.46**	96.28±0.91
cre	92.49±0.79	**87.42±2.09**	86.43±1.68	81.30±2.83	87.25±1.50	85.22±2.09	85.65±1.65	86.23±1.77
dia	73.30±2.21	73.73±1.89	73.05±2.01	75.38±4.77	72.39±4.01	72.52±4.05	**77.34±2.89**	73.28±3.15
ger	70.47±2.14	70.28±2.30	73.17±2.22	**74.20±2.25**	71.80±4.25	68.40±5.07	69.00±1.77	71.60±2.36
hab	**75.41±0.12**	**75.41±1.84**	74.54±2.72	73.52±9.11	71.25±5.82	72.23±7.28	71.90±7.59	70.91±8.86
heart	80.28±4.08	80.80±4.36	79.32±3.58	**83.70±6.60**	73.33±3.36	76.30±4.79	75.56±4.79	79.48±3.70
hep	83.97±3.21	**85.70±3.13**	83.66±5.22	84.52±6.99	76.77±10.05	80.65±7.57	77.42±14.96	82.58±8.41
hill	52.94±1.43	53.01±0.86	51.54±1.72	51.40±0.57	51.64±1.04	51.65±1.04	**55.67±2.64**	55.27±3.62
ion	91.18±2.40	**91.46±2.79**	89.62±3.48	90.73±4.09	90.41±4.77	90.05±3.16	85.96±4.44	85.23±4.00
liv	67.98±0.97	65.99±2.18	66.96±4.54	65.80±5.29	68.12±4.35	63.48±3.61	**69.28±5.16**	58.84±1.65
monk	**100.00±0.00**	99.83±1.19	98.32±3.37	75.00±0.68	**100.00±0.00**	99.53±1.04	**100.00±0.00**	**100.00±0.00**
mush	**100.00±0.00**	99.99±0.05	99.76±0.34	95.58±0.89	**100.00±0.00**	**100.00±0.00**	**100.00±0.00**	**100.00±0.00**
musk1	85.62±2.09	85.36±2.44	84.25±2.77	74.16±1.29	84.67±3.16	83.20±2.70	**88.26±2.47**	82.76±3.42
musk2	97.80±0.54	97.79±0.41	97.32±0.61	84.15±0.32	96.68±0.70	97.38±0.38	**98.83±0.11**	96.48±0.55
par	89.08±4.52	91.20±2.67	90.94±4.55	71.28±5.56	86.15±6.93	83.59±5.90	**92.31±2.92**	90.98±2.15
tic	96.58±0.93	**96.92±1.11**	96.58±1.78	70.77±3.08	83.93±3.43	94.78±2.74	96.03±1.31	95.75±0.28
tra	77.85±1.87	77.85±2.04	77.27±3.55	75.80±4.88	**78.75±3.59**	78.35±3.38	75.17±2.04	75.88±4.28
vote	**96.64±1.83**	96.13±1.92	96.24±1.98	90.34±4.85	96.32±2.74	96.32±2.74	94.48±1.50	93.33±3.29
wis91	94.86±0.65	95.18±1.10	95.11±1.34	**97.57±1.09**	93.85±1.64	94.85±1.84	92.09±1.81	96.19±1.16
wis95	93.91±1.65	93.65±1.54	93.68±1.31	94.73±1.65	93.32±2.20	94.20±1.59	**96.84±1.59**	96.56±1.07
平均排名	2.86	3.33	4.71	5.52	4.71	5.24	4	4.67
排名序号	1	2	5	8	5	7	3	4

表 17-10　3 种算法在 UCI 数据集上分类准确率的显著性检验结果（$\alpha=0.05$）

比 较 对 象	t-test	Wilcoxon test			结论
	p 值	W^+	W^-	p 值	
GAssist-NB	0.0056	182	49	0.0099	$\oplus$
GAssist-C4.5	0.0473	143	88	0.1653	$+$
GAssist-PART	0.0096	172.5	58.5	0.0228	$\oplus$
GAssist-SVM	0.1958	130	101	0.3012	$=$
GAssist-KNN	0.0881	151.5	79.5	0.1022	$=$
pLCS_BOA-GAssist	0.0309	184	47	0.0082	$\oplus$
pLCS_BOA-NB	0.0035	192	39	0.0037	$\oplus$
pLCS_BOA-C4.5	0.0211	170.5	60.5	0.0269	$\oplus$
pLCS_BOA-PART	0.0012	199	32	0.0018	$\oplus$
pLCS_BOA-SVM	0.1010	139.5	91.5	0.1971	$=$
pLCS_BOA-KNN	0.0176	173.5	57.5	0.0210	$\oplus$
pLCS_L1BOA-GAssist	0.0430	169.5	40.5	0.0080	$\oplus$
pLCS_L1BOA-pLCS_BOA	0.2940	97	93	0.4680	$=$
pLCS_L1BOA-NB	0.0029	189	42	0.0051	$\oplus$
pLCS_L1BOA-C4.5	0.0077	158	32	0.0056	$\oplus$
pLCS_L1BOA-PART	0.0005	192	18	0.0006	$\oplus$
pLCS_L1BOA-SVM	0.0715	127	63	0.0989	$=$
pLCS_L1BOA-KNN	0.0225	139	51	0.0383	$\oplus$

由表 17-9 最后两行的结果可以看到，在所有的 8 种算法中，pLCS_L1BOA、pLCS_BOA 和 SVM 的分类准确率排前 3 位。而表 17-10 所示的显著性检验结果表明，与 GAssist 相比，pLCS_L1BOA 和 pLCS_BOA 能够获得更高的分类准确率。与其他的 5 种方法相比，GAssist 的分类准确率仅显著高于 NB 和 PART。而 pLCS_L1BOA 和 pLCS_BOA 的分类准确率除与 SVM 没有统计意义上的差别之外，较其他 4 种方法（NB、C4.5、PART、KNN）则有着明显的优势。

与 17.8.1 节类似，本节的实验仍然通过迭代次数及规则比较次数分析 pLCS_L1BOA、pLCS_BOA 与 GAssist 在求解 UCI 各组数据集时的训练开销。根据表 17-11 所示的实验结果不难看出，对于 UCI 的各组数据集，最少的迭代次数和最少的规则比较次数（数据加黑以示区别）大部分由 pLCS_L1BOA 或 pLCS_BOA 得到。而每轮迭代中规则比较次数的最小值多数由 GAssist 取得。实验还进一步对表 17-11 中的数据进行了显著性检验，结果如表 17-12 所示。可以看到，对于迭代次数及规则比较次数两项指标，pLCS_L1BOA 的数值要显著小于 pLCS_BOA，两者又都同时显著小于 GAssist。这表明，

表 17-11　3 种算法在 UCI 数据集上训练过程中的计算开销

数据集	迭代次数（×10）			规则比较次数（×10^8）			每轮迭代中规则比较次数（×10^5）		
	pLCS_L1BOA	pLCS_BOA	GAssist	pLCS_L1BOA	pLCS_BOA	GAssist	pLCS_L1BOA	pLCS_BOA	GAssist
aus	30.5±9.95	75.6±12.3	107±13.5	1.23±0.43	2.81±0.71	1.96±0.22	4.47±0.98	3.61±0.84	1.73±0.32
che	32.7±9.77	33.6±7.12	36.7±10.8	3.81±1.18	3.34±1.35	3.91±1.26	13.8±2.54	18.5±3.61	10.8±2.12
cre	37.4±4.16	88.3±12.2	115±22.5	1.46±0.38	4.31±1.37	3.05±0.80	3.99±0.61	4.78±0.59	2.45±0.53
dia	24.9±9.41	25.7±7.22	63.7±12.9	0.94±0.21	1.09±0.47	1.30±0.12	3.89±0.88	4.12±0.85	2.04±0.92
ger	37.9±8.59	48.0±7.21	83.5±11.3	3.39±0.77	3.48±0.81	2.98±0.31	9.29±1.24	7.02±0.79	3.51±0.76
hab	8.34±2.60	12.1±41.8	64.9±8.46	0.05±0.01	0.29±0.11	0.46±0.15	0.94±0.21	2.19±0.26	0.70±0.17
heart	39.3±9.00	45.6±18.6	86.3±35.4	0.53±0.12	0.78±0.26	2.14±0.85	1.56±0.18	1.95±0.22	2.19±0.39
hep	4.50±1.25	7.80±3.74	32.6±12.3	0.04±0.01	0.09±0.05	0.28±0.07	0.98±0.17	1.25±0.33	0.86±0.05
hill	496±102	512±98.1	597±112	19.9±6.01	20.6±5.96	23.2±6.68	4.24±0.62	4.00±0.67	3.76±0.59
ion	14.3±5.36	8.66±2.15	32.9±9.01	0.25±0.09	0.27±0.11	0.32±0.12	2.01±0.64	3.12±0.53	0.91±0.14
liv	36.7±1.35	49.7±22.3	78.4±7.54	0.23±0.06	0.50±0.27	0.78±0.35	0.75±0.14	1.00±0.27	0.96±0.21
monk	5.33±1.49	3.74±1.03	11.3±6.88	0.14±0.03	0.12±0.02	0.13±0.08	2.84±0.54	3.41±0.65	1.17±0.08
mush	7.83±2.76	18.3±2.47	20.2±10.5	1.22±0.43	4.90±1.30	4.92±0.25	23.1±3.42	38.0±5.21	24.6±3.04
musk1	168±31.2	176±27.6	196±43.0	3.54±0.31	3.75±0.36	3.97±0.35	2.38±0.38	2.18±0.31	2.00±0.46
musk2	845±234	897±203	976±229	2036±304	2165±293	2317±323	274±46.8	237±44.9	213±41.1
par	18.3±4.20	19.5±9.80	27.4±9.49	0.14±0.04	0.13±0.07	0.16±0.06	0.89±0.21	0.75±0.29	0.61±0.24
tic	29.1±6.83	32.9±15.7	44.1±15.5	3.71±0.94	3.45±0.69	4.44±0.86	13.2±1.67	11.4±1.63	10.1±1.56
tra	4.26±1.02	7.64±1.42	53.8±13.3	0.11±0.02	0.29±0.06	0.78±1.29	2.69±0.36	3.70±0.41	1.37±0.36
vote	10.2±1.82	17.3±1.38	20.7±6.57	0.18±0.03	0.19±0.03	0.28±0.08	1.79±0.19	1.81±0.21	1.10±0.13
wis91	11.8±2.66	35.4±15.9	46.5±7.91	0.42±0.17	0.55±0.05	0.74±0.09	3.86±0.50	1.45±0.32	1.49±0.48
wis95	14.8±4.22	15.6±11.1	56.0±36.3	0.44±0.14	0.48±0.19	3.16±0.44	3.24±1.45	3.00±0.94	5.41±1.19

pLCS_L1BOA 的训练开销显著小于 pLCS_BOA，两者又都同时小于 GAssist。而对于每轮迭代中的规则比较次数，pLCS_L1BOA 与 pLCS_BOA 之间没有统计意义上的差别，而这两种算法都显著大于 GAssist。上述结果与 17.8.1 节中关于构造问题的实验结果一致。

表 17-12　3 种算法在 UCI 数据集上训练过程中计算开销的显著性检验结果（$\alpha=0.05$）

指标	比 较 对 象	t-test	Wilcoxon test			结论
		p 值	W^+	W^-	p 值	
迭代次数	pLCS_BOA 与 GAssist	<0.0001	0	231	<0.0001	⊖
	pLCS_L1BOA 与 GAssist	<0.0001	0	231	<0.0001	⊖
	pLCS_L1BOA 与 pLCS_BOA	0.0025	35	196	0.0025	⊖
规则比较次数	pLCS_BOA 与 GAssist	0.0048	42	189	0.0051	⊖
	pLCS_L1BOA 与 GAssist	<0.0001	8	223	0.0001	⊖
	pLCS_L1BOA 与 pLCS_BOA	0.001	38	193	0.0001	⊖
每轮迭代中规则比较次数	pLCS_BOA 与 GAssist	0.0042	192	39	0.0037	⊕
	pLCS_L1BOA 与 GAssist	0.0004	206	25	0.0008	⊕
	pLCS_L1BOA 与 pLCS_BOA	0.3183	86	145	0.1485	=

实验还比较了 pLCS_L1BOA、pLCS_BOA 和 GAssist 获得的分类器中的规则数目，结果如表 17-13 所示。本节实验也对该结果进行了显著性检验，结果如表 17-14 所示。不难看出，3 种算法获得的最终分类器中的规则数目没有统计意义上的区别，这表明各算法的结果复杂度基本相同。

表 17-13　3 种算法在 UCI 数据集上获得的分类器中的规则数目

数据集	pLCS_L1BOA	pLCS_BOA	GAssist
aus	7.58±1.17	8.56±0.26	6.32±0.34
che	7.34±1.19	7.12±0.33	7.70±0.22
cre	7.42±1.08	8.13±0.17	4.96±0.22
dia	6.83±1.80	5.96±0.22	7.35±0.28
ger	18.0±2.36	18.1±0.12	4.35±0.15
hab	2.25±0.62	2.48±0.11	3.91±0.11
heart	7.73±1.19	8.55±0.18	7.13±0.34
hep	3.67±0.78	3.17±0.17	3.56±0.16
hill	12.3±2.23	12.4±2.16	12.1±2.52

数据集	pLCS_L1BOA	pLCS_BOA	GAssist
ion	5.42±1.17	4.88±0.22	2.94±0.19
liv	5.00±0.43	5.14±0.23	5.24±0.17
monk	5.87±0.35	4.74±0.24	4.56±0.24
mush	4.42±0.79	4.33±0.12	4.72±0.23
musk1	12.1±2.14	12.3±2.61	11.2±2.18
musk2	46.3±6.47	44.3±6.12	47.2±6.23
par	4.58±0.67	4.25±0.19	4.02±0.09
tic	18.9±1.83	18.9±0.95	22.3±1.38
tra	2.42±0.52	2.74±0.13	4.12±0.13
vote	4.67±0.65	4.17±0.08	5.14±0.16
wis91	4.70±0.86	4.33±0.19	4.06±0.11
wis95	4.83±1.12	5.32±0.13	4.59±0.22

表 17-14　3 种算法在 UCI 数据集上获得的分类器中规则数目的显著性检验结果($\alpha = 0.05$)

比 较 对 象	t-test	Wilcoxon test			结论
	p 值	W^+	W^-	p 值	
pLCS_BOA 与 GAssist	0.2181	121	111	0.4172	$=$
pLCS_L1BOA 与 GAssist	0.1652	136	95	0.2327	$=$
pLCS_L1BOA 与 pLCS_BOA	0.2202	132	99	0.2773	$=$

17.8.3　参数敏感度分析

由于学习贝叶斯网络结构的计算开销较大,本章提出的算法在规则层次采用了间隔学习的策略构建贝叶斯网络(详细过程见 17.6 节的介绍)。而规则进化间隔的大小由算法 17-3 中的参数 κ 决定。本节将通过 PMP-2-6 问题和 POne-2-5 问题(见 17.7.1 节中的定义)分析该参数对 pLCS_L1BOA 性能的影响,结果如图 17-7 所示。其中左侧的 Y 轴表示对于不同的 κ,pLCS_L1BOA 训练过程的运算时间相对于 $\kappa = 10$ 时的倍数;右侧的 Y 轴表示对 κ 设置不同数值时 pLCS_L1BOA 训练过程需要的规则比较次数。从该实验结果可以看到,规则比较次数随着规则进化间隔的增加而增加,表明算法的训练开销随着规则进化间隔的增加而增加。之所以出现这样的现象,是因为较大的规则进化间隔意味着在分类器训练的过程中较少利用 L1BOA 实现规则进化,从而降低了 pLCS_L1BOA 的搜索效率。而如果规则进化间隔设置得过小,规则进化进行得过于频繁,那么算法消耗的运算时间将显著增加,这是由于学习贝叶斯网络结构的计算开销较大。根据图 17-7 所示的结果,当 $\kappa = 10$ 的时候,算法需要的运行时间最少。这种设置在保证规则进化效率的同时尽可能降低了学习贝叶斯网络结构对训练开销的负面影响。

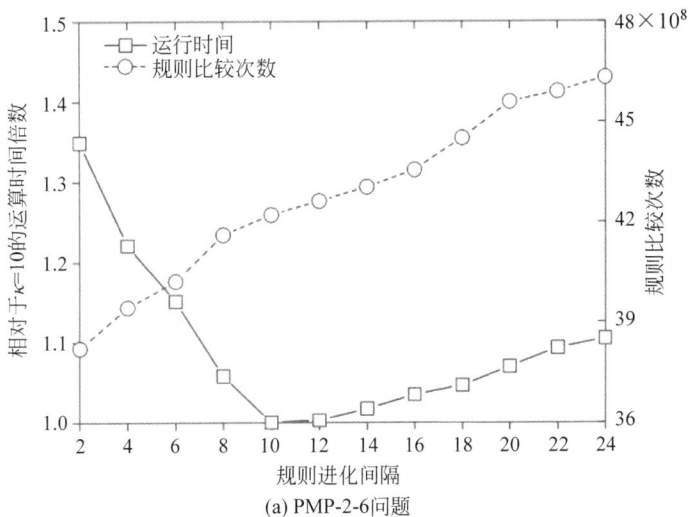

(a) PMP-2-6问题

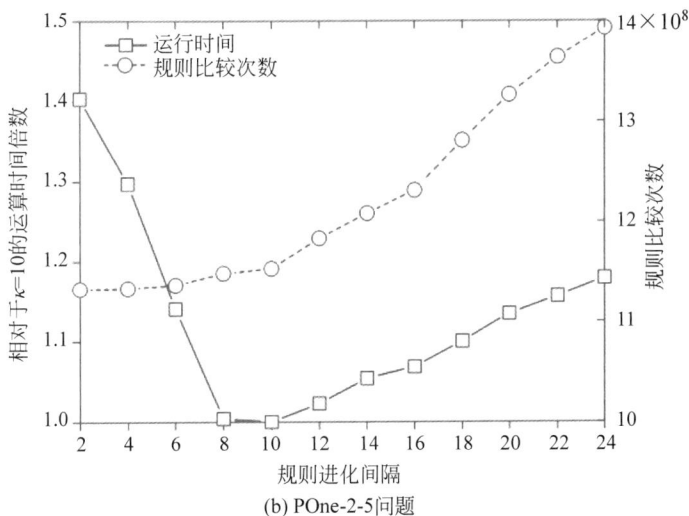

(b) POne-2-5问题

图 17-7　pLCS_L1BOA 的性能随规则进化间隔变化的情况

17.9 本章小结

对于学习分类器而言,在处理许多复杂问题(例如特征间紧密链接的问题)时,传统的遗传算子不能保证学习分类器对于规则空间的有效搜索。甚至在一些情况下,传统的遗传算子将破坏特征间的链接关系,导致学习分类器无法完成预期的求解任务。为了提高搜索效率,本章提出了基于分布估计算法的分类器进化算法。相比于现有的 Pittsburgh式学习分类器,该算法有以下 3 方面的特点:

(1) 将分类器的进化过程划分为规则进化和规则集进化两个层次,规则层次的进化过程利用 L1BOA 实现,规则集层次的进化过程保留已有的规则结构。上述的设计从不同层次提高了学习分类器对规则空间的搜索效率。

(2) 在规则进化的过程中,本章从特化和泛化两方面对规则的适应度进行考察。其中,特化性能和泛化性能分别通过规则在其适用范围内、外的分类准确率衡量,而规则的适应度则表示为这两项指标的加权和。由于这样的适应度能够更为准确地反映规则的预测性能,从而有助于提高规则的进化效率。

(3) 本章采用了与 GAssist 有本质区别的预测产生机制。在本章提出的算法中,分类器中的所有规则都需要同样本进行比较。如果与样本匹配的若干规则的预测结果不一致,分类器则采用特化性能最优的规则的预测结果。

为了评价算法的性能,本章从预测水平、训练开销和结果复杂度 3 方面对 pLCS_L1BOA、pLCS_BOA 和 GAssist 进行了比较。对构造的二分类问题和实际问题进行实验的结果表明:与 GAssist 和 pLCS_BOA 相比,pLCS_L1BOA 较能够以更少的迭代次数和规则比较次数获得更高的分类准确率;与其他当前被广泛采用的分类算法相比,pLCS_L1BOA 同样能够获得较好的分类效果。

第 18 章　面向学习分类器的嵌入式特征选择算法

18.1　概　　述

在许多实际的分类问题中,样本数据往往包含着与类别不相关的冗余特征。这些特征将对分类算法的预测性能和训练开销产生诸多不利的影响[60]。即使在不包含冗余特征的理想样本数据中,各个特征对类别分布的表征能力也有着明显的差异。因此,在样本数据的特征全集中选择最有利于分类器训练的特征子集,即特征选择技术,成为提高分类算法预测性能的有效途径之一。对于学习分类器,因为判断规则与样本是否匹配的过程占据了 65%～85% 的训练开销[253],而采用特征选择技术将减少规则与样本匹配过程中所涉及的特征数目,所以特征选择不仅能提高学习分类器的预测性能,还对减少其训练过程中的计算开销有着直接的积极意义。

在第 17 章提出的 pLCS_L1BOA 中,分类器的进化被分为规则和规则集两个层级。规则层次的进化过程通过建立表征优势规则分布的概率模型并对模型随机采样的方式实现。因此,pLCS_L1BOA 所获得的关于各个特征的统计信息及特征间的关联关系,将有助于在规则进化的同时从特征全集中挑选出更有效地描述类别分布的特征子集,从而提高其分类准确率,并减少其训练过程中的计算开销。

鉴于上述观察和分析,本章在第 17 章工作的基础上,提出了面向学习分类器的嵌入式特征选择算法。嵌入式包含了两层含义:①特征选择的过程被嵌入到规则进化的过程当中,从而使冗余特征在分类器训练的过程中被逐步删除;②特征选择所依据的统计信息不是来源于训练样本数据,而是来源于当前规则种群。具体地说,在每轮规则进化迭代中,该方法首先根据当前的规则种群计算各个特征的冗余度,并据此选择出待删除的特征;然后,根据当前建立的用于引导规则重组的贝叶斯网络计算各候选特征的马尔可夫毯(Markov blanket),考察特征间的关联关系,并据此决定最终所要删除的特征。通过对包含冗余特征的构造问题和实际问题进行的实验表明:整合了嵌入式特征选择算法的 pLCS_L1BOA(称为 pLCS_L1BOA_FR)较原有的 pLCS_L1BOA 分类准确率更高,训练过程的计算开销更少;与其他特征选择算法相比,在所选特征规模相同的情况下,嵌入式特征选择算法能够使 pLCS_L1BOA 获得更高的分类准确率。

本章内容组织如下：18.2 节简要介绍与本章相关的研究工作；18.3 节介绍本章提出的算法的整体框架；18.4 节详细讨论算法的各关键步骤；18.5 节介绍如何将特征选择算法嵌入规则进化的过程；18.6 节和 18.7 节介绍为评价本章提出的算法而设计的实验并对结果进行分析；18.8 节总结本章的主要内容。

18.2　本章相关工作

目前，根据特征选择算法与分类算法结合方式的不同，特征选择算法一般可以分为以下 3 类[254]：包装器式方法（wrapper method）[255]、过滤器式方法（filter method）[256]和嵌入式方法（embedded method）[257]。包装器式方法将特征选择视为组合优化问题。该类方法根据给定的分类器，在特征全集内比较各个特征子集所产生的预测水平，从而选择出预测性能最好的子集作为特征选择的结果。过滤器式方法将特征选择视为与训练分类器无关的样本数据预处理过程。该类方法首先按照某种测度计算训练样本中各个特征与类别之间的关联程度。随后，删除关联程度较弱的特征，从而达到特征选择的目的。较包装器式方法，过滤器式方法的计算效率更高，但往往获得的特征选择结果逊于包装器式方法。与前两类方法不同，嵌入式方法将特征选择过程与分类器的训练过程相融合。因此该类方法需要根据分类器的特点设计特征选择过程。

在现有的特征选择算法中，文献[96,258,259]等都采用了学习贝叶斯网络结构并在此基础上计算马尔可夫毯的方式。但是，这些方法都属于过滤器式方法。因此，它们都在训练分类器之前以数据预处理的形式完成特征选择任务。而在本章提出的算法中，特征选择被嵌入分类器训练的过程，因此冗余特征将在分类器进化的过程中被逐步删除。可见，本章提出的算法与上述文献中的算法有着本质的区别。另外，一些研究者针对学习分类器的自身特点也提出了其他的特征选择算法。对于 Michigan 式学习分类器，文献[260,261]提出了一种多种群协同进化的学习分类器——CoXCS（Cooperative Coevolution eXtended Classifier System，合作协同进化扩展分类器系统）。在 CoXCS 中，全体特征被划分为若干特征子集，而学习分类器中的分类器种群也被划分为若干相互独立的分类器子种群，这些分类器子种群在指定的特征子集中完成训练任务，从而实现特征选择的目的。对于 Pittsburgh 式学习分类器，文献[84]提出了一种基于变异算子的特征选择算法。虽然上述两项工作都是根据学习分类器自身特点设计特征选择过程，但是与本章的算法有着明显的区别：尽管 CoXCS 与本章算法都采用了嵌入式特征选择的设计思想，但 CoXCS 使用了协同进化的框架，其中的特征选择过程更接近于包装器式方法，而在本章提出的算法中，选取和删除冗余特征的过程与过滤器式方法更为类似；相较于文献[84]的工作,由于本章提出的算法采用分布估计算法实现规则重组,其中没有变异算子的参与,因此与文献[84]中的方法同样有着本质的区别。

18.3　算法框架介绍

根据第 17 章的介绍可知,在 pLCS_L1BOA 中,分类器的进化被分为规则和规则集两个层次。其中,规则层次的进化过程利用 L1BOA,以建立表征优势规则分布的贝叶斯网络并对其采样的方式实现。而本章提出的特征选择算法将嵌入规则进化的过程,其基本流程如图 18-1 所示。具体地说,该算法首先根据当前的规则种群计算各个特征的冗余度,并将冗余度较大的特征按照冗余度从大到小的顺序放入待删除特征队列 L。其次,根据在规则进化中已经建立的贝叶斯网络计算 L 中各个特征的马尔可夫毯。然后,按照 L 中的顺序依次将队首特征的马尔可夫毯所包含的各个特征从 L 中移除,即在特征全集中保留这些特征。最后,将 L 中所有剩余的特征从特征全集中删除。18.4 节将对上述各主要步骤进行详细讨论。

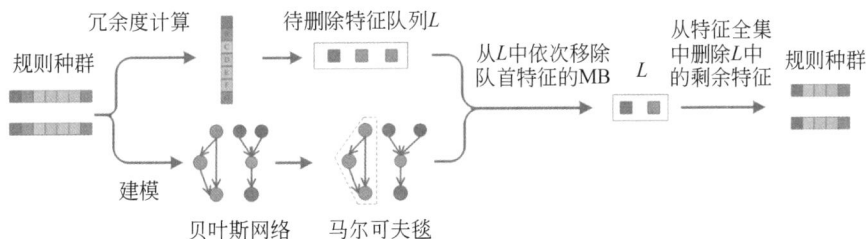

图 18-1　面向学习分类器的嵌入式特征选择算法的基本流程

18.4　嵌入式特征选择算法

18.4.1　特征冗余度计算

根据 17.3 节关于分类器知识表示方法的介绍,如果规则 r 中某个特征 F_i 可以选取 F_i 的所有可取值,同时并不影响到该规则的预测性能,那么特征 F_i 相对于规则 r 是冗余的。规则 r 条件部分中关于特征 F_i 的检查项 t_i 表示为 F_i 若干可取值的析取范式[见式(17-3)]。对 F_i 进行二进制编码时,如果特征 F_i 的某个可取值 f_i^j 属于 r 中该特征可取值的集合 $\mathrm{cover}(r, F_i)$,即 $f_i^j \in \mathrm{cover}(r, F_i)$,那么该可取值对应的编码为 1;反之,编码为 0[见式(17-4)]。当 t_i 的编码全部为 1 时,表明 r 中特征 F_i 可取值构成的集合与 F_i 所有可取值构成的集合相等,即 $\mathrm{cover}(r, F_i) = S_i$。这意味着,对于样本 x,无论其特征 F_i

如何取值,规则 r 对特征 F_i 的检查项取值均为真。根据式(17-2),此时规则 r 与样本 x 是否匹配与特征 F_i 无关。换句话说,在规则 r 中,特征 F_i 是冗余的。对于 17.3 节的例子,$r_{example}$ 与特征 A 无关,即特征 A 相对于 $r_{example}$ 是冗余的。根据上述讨论,一个特征检查项的编码是否全部为 1 是判断该特征相对于规则是否冗余(或者称规则与该特征无关)的充分条件。

由于学习分类器通过规则/规则集种群的进化训练分类器,因此某个特征相对于单独一项规则冗余,不足以说明该特征对于整个学习分类器也冗余。如果某个特征对于所有规则都冗余,那么该特征对于整个学习分类器的预测性能不会有任何贡献。在实际问题中,这样的情况不容易出现。一般,某个特征的冗余性将会反映在规则种群的部分规则中。因此,可以根据与特征 F_i 无关的规则在规则种群中所占的比例度量特征 F_i 的冗余度,即

$$r(F_i) = \alpha(F_i)/N \tag{18-1}$$

其中,$\alpha(F_i)$ 和 N 分别表示与特征 F_i 无关的规则数和规则种群的规模。在本章提出的算法中,将根据优选后的规则种群计算各特征的冗余度,因此 N 表示优选后的种群规模。

根据式(18-1),如果特征 F_i 的冗余度大于某个阈值 $\tau(0 \leqslant \tau \leqslant 1)$,那么该特征即被视为待删除的候选特征。所有候选特征将根据其冗余度并按照从大到小的顺序依次放入队列 L 中,即 $L = \{F_i | r(F_i) > \tau\}$。最终删除的冗余特征将从 L 中产生。

用于判别待删除特征的阈值 τ 应当大于或等于规则初始化过程中编码取 1 的概率 p_{one},即 $\tau \geqslant p_{one}$。这是因为,规则在初始化并经过若干轮迭代后,如果某个特征的冗余度小于 p_{one},那么该特征若干可取值所对应的编码整体上从 1 变为 0。这样的变化意味着在规则种群中该特征的不同可取值能够较好地反映样本所属的类别。换句话说,该特征对于类别分布有着较强的表征能力。反之,在规则进化的过程中,如果某个特征的冗余度大于或等于 p_{one},那么该特征对应的编码在初始化后从 0 逐渐变为 1。这表明,在规则种群中该特征的不同取值对类别的表征能力基本一致。由于其描述类别分布的能力有限,这样的特征应当被视为冗余特征。综合上述分析,为了在特征选择的过程中保留具有较强的表征类别分布能力的特征,应当有 $\tau \geqslant p_{one}$。

18.4.2 特征关联度计算

根据 18.4.1 节的介绍可知,在计算各个特征冗余度并获得待删除的候选特征后,需要从队列 L 中选择最终需要删除的特征。在理想情况下,最终删除的冗余特征包括两种情况。

第一种情况是:特征 F_i 对描述类别的分布有贡献,但是由于与其他特征所表达的信息重复,因此该特征相对于其他某些特征冗余。此时,如果在删除该特征的同时也删除了

其他表达重复信息的特征,那么将导致分类器的预测性能下降。为了避免上述情况发生,需要确定特征间的关联关系。具体地说,对于 L 中的各个特征 F_i,需要在全体特征中寻找与之存在关联关系的特征集合 $\mathrm{RS}(F_i)$。如果 $V = \mathrm{RS}(F_i) \bigcap L \neq \varnothing$,那么需要将 V 所含的特征从 L 中移除,即在全体特征集合中保留 V 所含的特征。

第二种情况是:特征 F_i 对描述类别的分布没有贡献,因此该特征相对于特征全集冗余。此时,直接删除该特征不会对分类器的预测性能产生不利影响。

需要指出的是,如果特征 F_i 与其他特征相互独立,即 $\mathrm{RS}(F_i) = \varnothing$,那么 $\mathrm{RS}(F_i) \bigcap L = \varnothing$,此时按照第一种情况处理,队列 L 不会发生变化;如果特征 F_i 与某些特征关联,即 $\mathrm{RS}(F_i) \neq \varnothing$,那么按照第二种情况处理,同样不会对预测性能产生负面影响。可见,在产生待删除的候选特征后,需要明确特征间的关联关系,从而避免特征选择对预测性能可能产生的不利影响。

为了确定特征间的关联关系,计算特征的 Markov Blanket(MB)[96] 是最为常用的方法之一。某个特征的 MB 是使得该特征与 MB 外其他特征条件独立的特征子集[262]。换句话说,对于某一特征 F_i,特征全集 S_{F} 上的子集 $M_i(F_i \notin M_i)$ 是 F_i 的 MB 当且仅当在 M_i 条件下 F_i 和 $S_{\mathrm{F}} - M_i - \{F_i\}$ 独立[148]。

$$p(S_{\mathrm{F}} - M_i - \{F_i\} \mid \{F_i\}, M_i) = p(S_{\mathrm{F}} - M_i - \{F_i\} \mid M_i) \qquad (18\text{-}2)$$

对于特征选择而言,MB 表示了与目标特征强关联的特征集合。这些特征包含了所有与目标特征相关的信息,且这些信息不能从其他特征获得[97,258]。而在贝叶斯网络中,某个节点的 MB 包括该节点的父节点、该节点的子节点以及该节点子节点的其他父节点[259]。假设贝叶斯网络结构如图 18-2 所示,那么,节点 a_1 的 MB 包括 b_2、c_1、e_1 和 e_3,节点 a_2 的 MB 包括 b_3、c_4 和 f_3。

根据 17.4.2 节的介绍,规则进化过程中建立了用于描述特征间关系的贝叶斯网络,并据此引导规则的重组。因此,可以根据该网络计算各个特征的 MB,从而使得已知的关于特征的统计信息得到充分利用。但是,在规则重组过程所建立的贝叶斯网络中,每个节点对应某个特征的一个可取值,所以

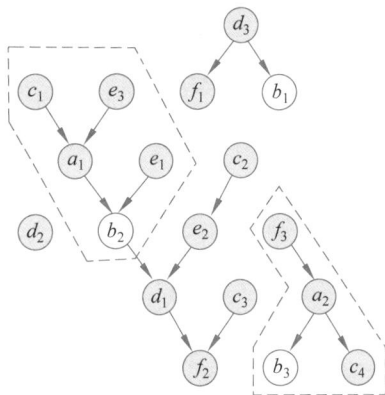

图 18-2　贝叶斯网络结构示例

无法从贝叶斯网络直接得到各个特征的 MB。在本章中,特征 F_i 的 MB[记作 $\mathrm{MB}(F_i)$] 将在其所有可取值的 MB 并集 $\mathrm{MB}_{\mathrm{joint}}$ 的基础上产生。由于 $\mathrm{MB}_{\mathrm{joint}}$ 仍然由若干特征的可取值组成,所以将 $\mathrm{MB}_{\mathrm{joint}}$ 中各可取值所属的特征构成的集合作为 $\mathrm{MB}(F_i)$。随后,从 L 中除去 $\mathrm{MB}(F_i)$ 中的各个特征,从而在特征全集中保留这些特征。之所以采取这样的策略,是

因为在本章提出的特征选择算法中被误删除的特征无法挽回,而未被删除的冗余特征却可以在后续的特征选择过程中被删除。综合上述分析,根据规则进化过程得到的贝叶斯网络,特征 F_i 的 MB 为

$$MB(F_i) = \{F_j \mid S_j \bigcap MB_{joint}(F_i) \neq \varnothing\} \tag{18-3}$$

其中,S_j 表示特征 F_j 的所有可取值构成的集合,$MB_{joint}(F_i)$ 表示特征 F_i 各个可取值 f 的 MB 的并集,即

$$MB_{joint}(F_i) = \bigcup_{f \in S_i} MB(f) \tag{18-4}$$

仍然以图 18-2 所示的贝叶斯网络为例,其中字母相同的节点表示同一特征的不同可取值(例如 a_1 和 a_2 分别表示特征 A 的两个可取值)。由于 $MB(a_1) = \{b_2, c_1, e_1, e_3\}$,$MB(a_2) = \{b_3, c_4, f_3\}$,所以特征 A 的 MB 包括特征 B、C、E 和 F。

18.5　特征选择与学习分类器整合

根据 18.4.1 节和 18.4.2 节的介绍,本章提出的面向学习分类器的嵌入式特征选择算法的基本流程如算法 18-1 所示。其中第 1~5 行用于计算各个特征的冗余度,并产生用于保存待删除特征的队列 L;第 6~14 行展示了如何根据描述当前规则种群中变量链接关系的贝叶斯网络确定最终要删除的特征。

算法 18-1　嵌入式特征选择算法 $fs(P_r, \mathfrak{B}, \mathfrak{D})$

输入:规则种群 P_r,贝叶斯网络 $\mathfrak{B}$,样本数据 $\mathfrak{D}$
输出:冗余特征集合 Redu

1:　Redu←$\varnothing$
2:　**for** $\mathfrak{D}$ 中的特征 F_i **do**
3:　　　根据 P_r 由式(18-1)计算特征冗余度 $r(F_i)$
4:　**end for**
5:　$L \leftarrow \{F_i \mid r(F_i) > \tau\}$
6:　**if** $L \neq \varnothing$ **then**
7:　　　按照特征冗余度对 L 中的特征按降序排列
8:　　　**repeat**
9:　　　　　$F' \leftarrow L$ 队首特征
10:　　　　根据 $\mathfrak{B}$ 由式(18-3)计算 $MB_{F'}$
11:　　　　$L \leftarrow L$ $MB_{F'}\{F'\}$
12:　　　　Redu←Redu$\bigcup\{F'\}$
13:　　　**until** $L = \varnothing$
14:　**end if**
15:　**return** Redu

将算法 18-1 嵌入规则进化过程,进而与学习分类器框架整合时,需要明确如何将特征选择结果传递给规则种群。或者说,当算法 18-1 已经产生了需要删除的冗余特征时,如何确定删除冗余特征的时机。一种简单的方法是在算法 18-1 执行后立即移除规则中代表冗余特征各可取值的布尔变量,从而在新规则产生(即对贝叶斯网络采样)之前删除冗余特征。此时,由于冗余特征不参与贝叶斯网络的采样过程,所以产生子代规则的计算开销在最大程度上得到约简。但是,这样的策略将破坏贝叶斯网络的采样过程。这是因为 pLCS_L1BOA 及 pLCS_BOA 采用前向采样方法[216]随机对贝叶斯网络采样以产生新规则(见 17.4.2 节)。如果冗余特征在此之前被删除,那么贝叶斯网络中表示特征可取值的节点之间的拓扑顺序将出现断裂,进而破坏各个节点的条件分布概率表,导致采样过程无法顺利进行。因此,本章在利用算法 18-1 产生冗余特征后,将冗余特征保留至贝叶斯网络采样过程完毕。换句话说,在利用贝叶斯网络引导规则重组的过程中,网络结构保持不变。随后,在将规则拼装成规则集之前,即执行算法 18-2 之前,将冗余特征从所用规则中删除。根据上述讨论,将特征选择过程嵌入第 17 章提出的算法 17-1 中,得到算法 18-2。其中第 5 行和第 7 行分别表示冗余特征的选择和删除过程。

算法 18-2　嵌入特征选择的规则进化算法 ruleEvo_FR(P_{rs}, $\mathfrak{D}$)

输入：规则集种群 P_{rs},样本数据 $\mathfrak{D}$
输出：规则集种群 P_r
1：$P_r \leftarrow \{r \mid r \in rs_i, rs_i \in P_{rs}\}$
2：根据 $\mathfrak{D}$ 由式(17-9)评价 P_r 中的各个规则
3：$S \leftarrow P_g$ 中的优势规则
4：$\mathfrak{B} \leftarrow$ 根据 S 学习贝叶斯网络结构
5：$Redu \leftarrow f_s(P_r, \mathfrak{B}, \mathfrak{D})$
6：$O \leftarrow$ 对 $\mathfrak{B}$ 采样
7：删除 $Redu$ 中的所有规则
8：根据式(17-9)评价 O 中的各个规则集
9：$P_r \leftarrow$ 根据 O 利用 RTR 更新 P_r
10：**return** P_r

综合上述分析,整合嵌入式特征选择算法的 pLCS_L1BOA 和 pLCS_BOA(分别称为 pLCS_L1BOA_FR 和 pLCS_BOA_FR)整体流程如算法 18-3 所示。算法 18-3 与算法 17-3 的主要区别在第 6 行(其细节见算法 18-2)。需要指出的是,由于特征选择嵌入在规则进化的过程中,根据 17.6 节的介绍,规则进化每隔若干轮迭代进行一次,因此算法 18-1 也将每隔若干轮迭代执行一次。

算法 18-3 pLCS_L1BOA_FR 和 pLCS_BOA_FR 算法

输入：样本数据 $\mathfrak{D}$

1: $t \leftarrow 0$

2: $P_{\mathrm{rs}}^{t} \leftarrow$ 随机生成规则集种群

3: 评价 P_{rs}^{t} 中的各个规则集

4: **repeat**

5: **if** $\mathrm{mod}(t, \mathrm{inter}) = 0$ **then**

6: $\qquad P_{t} \leftarrow \mathrm{ruleEvo\_FR}(P_{\mathrm{rs}}^{t}, \mathfrak{D})$

7: $\qquad P_{\mathrm{rs}}^{t} \leftarrow \mathrm{ass}(P_{\mathrm{rs}}^{t}, P_{r}, \mathfrak{D})$

8: **end if**

9: $P_{\mathrm{rs}}^{t+1} \leftarrow$ 评价并重组 P_{rs}^{t}

10: $t \leftarrow t + 1$

11: **until** 满足结束条件

12: P_{rs}^{t} 中性能最优的规则集被视为最终的分类器

18.6 实验设置

18.6.1 测试数据

为了对本章提出的嵌入式特征选择算法进行评价，本章根据 17.7.1 节中介绍的 Multiplexer 问题设计了带冗余特征的 Multiplexer 问题（Redundant Multiplexer Problem，RMP）。其输入为

$$A_{k-1} \cdots A_{1} A_{0} D_{2^{k}-1} \cdots D_{1} D_{0} R_{r-1} \cdots R_{1} R_{0} \tag{18-5}$$

其中，$A_i (0 \leqslant i < k)$ 和 $D_i (0 \leqslant i < 2^k)$ 的意义以及输出的判断方法均与 Multiplexer 问题相同；而式(18-5)中 $R_i (0 \leqslant i < r)$ 表示冗余位，各冗余位的值随机取 0 或 1，但是它们不影响输出结果。本章实验将在 MP-11 问题的基础上构造含有 $r = \{11, 22, 44, 88, 176\}$ 位冗余特征的 RMP 问题，其中含有 r 位冗余特征的 MP-11 问题表示为 RMP-11-r。实验所涉及的 RMP 问题的基本信息如表 18-1 所示。除了 RMP 问题外，本章实验仍然选取了 17.7.1 节所介绍的 21 组 UCI 数据集（见表 17-3）作为评价对象。

表 18-1 RMP 问题的基本信息

数 据 集	样 本 数	特 征 数	冗余特征数
MP-11	2048	11	0
RMP-11-11	2048	22	11
RMP-11-22	2048	33	22

数　据　集	样　本　数	特　征　数	冗余特征数
RMP-11-44	2048	55	44
RMP-11-88	2048	99	88
RMP-11-176	2048	187	176

18.6.2　比较对象

除了代表 Pittsburgh 式学习分类器的 GAssist 之外,本章实验仍然选取了 18.7.2 节中的 5 种经典分类算法(见表 17-4)作为比较对象。另外,本章实验还选取了两种目前广泛使用的过滤式特征选择算法:InfoGain[57] 和 Relief[263]。其中,InfoGain 算法利用信息论的相关概念,通过特征的信息增益值评价特征与类别的相关度,信息增益值低的特征将被视为冗余特征。而 ReliefF 算法则通过特征对同类别样本点的聚集程度评价特征的冗余度。利用该算法进行特征选择后,同类别样本点将在特征空间内尽量接近,而不同类别的样本点将彼此远离。

18.6.3　评价指标

本章实验除使用 17.7.3 节中介绍的 4 个指标外,还使用特征比较次数和特征约简率两个指标。其中,前一个指标用于进一步分析学习分类器训练过程中的计算开销,而后一个指标用于评价算法的特征选择性能。

1. 特征比较次数

由 17.3 节的介绍可知,Pittsburgh 式学习分类器中每项规则的条件部分由若干特征检查项组成[如式(17-2)所示]。因此,判断某项规则与样本是否匹配,需要逐一判断规则中各个特征所对应的检查项与样本中该特征取值的匹配状况。在本章实验中,上述针对某一个特征的判断过程称为特征比较。本章实验将统计训练过程中学习分类器进行特征比较的总次数。该数值越小,表明算法的训练开销越小。17.7.3 节使用了规则比较,一次规则比较包括若干次特征比较,如图 18-3 所示。因此,相比于规则比较次数,特征比较次数将在更细粒度上反映训练过程的计算开销。而规则比较次数的粒度又比迭代次数细,所以在 3 种表征训练过程计算开销的指标中,特征比较次数的粒度最细,这意味着该指标对于训练开销的分析和比较更具说服力。需要指出的是,对于不带特征选择的算法,包括 pLCS_L1BOA、pLCS_BOA 以及 GAssist,其特征比较次数等于规则比较次数与特征数的乘积。

2. 特征约简率

特征约简率反映 pLCS_L1BOA_FR 和 pLCS_BOA_FR 删除冗余特征的能力。其数

图 18-3　规则比较与特征比较的关系

值等于训练过程中算法删除的特征数目与特征总数的比值。在获得相同分类准确率的情况下,特征约简率越高,表明算法删除冗余特征的能力越强。

18.6.4　参数设置

在 pLCS_L1BOA_FR 和 pLCS_BOA_FR 中,特征冗余度的阈值[①]设置为 $\tau = 0.90$。这两种算法中其他参数的设置情况分别与 pLCS_L1BOA 和 pLCS_BOA 相同,具体信息详见表 17-5。

18.7　实　验　结　果

18.7.1　构造问题

对于 RMP 问题,各算法的分类准确率结果如表 18-2 所示。可以看出,对于 RMP 问题,pLCS_L1BOA 和 pLCS_BOA 在整合嵌入式特征选择算法后,其分类准确率都明显提高。而分类准确率的提高程度随着问题中冗余特征数目的增加而增加。这表明,当处理包含冗余特征的分类问题时,嵌入式特征选择算法能够有效提高 pLCS_L1BOA 和 pLCS_BOA 的预测性能。同时,由表 18-2 列出的关于分类器中的规则数目的结果可知,这些算法在 RMP 问题上的结果复杂度没有明显的区别。

表 18-2　在 RMP 问题上各算法的分类准确率与获得的分类器中的规则数目

指标	数据集	GAssist	pLCS_BOA	pLCS_BOA_FR	pLCS_L1BOA	pLCS_L1BOA_FR
分类准确率	MP-11	**100.00±0.00**	**100.00±0.00**	**100.00±0.00**	**100.00±0.00**	**100.00±0.00**
	RMP-11-11	98.23±1.42	98.75±1.97	**98.89±2.35**	98.64±2.12	98.81±1.89
	RMP-11-22	94.03±1.39	94.20±1.26	**95.29±1.54**	94.72±1.33	95.13±1.58
	RMP-11-44	89.64±1.68	89.42±2.09	91.02±1.84	89.87±1.63	**91.21±1.87**
	RMP-11-88	85.05±2.01	84.93±1.89	**87.79±2.31**	84.72±1.10	87.43±1.74
	RMP-11-176	82.17±2.22	82.28±2.30	85.92±1.55	82.64±1.47	**86.03±1.68**

---

① 关于该参数的分析见 18.7.3 节的介绍。

续表

指标	数据集	GAssist	pLCS_BOA	pLCS_BOA_FR	pLCS_L1BOA	pLCS_L1BOA_FR
规则数目	MP-11	**9.34±0.94**	9.62±0.87	9.53±0.67	9.72±0.84	9.67±0.90
	RMP-11-11	**9.53±1.03**	9.85±1.29	9.89±1.12	9.64±2.12	9.98±1.24
	RMP-11-22	10.7±1.39	11.2±1.26	10.9±1.47	**9.79±1.73**	10.1±1.23
	RMP-11-44	12.6±1.82	13.4±1.91	12.9±1.84	**11.8±1.85**	13.2±1.49
	RMP-11-88	14.9±1.60	**14.0±1.89**	15.7±1.61	14.7±1.72	15.4±1.97
	RMP-11-176	16.3±1.79	17.4±12.0	**15.9±1.69**	17.0±1.96	16.7±1.78

表 18-3 显示了在 RMP 问题上各算法在训练过程中所需的迭代次数、规则比较次数和特征比较次数。通过这些实验结果不难看出，嵌入式特征选择算法并没有显著降低迭代次数和规则比较次数两个指标。但是对于每个 RMP 问题，pLCS_L1BOA 和 pLCS_BOA 在整合嵌入式特征选择算法后其特征比较次数都明显减少。总体上，特征比较次数减少了 20% 左右。根据 18.6.3 节的介绍可知，在 3 种表征训练开销的指标中，特征比较次数的粒度最细。因此，本章提出的嵌入式特征选择算法能够有效地降低 pLCS_L1BOA 和 pLCS_BOA 在训练过程中的计算开销。

表 18-3　在 RMP 问题上各算法训练过程的计算开销

指标	数据集	GAssist	pLCS_BOA	pLCS_L1BOA	pLCS_BOA_FR	pLCS_L1BOA_FR
迭代次数 $(\times 10^1)$	MP-11	22.7±6.41	**16.4±4.41**	17.0±3.73	18.6±5.17	19.3±4.37
	RMP-11-11	38.2±6.11	30.7±6.73	**29.1±6.14**	38.8±6.28	36.4±5.84
	RMP-11-22	84.4±10.4	74.6±11.4	**69.3±12.8**	91.8±12.8	84.8±9.76
	RMP-11-44	167±35.3	138±34.7	**118±41.9**	195±33.9	164±37.1
	RMP-11-88	495±73.7	**383±64.7**	414±59.9	598±65.9	604±67.4
	RMP-11-176	911±124	738±96.4	**719±103.4**	1092±94.3	947±106
规则比较次数 $(\times 10^9)$	MP-11	0.04±0.02	**0.03±0.02**	**0.03±0.02**	**0.03±0.01**	**0.03±0.02**
	RMP-11-11	0.13±0.02	0.12±0.01	**0.11±0.01**	0.13±0.02	0.12±0.01
	RMP-11-22	0.64±0.11	0.59±0.10	**0.55±0.12**	0.70±0.13	0.65±0.15
	RMP-11-44	3.24±1.22	2.91±1.21	**2.84±1.43**	3.75±1.90	2.99±1.34
	RMP-11-88	13.4±2.39	**11.4±2.39**	12.6±2.82	15.1±3.65	14.9±3.03
	RMP-11-176	137±10.9	117±9.25	**108±8.56**	158±16.5	111±10.7
特征比较次数 $(\times 10^{10})$	MP-11	0.04±0.02	**0.03±0.02**	**0.03±0.02**	**0.03±0.01**	**0.03±0.01**
	RMP-11-11	0.29±0.02	0.26±0.02	0.24±0.02	0.23±0.02	**0.20±0.02**
	RMP-11-22	2.12±0.24	1.94±0.18	1.81±0.17	1.75±0.20	**1.61±0.14**
	RMP-11-44	28.8±6.70	26.5±5.90	25.6±5.76	19.5±4.50	**18.4±5.07**
	RMP-11-88	132±23.7	113±39.1	125±46.1	88.6±14.1	**90.7±20.0**
	RMP-11-176	2567±204	2194±173	2025±160	1513±132	**1470±174**

pLCS_BOA_FR 和 pLCS_L1BOA_FR 在 RMP 问题上的特征约简率如表 18-4 所示。由这些数据不难看出,这两种算法的特征约简率随着问题中冗余特征占比的提高而提高,说明这两种算法的特征选择能力都有较好的可扩展性。另外,在 5 组 RMP 问题中,有 4 组问题 pLCS_L1BOA_FR 的特征约简率高于 pLCS_BOA_FR。这表明前者的特征选择能力更强。之所以出现这样的现象,是由于 pLCS_L1BOA_FR 利用 L1BOA 实现规则进化,其建立的贝叶斯网络更好地描述了特征间的关联关系,从而为特征选择提供了更可靠的依据。

表 18-4　在 RMP 问题上 pLCS_BOA_FR 和 pLCS_L1BOA_FR 的特征选择结果

数据集	特征约简数目		特征约简率/%	
	pLCS_BOA_FR	pLCS_L1BOA_FR	pLCS_BOA_FR	pLCS_L1BOA_FR
RMP-11-11	7.48 ± 1.09	**7.81 ± 1.09**	34.00	**35.50**
RMP-11-22	13.04 ± 2.17	**13.64 ± 3.05**	39.52	**41.33**
RMP-11-44	**25.57 ± 4.45**	24.79 ± 5.91	**46.49**	45.07
RMP-11-88	48.72 ± 9.30	**49.61 ± 11.48**	49.21	**50.11**
RMP-11-176	96.94 ± 21.54	**102.87 ± 22.92**	51.84	**55.01**

18.7.2　实际问题

对于 UCI 数据集,pLCS_L1BOA_FR 和 pLCS_BOA_FR 的各项实验结果如表 18-5 所示。本节首先考察这两种算法和表 17-9 所涉及的 8 种算法在预测性能上的优劣。将表 18-5 中分类准确率的结果与表 17-9 整合,10 种算法在各组 UCI 数据集上分类准确率的排序结果如表 18-6 所示。从这些结果可以看出,嵌入式特征选择算法提高了第 17 章提出的 pLCS_L1BOA 以及 pLCS_BOA 两种算法的预测性能。本章实验同样对各算法的分类准确率进行了显著性检验,结果如表 18-7 所示。不难看出,pLCS_L1BOA_FR 和 pLCS_BOA_FR 的分类准确率较其他 8 种算法都有着显著的优势。而这两种算法的预测性能没有统计意义上的区别。

表 18-5　在 UCI 数据集上 pLCS_BOA_FR 和 pLCS_L1BOA_FR 的各项实验结果

数据集	分类准确率		迭代次数（×10¹）		规则比较次数（×10⁸）		规则数目	
	pLCS_BOA_FR	pLCS_L1BOA_FR	pLCS_BOA_FR	pLCS_L1BOA_FR	pLCS_BOA_FR	pLCS_L1BOA_FR	pLCS_BOA_FR	pLCS_L1BOA_FR
aus	86.59±2.35	86.70±2.51	47.2±27.4	45.3±25.7	1.65±0.87	1.52±0.47	7.62±0.27	6.04±0.94
che	96.29±1.54	96.35±1.41	39.4±22.2	26.5±7.57	4.74±0.35	3.56±0.84	9.74±0.67	5.70±0.82
cre	87.32±1.84	92.74±1.32	58.6±28.1	23.8±6.47	1.98±8.87	0.94±0.16	5.29±0.26	5.70±1.16
dia	77.79±2.31	77.56±1.32	49.2±20.7	40.4±7.45	1.18±0.17	0.96±0.21	5.42±0.13	5.17±1.04
ger	71.92±1.55	71.43±1.46	50.5±27.5	42.7±16.4	4.93±0.11	3.91±0.18	6.15±0.45	11.7±2.93
hab	78.25±1.82	78.24±1.73	10.8±4.02	7.31±2.47	0.28±0.10	0.04±0.01	2.39±0.10	4.40±1.35
heart	80.49±4.15	82.03±5.86	54.1±32.4	41.0±26.7	0.83±0.07	0.64±0.13	7.05±0.12	7.60±1.08
hep	84.41±2.82	80.32±1.26	19.7±13.8	9.17±1.45	0.17±0.09	0.07±0.02	3.49±0.13	3.60±1.17
hill	56.96±1.43	56.84±1.35	564±105	549±116	23.8±6.12	21.5±5.91	12.5±2.72	12.9±2.64
ion	91.69±3.20	91.67±2.46	15.1±5.98	17.0±4.21	0.40±0.04	0.35±0.06	6.23±0.59	7.01±2.67
liv	68.45±2.46	68.68±2.19	30.3±18.3	28.5±1.78	0.50±0.01	0.24±0.05	4.83±0.18	4.90±0.57
monk	100.00±0.00	100.00±0.00	9.10±4.27	9.64±3.36	0.21±0.01	0.22±0.03	4.95±0.14	5.02±0.06
mush	99.97±0.02	98.84±0.00	17.2±10.7	8.58±3.36	9.10±1.33	2.56±0.66	10.9±0.72	4.08±0.16
musk1	88.65±2.47	88.75±2.02	182±39.8	179±34.5	4.43±1.46	4.06±1.16	11.4±2.37	11.7±2.37
musk2	98.87±0.10	98.84±0.16	1002±218	1092±261	2483±123	2145±152	43.0±6.72	42.1±5.89
par	90.09±3.67	89.45±3.10	47.8±33.3	17.1±3.23	0.21±0.02	0.23±0.01	5.46±0.22	4.12±0.35
tic	96.72±2.13	96.65±2.35	22.3±5.18	25.4±6.12	3.16±0.45	3.82±0.36	14.1±0.83	17.8±0.74
tra	77.84±1.98	77.86±1.17	7.15±3.71	4.03±1.12	0.26±0.15	0.09±0.02	2.35±0.15	2.10±0.32
vote	97.32±2.42	97.47±1.78	45.2±28.0	14.1±1.07	0.29±0.10	0.27±0.11	3.62±0.12	4.10±0.32
wis91	96.91±1.17	96.41±0.57	23.5±26.3	10.1±4.17	0.57±0.11	0.38±0.16	4.12±0.13	4.88±0.65
wis95	93.16±1.89	93.51±1.86	22.7±5.67	26.2±10.7	0.69±0.25	0.79±0.21	7.33±0.57	5.02±0.82

表18-6 在UCI数据集上各算法分类准确率的排序

数据集	GAssist	pLCSBOA	pLCS_L1BOA	NB	C4.5	PART	SVM	KNN	pLCS_BOA_FR	pLCS_L1BOA_FR
aus	6	4	5	8	7	9	9	3	2	1
che	5	7	4	10	2	3	3	9	8	6
cre	6	3	2	10	5	9	9	7	4	1
dia	8	5	6	4	10	9	9	7	1	2
ger	2	8	7	1	4	10	10	5	3	6
hab	5	3	3	6	9	7	7	10	1	2
heart	7	3	5	1	10	8	8	6	4	2
hep	5	1	4	2	10	7	7	6	3	8
hill	9	5	6	10	8	7	7	4	1	2
ion	8	3	4	5	6	7	7	10	1	2
liv	6	7	5	8	4	9	9	10	3	2
monk	9	7	1	10	1	8	8	1	1	1
mush	9	7	1	10	1	1	1	1	8	1
musk1	7	5	4	10	6	8	8	9	2	1
musk2	7	5	4	10	8	6	6	9	1	2
par	4	2	7	10	8	9	9	3	5	6
tic	4	1	4	10	9	8	8	7	2	3
tra	7	4	4	9	1	2	2	8	6	3
vote	6	7	3	10	4	4	4	9	2	1
wis91	6	5	7	1	9	8	8	4	2	3
wis95	6	7	5	3	9	4	4	2	10	8
平均排名	6.29	4.71	4.33	7.05	6.24	6.81	5.43	6.19	3.33	3
次序	8	4	3	10	7	9	5	6	2	1

表 18-7　在 UCI 数据集上各算法分类准确率的显著性检验结果($\alpha = 0.05$)

比 较 对 象	t-test	Wilcoxon test			结论
	p 值	W^+	W^-	p 值	
pLCS_BOA_FR 与 GAssist	0.0013	204	27	0.0010	$\oplus$
pLCS_BOA_FR 与 pLCS_BOA	0.0094	164	67	0.0443	$\oplus$
pLCS_BOA_FR 与 pLCS_L1BOA	0.0494	164	46	0.0138	$\oplus$
pLCS_BOA_FR 与 NB	0.0009	208	23	0.0006	$\oplus$
pLCS_BOA_FR 与 C4.5	0.0016	187	44	0.0011	$\oplus$
pLCS_BOA_FR 与 PART	0.0001	211	20	0.0004	$\oplus$
pLCS_BOA_FR 与 SVM	0.0131	186	45	0.0125	$\oplus$
pLCS_BOA_FR 与 KNN	0.0021	188	42	0.0010	$\oplus$
pLCS_L1BOA_FR 与 GAssist	0.0054	187	44	0.0061	$\oplus$
pLCS_L1BOA_FR 与 pLCS_BOA	0.0268	185	46	0.0075	$\oplus$
pLCS_L1BOA_FR 与 pLCS_L1BOA	0.0189	157	33	0.0063	$\oplus$
pLCS_L1BOA_FR 与 pLCS_BOA_FR	0.4022	105.5	104.5	0.4924	$=$
pLCS_L1BOA_FR 与 NB	0.0009	206	25	0.0008	$\oplus$
pLCS_L1BOA_FR 与 C4.5	0.0009	174	16	0.0008	$\oplus$
pLCS_L1BOA_FR 与 PART	0.0002	192	18	0.0006	$\oplus$
pLCS_L1BOA_FR 与 SVM	0.0108	152	38	0.0109	$\oplus$
pLCS_L1BOA_FR 与 KNN	0.0033	161	29	0.0040	$\oplus$

对于 UCI 的各数据集,GAssist、pLCS_L1BOA 和 pLCS_BOA 的迭代次数和规则比较次数已经在表 17-11 中列出。pLCS_BOA_FR 和 pLCS_L1BOA_FR 的上述两项指标结果如表 18-5 所示。同时,表 18-8 展示了这 5 种算法的特征比较次数。与前面的讨论相同,表 18-9 列出了对表征训练开销的三项指标进行显著性检验的结果。在迭代次数上,pLCS_L1BOA_FR 和 pLCS_BOA_FR 仅少于 GAssist。与 pLCS_L1BOA 和 pLCS_BOA 相比,pLCS_L1BOA_FR 和 pLCS_BOA_FR 在迭代次数上没有统计意义上的优势。甚至 pLCS_BOA_FR 的迭代次数在统计意义上大于 pLCS_L1BOA,而 pLCS_L1BOA_FR 的迭代次数显著小于 pLCS_BOA_FR。在规则比较次数上,pLCS_L1BOA_FR 显著小于 GAssist 但大于 pLCS_L1BOA,而 pLCS_BOA_FR 与 GAssist 没有统计意义上的差别。在特征比较次数上,pLCS_L1BOA_FR 显著小于 pLCS_L1BOA,pLCS_BOA_FR 也显著小于 pLCS_BOA,这意味着加入嵌入式特征选择算法后 pLCS_L1BOA 和 pLCS_BOA 的特征比较次数都有着统计意义上的降低。而在这 5 种算法中,pLCS_L1BOA_FR 的特征比较次数最少。由于特征比较次数在最细粒度上表征了训练过程的计算开销,因此上述结果表明 pLCS_L1BOA_FR 的训练开销最小。在算法获得的分类器中的规则数目上,表 18-5 和表 18-9 所示的结果表明 5 种算法间没有明显的差别。

表 18-8 在 UCI 数据集上各算法的特征比较次数

数据集	GAssist	pLCS_BOA	pLCS_LIBOA	pLCS_L1BOA_FR	pLCS_L1BOA_FR
aus	$(27.5\pm3.07)\times10^{8}$	$(39.3\pm9.95)\times10^{8}$	$(17.2\pm6.02)\times10^{8}$	$(14.1\pm7.21)\times10^{8}$	$\mathbf{(13.8\pm5.54)\times10^{8}}$
che	$(141\pm45.3)\times10^{8}$	$(120\pm48.7)\times10^{8}$	$(137\pm78.5)\times10^{8}$	$\mathbf{(101\pm8.78)\times10^{8}}$	$(114\pm14.5)\times10^{8}$
cre	$(45.8\pm11.9)\times10^{8}$	$(64.7\pm20.5)\times10^{8}$	$(21.9\pm7.30)\times10^{8}$	$(18.7\pm8.44)\times10^{8}$	$\mathbf{(10.3\pm3.88)\times10^{8}}$
dia	$(10.4\pm0.95)\times10^{8}$	$(8.62\pm3.77)\times10^{8}$	$\mathbf{(7.52\pm5.72)\times10^{8}}$	$(9.12\pm0.93)\times10^{8}$	$(9.27\pm1.82)\times10^{8}$
ger	$(71.5\pm7.51)\times10^{8}$	$(83.5\pm19.3)\times10^{8}$	$(81.4\pm42.5)\times10^{8}$	$(71.0\pm21.7)\times10^{8}$	$\mathbf{(69.4\pm24.5)\times10^{8}}$
hab	$(1.38\pm0.46)\times10^{8}$	$(0.88\pm0.33)\times10^{8}$	$(0.15\pm0.11)\times10^{8}$	$(0.68\pm0.23)\times10^{8}$	$\mathbf{(0.14\pm0.03)\times10^{8}}$
heart	$(27.8\pm11.0)\times10^{8}$	$(10.1\pm3.38)\times10^{8}$	$(6.89\pm8.09)\times10^{8}$	$(8.06\pm4.44)\times10^{8}$	$\mathbf{(5.66\pm3.06)\times10^{8}}$
hep	$(5.24\pm1.37)\times10^{8}$	$(1.79\pm0.97)\times10^{8}$	$(0.76\pm1.60)\times10^{8}$	$(1.49\pm0.62)\times10^{8}$	$\mathbf{(0.64\pm1.15)\times10^{8}}$
hill	$(2316\pm668)\times10^{8}$	$(2059\pm596)\times10^{8}$	$(1990\pm516)\times10^{8}$	$(1597\pm478)\times10^{8}$	$(1504\pm427)\times10^{8}$
ion	$(11.0\pm4.15)\times10^{8}$	$(9.32\pm3.88)\times10^{8}$	$(8.50\pm6.80)\times10^{8}$	$(8.71\pm1.50)\times10^{8}$	$\mathbf{(7.87\pm1.06)\times10^{8}}$
liv	$(4.69\pm2.10)\times10^{8}$	$(2.98\pm1.62)\times10^{8}$	$\mathbf{(1.38\pm1.24)\times10^{8}}$	$(3.12\pm0.15)\times10^{8}$	$(1.68\pm0.49)\times10^{8}$
monk	$(0.79\pm0.47)\times10^{8}$	$\mathbf{(0.73\pm0.11)\times10^{8}}$	$(0.84\pm1.02)\times10^{8}$	$(0.87\pm0.08)\times10^{8}$	$(0.96\pm0.26)\times10^{8}$
mush	$(108\pm54.1)\times10^{8}$	$(108\pm28.6)\times10^{8}$	$\mathbf{(26.8\pm9.49)\times10^{8}}$	$(168\pm27.6)\times10^{8}$	$(29.2\pm12.0)\times10^{8}$
musk1	$(659\pm23.4)\times10^{8}$	$(623\pm25.9)\times10^{8}$	$(588\pm40.7)\times10^{8}$	$\mathbf{(465\pm38.6)\times10^{8}}$	$(482\pm31.2)\times10^{8}$
musk2	$(3.85\pm0.54)\times10^{5}$	$(3.59\pm0.65)\times10^{5}$	$(3.38\pm0.49)\times10^{5}$	$(3.09\pm0.47)\times10^{5}$	$\mathbf{(3.02\pm0.34)\times10^{5}}$
par	$(3.68\pm1.33)\times10^{8}$	$(3.01\pm1.70)\times10^{8}$	$(3.22\pm2.64)\times10^{8}$	$\mathbf{(2.91\pm0.30)\times10^{8}}$	$(3.08\pm0.67)\times10^{8}$
tic	$(39.9\pm7.73)\times10^{8}$	$(31.0\pm0.62)\times10^{8}$	$(33.4\pm8.50)\times10^{8}$	$\mathbf{(29.6\pm4.16)\times10^{8}}$	$(30.1\pm3.49)\times10^{8}$
tra	$(3.12\pm0.52)\times10^{8}$	$(1.17\pm0.23)\times10^{8}$	$(0.44\pm0.10)\times10^{8}$	$(1.03\pm0.55)\times10^{8}$	$\mathbf{(0.41\pm0.13)\times10^{8}}$
vote	$(4.53\pm1.25)\times10^{8}$	$(2.98\pm0.40)\times10^{8}$	$(2.88\pm0.65)\times10^{8}$	$(2.78\pm0.71)\times10^{8}$	$\mathbf{(2.69\pm0.85)\times10^{8}}$
wis91	$(6.65\pm0.85)\times10^{8}$	$(4.97\pm0.47)\times10^{8}$	$(3.78\pm0.34)\times10^{8}$	$(4.54\pm0.20)\times10^{8}$	$\mathbf{(3.61\pm0.62)\times10^{8}}$
wis95	$(94.8\pm13.3)\times10^{8}$	$(14.3\pm0.58)\times10^{8}$	$(13.2\pm10.4)\times10^{8}$	$(9.84\pm2.91)\times10^{8}$	$\mathbf{(9.44\pm2.25)\times10^{8}}$

表 18-9　在 UCI 数据集上各算法训练开销的显著性检验结果($\alpha=0.05$)

指标	比较对象	t-test	Wilcoxon test			结论
		p 值	W^+	W^-	p 值	
迭代次数	pLCS_BOA_FR 与 GAssist	0.0125	50	181	0.0109	⊖
	pLCS_BOA_FR 与 pLCS_BOA	0.0346	157	74	0.0721	+
	pLCS_BOA_FR 与 pLCS_L1BOA	0.0011	220	11	0.0001	⊕
	pLCS_L1BOA_FR 与 GAssist	<0.0001	3	228	<0.0001	⊖
	pLCS_L1BOA_FR 与 pLCS_BOA	0.4465	92	139	0.2022	=
	pLCS_L1BOA_FR 与 pLCS_L1BOA	0.0273	159	72	0.0632	+
	pLCS_L1BOA_FR 与 pLCS_BOA_FR	0.0008	34	197	0.0022	⊖
规则比较次数	pLCS_BOA_FR 与 GAssist	0.2842	94	137	0.2221	=
	pLCS_BOA_FR 与 pLCS_BOA	0.0057	186	45	0.0068	⊕
	pLCS_BOA_FR 与 pLCS_L1BOA	0.0036	230	1	0.0001	⊕
	pLCS_L1BOA-FR 与 GAssist	0.0061	43.5	187.5	0.0059	⊖
	pLCS_L1BOA_FR 与 pLCS_BOA	0.2842	97	134	0.2546	=
	pLCS_L1BOA_FR 与 pLCS_L1BOA	0.0054	184	47	0.0082	⊕
	pLCS_L1BOA_FR 与 pLCS_BOA_FR	0.0005	27	204	0.001	⊖
特征比较次数	pLCS_BOA_FR 与 GAssist	<0.0001	8	223	<0.0001	<
	pLCS_BOA_FR 与 pLCS_BOA	0.001	37	194	0.003	⊖
	pLCS_BOA_FR 与 pLCS_L1BOA	0.1637	125	106	0.3639	=
	pLCS_L1BOA_FR 与 GAssist	<0.0001	5	226	<0.0001	⊖
	pLCS_L1BOA_FR 与 pLCS_BOA	0.0001	17	214	0.0003	⊖
	pLCS_L1BOA_FR 与 pLCS_L1BOA	0.0103	52	179	0.0131	⊖
	pLCS_L1BOA_FR 与 pLCS_BOA_FR	0.0033	45	186	0.0068	⊖
规则数目	pLCS_BOA_FR 与 GAssist	0.2975	113	118	0.4586	=
	pLCS_BOA_FR 与 pLCS_BOA	0.1313	85.5	145.5	0.1446	=
	pLCS_BOA_FR 与 pLCS_L1BOA	0.1035	79	152	0.0992	=
	pLCS_L1BOA_FR 与 GAssist	0.3389	136.5	94.5	0.2275	=
	pLCS_L1BOA_FR 与 pLCS_BOA	0.2092	102	129	0.3131	=
	pLCS_L1BOA_FR 与 pLCS_L1BOA	0.1426	103.5	127.5	0.434	=
	pLCS_L1BOA_FR 与 pLCS_BOA_FR	0.1542	145	86	0.1485	=

在特征选择性能方面,表 18-10 列出了 pLCS_BOA_FR 和 pLCS_L1BOA_FR 在 21 个 UCI 数据集上的特征约简数目及特征约简率。这两种算法在其中 16 个 UCI 数据集上的特征约简率超过了 20%。由表 18-11 所示的显著性检验结果不难看出,pLCS_L1BOA_FR 较 pLCS_BOA_FR 的特征选择性能更强。

表 18-10 在 UCI 数据集上 pLCS_BOA_FR 和 pLCS_L1BOA_FR 的特征选择情况

数据集	特征数	特征约简数目		特征约简率/%	
		pLCS_BOA_FR	pLCS_L1BOA_FR	pLCS_BOA_FR	pLCS_L1BOA_FR
aus	14	6.23±1.09	7.04±0.82	44.50	50.29
che	36	25.07±3.57	23.45±1.41	69.63	65.14
cre	15	6.64±1.40	6.93±2.45	44.26	46.20
dia	8	0.93±0.43	0.48±0.15	11.63	6.00
ger	24	10.17±2.34	12.64±2.16	42.38	52.67
hab	3	0.37±0.29	0.39±0.18	12.33	13.00
heart	13	4.53±1.59	5.95±0.85	34.85	45.77
hep	19	13.71±2.02	15.70±1.77	72.16	82.63
hill	100	76.45±8.34	78.89±8.34	76.45	78.89
ion	34	22.50±1.61	19.4±2.22	66.18	57.06
liv	6	0.90±1.09	0.96±0.31	15.00	16.00
monk	6	2.26±0.77	2.99±0.68	37.67	49.83
mush	22	10.05±2.01	13.48±2.04	45.68	61.27
musk1	166	130.05±14.43	124.46±18.26	78.34	74.98
musk2	166	114.31±12.71	119.59±11.89	68.86	72.04
par	23	12.69±1.19	11.45±1.19	55.17	49.78
tic	9	0.07±0.04	0.08±0.03	0.80	0.89
tra	4	0.47±0.51	0.49±0.16	11.75	12.25
vote	16	6.13±1.04	8.42±2.33	38.31	52.63
wis91	9	2.17±1.84	2.19±0.68	24.33	24.33
wis95	30	22.17±1.05	23.59±1.14	73.90	78.63

表 18-11　在 UCI 数据集上 pLCS_L1BOA_FR 和 pLCS_BOA_FR

特征约简率的显著性检验结果（$\alpha=0.05$）

比 较 对 象	t-test	Wilcoxon test			结论
	p 值	W^+	W^-	p 值	
pLCS_L1BOA_FR 与 pLCS_BOA_FR	0.0246	173	58	0.0219	⊕

为了进一步评价 pLCS_L1BOA_FR 和 pLCS_BOA_FR 的特征选择性能,实验以这两种算法获得 20% 以上特征约简率的 16 个数据集为测试数据,将这两种算法同 InfoGain 和 ReliefF 进行了对比。由于 InfoGain 和 ReliefF 都属于过滤器式特征选择算法,实验将 GAssist、pLCS_BOA 和 pLCS_L1BOA 同 InfoGain 和 ReliefF 分别组合起来(共 6 种组合)。在与 pLCS_BOA_FR 选择同样规模特征的情况下,比较这些组合与 pLCS_L1BOA_FR 和 pLCS_BOA_FR 的分类准确率。实验结果如表 18-12 所示。对其进行显著性检验的结果如表 18-13 所示。不难看出,对于 GAssist、pLCS_L1BOA 和 pLCS_BOA,如果 InfoGain 和 ReliefF 选择同样数目的特征,其分类准确率都将显著低于 pLCS_L1BOA_FR 和 pLCS_BOA_FR。因此,相比于 InfoGain 和 ReliefF,本章提出的嵌入式特征选择算法对学习分类器具有更好的特征选择性能,该算法能够在全体特征中选择出更好地表征数据类别的特征。

表 18-12　在 UCI 数据集上 GAssist、pLCS_BOA 和 pLCS_L1BOA

使用两种过滤器式特征选择算法的分类准确率

数据集	GAssist		pLCS_BOA		pLCS_L1BOA	
	InfoGain	ReliefF	InfoGain	ReliefF	InfoGain	ReliefF
aus	84.59±1.02	84.47±1.83	83.79±1.68	82.46±2.13	83.62±1.19	81.59±1.57
che	96.02±0.17	96.00±0.12	96.26±0.27	96.36±0.26	94.62±0.28	94.68±0.29
cre	86.74±1.24	86.04±0.95	84.69±0.85	86.91±1.69	85.00±0.60	86.67±1.33
ger	71.75±1.33	71.83±1.30	69.87±1.84	70.35±1.81	69.15±2.04	70.15±1.37
heart	83.33±2.48	82.21±3.40	81.60±2.48	78.70±3.03	81.78±0.89	78.89±2.50
hep	82.24±2.64	78.75±1.32	83.49±1.63	83.76±1.33	87.03±1.67	83.87±1.52
hill	51.25±1.17	51.93±1.35	52.91±1.14	53.17±1.03	51.78±0.28	51.45±0.22
ion	90.00±2.26	90.12±3.46	87.25±1.45	91.12±2.35	87.54±0.55	92.28±2.06
monk	95.38±3.41	96.59±3.04	100.00±0.00	100.00±0.00	100.00±0.00	100.00±0.00

数据集	GAssist		pLCS_BOA		pLCS_L1BOA	
	InfoGain	ReliefF	InfoGain	ReliefF	InfoGain	ReliefF
mush	99.56±0.35	99.40±0.40	100.00±0.00	100.00±0.00	100.00±0.00	100.00±0.00
musk1	79.15±3.70	77.82±3.75	82.47±3.07	83.43±2.98	85.61±3.50	86.67±5.10
musk2	94.31±0.51	94.87±0.54	94.93±0.48	95.14±0.39	96.45±1.87	96.74±1.74
par	90.17±3.23	91.54±4.42	87.18±1.33	89.40±1.75	87.18±0.23	90.00±1.46
vote	96.95±0.79	95.97±1.00	96.75±0.96	95.27±1.04	99.08±0.49	98.74±0.85
wis91	95.48±1.63	96.86±1.10	95.74±0.44	93.02±0.77	95.63±0.46	92.86±0.58
wis95	90.18±1.01	93.30±1.47	90.56±0.50	92.02±0.48	90.35±0.41	92.02±0.28

表 18-13　在 UCI 数据集上各种算法组合分类准确率的显著性检验结果（$\alpha=0.05$）

比 较 对 象	t-test	Wilcoxon test			结论
	p 值	W^+	W^-	p 值	
pLCS_BOA_FR 与 GAssist_IG	0.0059	125	11	0.0016	⊕
pLCS_BOA_FR 与 GAssist_ReliefF	0.0105	116	20	0.0066	⊕
pLCS_BOA_FR 与 pLCS_BOA_IG	0.0004	113.5	6.5	0.0012	⊕
pLCS_BOA_FR 与 pLCS_BOA_ReliefF	0.0004	116.5	3.5	0.0007	⊕

18.7.3　参数敏感度分析

根据 18.4.1 节的介绍，与 pLCS_L1BOA 相比，pLCS_L1BOA_FR 需要添加表示特征冗余度阈值的参数 τ。而当 τ 取值相同时，规则初始化过程中编码取 1 的概率 p_{one} 同样影响该算法的性能。因此本节将以 RMP-11-44 和 RMP-11-88 两个问题为对象，讨论这两个参数对 pLCS_L1BOA_FR 的性能影响。

根据图 18-4 所示的结果可知，当 p_{one} 值相同时，pLCS_L1BOA_FR 的分类准确率随着特征冗余度阈值 τ 的增加而增加。这表明，当 τ 的数值较小时，嵌入式特征选择算法不能有效地区别冗余特征和非冗余特征。根据 18.4.1 节的讨论，只有 $\tau \geq p_{one}$ 才能选择出对数据分布具有较强描述能力的特征。因此在图 18-4 中可以看到，当 p_{one} 值不变的时候，如果 $\tau \geq p_{one}$，pLCS_L1BOA_FR 的分类准确率明显提高。当 τ 值不变的时候，如果 $p_{one} \leq \tau$，pLCS_L1BOA_FR 的预测性能随着 p_{one} 的增加而增加；如果 $p_{one} > \tau$，其预测性能

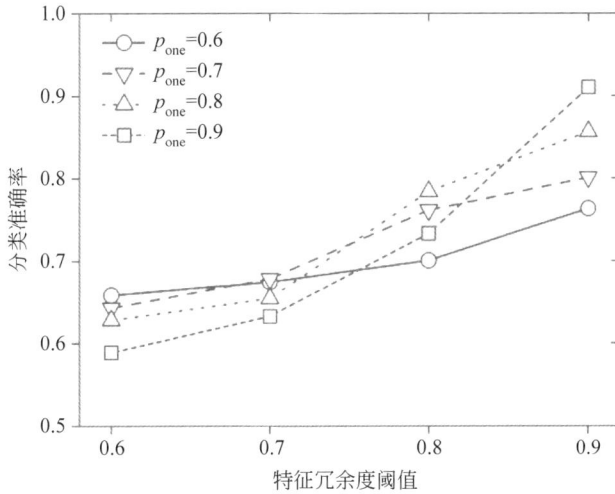

(a) RMP-11-44

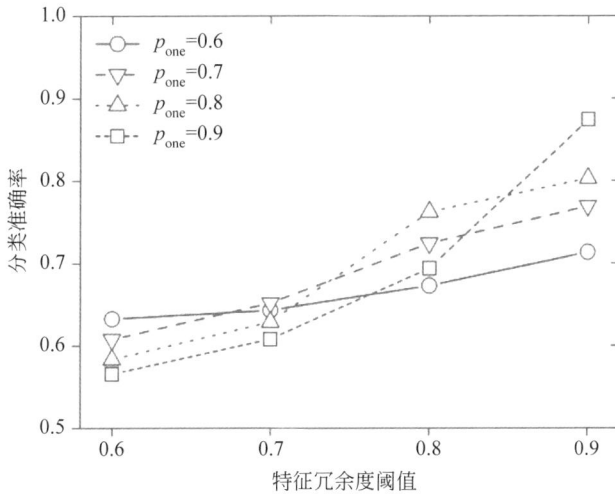

(b) RMP-11-88

图 18-4　pLCS_L1BOA_FR 的性能随特征冗余度阈值变化的情况

则随着 p_{one} 的增加而减少。这也符合 18.4.1 节中关于参数 p_{one} 和 τ 对分类准确率影响的分析。而在整体上，pLCS_L1BOA_FR 的预测水平随着 p_{one} 的增加而增加。这是因为，当 p_{one} 较小时，规则在初始化的过程中有较多的布尔变量被赋值为 0，这将使得规则在后续的进化过程中与较多样本失配，使规则的性能得不到充分评价，进而降低规则空间的搜索质量。综合上述分析，当参数 p_{one} 和 τ 的取值均接近 1 时，pLCS_L1BOA_FR 的性能达到最优。

18.8　本　章　小　结

　　当处理实际的分类问题时,在全体特征中删除不相关的冗余特征,或选择对类别分布具有较强描述能力的特征子集,是提高分类算法预测水平并减少训练开销的重要途径。本章在第 17 章工作的基础上提出了面向学习分类器的嵌入式特征选择算法。与传统的特征选择算法相比,该算法有以下两方面的特点:①特征选择与规则进化过程同步进行,从而使得冗余特征在分类器训练的过程中被逐步删除;②根据当前的规则种群,而非原始的训练样本数据,获得关于特征的统计信息,进而删除冗余特征。具体地说,在规则进化的每轮迭代中,嵌入式的特征选择算法首先根据当前的规则种群计算各个特征的冗余度,并据此选择出待删除的候选特征。然后,根据在规则进化过程中已经建立的贝叶斯网络计算各待删除特征的 Markov Blanket,从而决定最终所删除的特征。对包含冗余特征的构造问题和实际问题进行的实验表明:整合了嵌入式特征选择算法的 pLCS_L1BOA,即 pLCS_L1BOA_FR,较原有的 pLCS_L1BOA 分类准确率更高,训练过程的计算开销更少;而与其他特征选择算法相比,在所选特征规模相同的情况下,面向学习分类器的嵌入式特征选择算法能够使 pLCS_L1BOA 获得更高的分类准确率。

第 19 章　基于进化纠错输出编码的多分类算法

19.1　概　　述

从第 17 章和第 18 章的实验结果可知,pLCS_L1BOA 和 pLCS_L1BOA_FR 算法在二分类问题上能够取得良好的结果。但是,当利用其直接解决多分类问题的时候,性能却出现了退化。出现这样的现象是因为:在求解二分类问题的过程中,两个类别的分布情况相对简单,此时,类别的分布情况对基于 L1BOA 的规则进化过程的影响较为有限;而当求解多分类问题的时候,类别的分布情况随着类别数目的增加变得越来越复杂,从而干扰了 L1BOA 对规则空间的搜索,大大增加了其寻优的难度,并最终影响到学习分类器的整体性能。

鉴于上述考虑,本章利用纠错输出编码(Error-Correcting Output Coding,ECOC)[264]方法将多分类问题转化为若干二分类问题,进而完成多分类任务,提出了基于进化纠错输出编码的多分类算法——EECOC(Ensemble of ECOC,纠错输出编码集成)。利用纠错输出编码方法求解多分类问题,关键在于建立将多分类问题映射为二分类问题的编码矩阵。本章将该问题视为一个优化问题,使用第 16 章提出的 L1BOA 并结合多分类问题本身的数据特点进行求解。在获得编码矩阵后,利用第 17 章和第 18 章提出的 pLCS_L1BOA 和 pLCS_L1BOA_FR 求解编码矩阵中的各二分类问题。最后,根据已建立的编码矩阵并结合各二分类器的预测性能制定解码策略,从而获得最终的预测结果。以实际的多分类问题为测试数据进行的实验表明:本章提出的基于进化纠错输出编码的多分类算法——EECOC 的预测性能较 GAssist 更优,训练过程中所需的计算开销更少,较其他被广泛采用的分类算法也能产生更好的分类结果。

本章内容组织如下:19.2 节简要介绍纠错输出编码方法的基本思想;19.3 节介绍如何利用 L1BOA 并结合多分类问题本身的数据特点设计编码矩阵;19.4 节介绍本章采用的解码策略;19.5 节和 19.6 节介绍为评价本章提出的算法而进行的实验工作及取得的实验结果;19.7 节对本章工作进行总结。

19.2　纠错输出编码方法简介

在当前的研究中,最为流行的将多分类问题转化为二分类问题的方法是纠错输出编码[264]。该方法基于差异化合作的基本思想,将编码理论中的纠错码技术应用于监督学习领域中。具体地说,假设待求解的多分类问题含有 c 种类别,ECOC 方法将其中的每种类别转换成唯一的长度为 $l(l \geqslant c)$ 的二进制位串(称为码字),而所有 c 个码字构成了编码矩阵 M,如图 19-1 所示。编码矩阵中的每一列,也就是各类别码字同一位所形成的列向量,对应一个二分类问题 $b_i, i \in \{1, 2, \cdots, l\}$。对于训练样本 x,二分类问题 b_i 的定义为

$$b_i(x) = f(x) = \begin{cases} 1, & m_{j,i} = 1, \mathrm{cls}(x) = c_j \\ 0, & \text{其他} \end{cases} \tag{19-1}$$

其中,$m_{j,i} \in \{0,1\}$ 表示 M 中类别 c_j 的码字的第 i 位,$\mathrm{cls}(x) = c_j$ 表示样本 x 属于类别 c_j。例如,在图 19-1(b)所示的编码矩阵中,二分类问题 b_1 将某样本视为类别 1 当且仅当该样本属于类别 c_2、c_3 或 c_4,将 b_1 视为类别 0 当且仅当该样本属于类别 c_1。

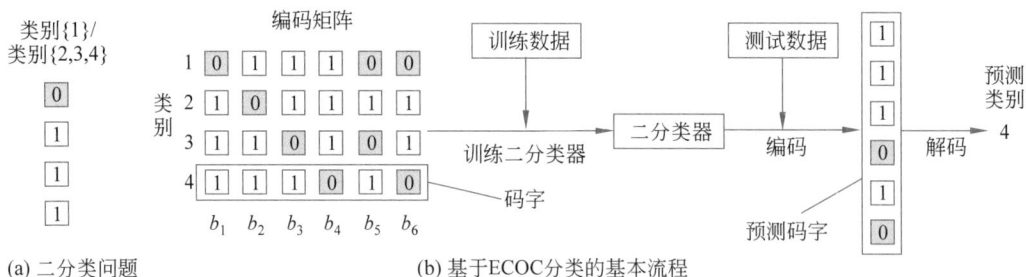

图 19-1　纠错输出编码方法的相关概念

对于多分类问题,基于 ECOC 分类的基本流程如图 19-1(b)所示。在训练阶段,根据各二分类问题的编码分别训练得到对应的二分类器。在预测阶段,各二分类器首先对未知样本 $\tilde{x}$ 分别进行预测,其结果构成了输出向量 $o(\tilde{x}) = [b_1(\tilde{x})\ b_2(\tilde{x}) \cdots b_l(\tilde{x})]$;然后,再利用解码策略根据 $o(\tilde{x})$ 预测未知样本 $\tilde{x}$ 的类别。由上述介绍可知,M 本质上反映了 l 个二分类问题与 c 种类别间的映射关系,它将含有 c 种类别的多分类问题转化为 l 个二分类问题。同时,M 利用其自身的纠错能力,在权衡所有二分类器输出结果的基础上对样本进行预测,从而能够纠正某些二分类器的错误,提高整体的预测性能。

在二分类器数目已知的条件下,设计最优的编码矩阵已经被证明是一个 NP 完全问题[265]。因此,在 ECOC 方法中一般采用基于启发式的方法[266,267]或者基于随机优化的方法[268,269]设计编码矩阵。其中,前一种方法从某种角度制定若干原则,并根据这些原则设

计编码矩阵。由于该方法利用某种原则将搜索空间局限在较小的范围内,因此其求解效率较高。但是由于其采用的原则往往建立在一定的假设之上,因此不能保证该方法在较为广泛的范围内都取得较好的结果。而后一种方法则利用元启发式[172](包括遗传算法、模拟退火算法等)在问题空间中更大的范围内进行搜索。相对于前一种方法,基于随机优化的方法能够获得性能更优的编码矩阵[270],因此有更多研究者开始关注此类方法,其中又以基于遗传算法的方法[268,269]最为流行。

19.3　编码矩阵设计

从 19.2 节的介绍可知,编码矩阵是决定 ECOC 性能的关键因素。本章将编码矩阵的设计视为优化问题,并利用第 16 章提出的 L1BOA 对其进行求解。为此,需要首先明确评价编码矩阵优劣的方法,从而定义 L1BOA 中个体的适应度。

19.3.1　编码矩阵评价

相关研究工作[271,272]表明,ECOC 方法能够有效解决多分类问题的关键在于其编码矩阵应尽可能同时满足以下 3 方面的要求:

(1) 各二分类问题的差异化程度高。

(2) 类别码字间的距离大。

(3) 各二分类器的分类准确率高。

其中的前两项要求旨在提高编码矩阵的纠错能力。但是具有强纠错能力的编码矩阵并不一定保证 ECOC 方法能够取得好的预测性能,这是因为具有强纠错能力的编码矩阵中可能含有一些学习难度较大的二分类问题。这些问题将导致对应的二分类器的预测性能欠佳,从而影响处理多分类问题时的整体性能[272]。根据上述讨论,评价编码矩阵的优劣既需要考虑矩阵本身的编码特点,同时还需要考察求解矩阵所包含的各二分类问题的难易程度。理想情况下,如果编码矩阵的纠错性能强,同时也容易学习,那么利用该矩阵将会获得较好的预测性能。而对于一般问题,上述两个目标往往不能同时满足,因此需要在上述两个目标之间进行平衡。

编码矩阵 M 纠错能力的强弱首先表现在其所包含各二分类问题的差异化程度上。对于 M 中的任意两个二分类问题 b_i 和 b_j,本章采用了 Q 统计量(Q statistic)[273]度量它们的差异程度:

$$Q_{i,j} = \frac{N^{11}N^{00} - N^{01}N^{10}}{N^{11}N^{00} + N^{01}N^{10}} \tag{19-2}$$

其中 $N^{\alpha\beta}$ 的含义如表 19-1 所示。

表 19-1 Q 统计量中 $N^{\alpha\beta}$ 的含义

b_i 的预测值	b_j 的预测值	
	0	**1**
0	N^{00}	N^{01}
1	N^{10}	N^{11}

对于式(19-2), $Q_{i,j} \in [-1,1]$。对于二分类问题 b_i 和 b_j,如果对于不同的样本两者的分类结果不相同,那么 $Q_{i,j}$ 的结果将为负[274]。因此,如果希望 b_i 和 b_j 具有较强的差异性,那么应当使得 $Q_{i,j}$ 尽量接近 -1。这意味着,对于 b_i 和 b_j,需要最小化其 $Q_{i,j}$。实际上,式(19-2)从某种角度表征了编码矩阵中任意两列之间的距离。而对于具有 l 列的编码矩阵 $\boldsymbol{M}$,其中二分类问题的差异化程度可以通过二分类问题两两之间的 Q 统计量的和表示。由于需要最小化 Q 统计量,因此应在各 $Q_{i,j}$ 前添加负号以获得其最大值。综合上述分析,对于具有 l 个二分类问题的编码矩阵 $\boldsymbol{M}$,其中所有二分类问题的差异化程度表示为

$$D_{\mathrm{col}}(\boldsymbol{M}) = -\sum_{i=1}^{l-1}\sum_{j=i+1}^{l} Q_{i,j} \tag{19-3}$$

纠错能力强的编码矩阵 $\boldsymbol{M}$,除了需要使得各二分类器问题具有较强的差异性,还需要使得对各个类别的编码(即码字)尽量不同。该指标通过编码矩阵行与行之间的距离表示。在本章中,编码矩阵 $\boldsymbol{M}$ 中任意两行之间的距离利用汉明距离[247]定义为

$$\mathrm{Ham}_{i,j} = \frac{N^{10} + N^{01}}{l} \tag{19-4}$$

其中, $N^{\alpha\beta}$ 的意义与表 19-1 中的类似, l 表示 $\boldsymbol{M}$ 的列数,即每个类别在 $\boldsymbol{M}$ 中的编码长度。在式(19-4)的基础上,编码矩阵 $\boldsymbol{M}$ 中所有类别码字的差异化程度表示为

$$D_{\mathrm{row}}(\boldsymbol{M}) = \sum_{i=1}^{c-1}\sum_{j=i+1}^{c} \mathrm{Ham}_{i,j} \tag{19-5}$$

而编码矩阵 $\boldsymbol{M}$ 所反映的整体纠错能力可以表示为式(19-3)和式(19-5)的和:

$$D(\boldsymbol{M}) = D_{\mathrm{col}}(\boldsymbol{M}) + D_{\mathrm{row}}(\boldsymbol{M}) \tag{19-6}$$

在评价编码矩阵的过程中,除了考虑其自身的编码特点外,还需要根据训练样本考察编码矩阵中各二分类问题学习的难易程度。因为编码矩阵 $\boldsymbol{M}$ 将多分类问题转化为若干二分类问题,所以 $\boldsymbol{M}$ 中任意一列所对应的二分类问题 b 反映了某种聚类的结果,它实际上将原问题中的所有类别合并为两类。例如,图 19-1(a)所示的二分类问题将 4 个类别合并为{1}和{2,3,4}两类。如果 b 所对应的聚类结果合理且有效,那么就意味着学习 b 的难度较低;反之,则说明学习 b 的难度较高。因此,本章将利用聚类分析中评价聚类结

果优劣的聚类有效性指标(cluster validity index)[275,276]衡量学习编码矩阵中各二分类问题的难易程度。更具体地,本章将使用数据集合的同质化程度(homogeneity)进行评价,同类别数据集的同质化程度越高,意味着聚类的结果越好。

在原始数据中,假设数据集合 S 包含了若干类别 $c_i,i=1,2,\cdots,k$,那么根据改进的 Dunn 指标(Dunn's index)[277],集合 S 的同质化程度为

$$H(S)=\frac{2}{|S|(|S|-1)}\sum_{i\neq j,c_i\in S,c_j\in S}\mathrm{dist}(c_i,c_j)\qquad(19\text{-}7)$$

其中,$|S|$ 表示 S 中所包含的类别数,$\dfrac{2}{|S|(|S|-1)}$ 为归一化系数,$\mathrm{dist}(c_i,c_j)$ 表示 S 中类别 c_i 和 c_j 之间的距离,一般可将其设置为类别所包含数据均值的欧几里得距离。特别地,如果 S 或 S 的补集中仅包含一种类别(即 $|S|=1$ 或者 $|S|=k-1$),规定 $H(S)=0$。由式(19-7)可知,$H(S)$ 越小,S 中数据的同质化程度越高。

在数据同质化程度定义的基础上,二分类问题所对应的聚类结果的有效性定义为

$$V(b)=\frac{H(b^{+\cdot-})}{H(b^+)+H(b^-)}\qquad(19\text{-}8)$$

其中,b^+ 和 b^- 表示在二分类问题 b 中标定为正和负的数据所分别形成的集合,$V(b^+)$ 和 $V(b^-)$ 分别是这两个集合的同质化程度。例如,对于图 19-1(b)所示编码矩阵中的二分类问题 b_1,由于类别 c_2、c_3 和 c_4 被标定为正,那么 $b_1^+=\{2,3,4\}$,$H(b_1^+)=\dfrac{2}{3}\times(3-1)\times\sum_{i\neq j,c_i,c_j\in\{2,3,4\}}\mathrm{dist}(c_i,c_j)$。$H(b^{+\cdot-})$ 表示将全体数据集合视为仅由二分类问题 b 标定为正和负两个类别时的同质化程度

$$H(b^{+\cdot-})=\frac{2}{2}\times(2-1)\times\mathrm{dist}(b^+,b^-)=\mathrm{dist}(b^+,b^-)\qquad(19\text{-}9)$$

其中,b^+ 和 b^- 表示的意义与式(19-8)中的相同。对于 b,如果该二分类问题正、负类别分别形成的数据集内的同质化程度高,同时正、负类别间的同质化程度低,那么 b 的学习难度较低。此时,$V(b)$ 的数值较大,因此需要最大化 $V(b)$。进一步,对于编码矩阵 $\boldsymbol{M}$,其中所有二分类问题的学习难度定义为

$$L(\boldsymbol{M})=\frac{1}{l}\sum_{i=1}^{l}V(b_i)\qquad(19\text{-}10)$$

综合上述分析,根据编码矩阵 $\boldsymbol{M}$ 本身的纠错能力及其所包含的各个二分类问题学习的难易程度,其适应度函数为

$$F(\boldsymbol{M})=D(\boldsymbol{M})+L(\boldsymbol{M})\qquad(19\text{-}11)$$

19.3.2　优化方法

假设待处理的多分类问题包含 c 种类别,码字长度(即二分类问题的数目)为 l,那么编码矩阵 M 可表示为一个向量:$m=(m_1,m_2,\cdots,m_l,m_{l+1},\cdots,m_{c\times l})$,其中 $m_i\in\{0,1\}$,$i=1,2,\cdots,c\times l$。由于 m_i 的取值仅有两种可能,所以分布估计算法中的每个可行解可直接由向量 m 表示。由于文献[278]指出,对于含有 c 个类别的多分类问题,编码矩阵码字的最优长度可设置为 $\lceil 10\log_2 c\rceil$,因此每个可行解可使用长度为 $c\lceil 10\log_2 c\rceil$ 的二进制串表示。

考虑到传统遗传算法自身的局限性以及 BOA 的实用性问题,本章将使用第 16 章提出的 L1BOA 获得的编码矩阵。根据已知多分类问题的训练数据,各可行解的适应度函数将根据 19.3.1 节的介绍进行计算。当 L1BOA 终止时,本章将选取其中适应度最高的可行解作为最终的编码矩阵。根据上述讨论,基于分布估计算法的编码矩阵设计算法(EECOC)如算法 19-1 所示。其中的第 4～10 行所示的进化过程与第 16 章提出的 L1BOA 一致。而在获得编码矩阵之后,对于其中的二分类问题,本章将采用第 17、18 章提出的 pLCS_L1BOA 和 pLCS_L1BOA_FR 训练得到所需的二分类器。

算法 19-1　基于分布估计算法的编码矩阵设计算法 EECOC

输入:样本数据 $\mathfrak{D}$
输出:编码矩阵 M
1:　$t\leftarrow 0$
2:　初始化编码矩阵种群 P_t
3:　根据 $\mathfrak{D}$ 由式(19-11)计算 P_t 中各可行解的适应度
4:　**repeat**
5:　　　$S\leftarrow$ 从 P_t 中选取优势种群
6:　　　$O\leftarrow$ 根据 S 学习贝叶斯网络 B 的结构,并采样获得子代种群
7:　　　由式(19-11)计算 P_t 中各可行解的适应度
8:　　　$P_{t+1}\leftarrow$ 根据 O 更新 P_t
9:　　　$t\leftarrow t+1$
10:　**until** 种群收敛
11:　**return** P_t 中适应度最高的可行解

19.4　解码策略

根据图 19-1(b)所示的关于 ECOC 方法的基本流程,在得到编码矩阵和对应的二分类器之后,对于未知样本,需要根据解码策略完成最终的预测任务。现有的解码方法主要

通过最小化未知样本在各二分类器预测下的码字与各类别码字之间的距离,包括汉明距离[264]、逆汉明距离(inverse Hamming distance)[279]和欧几里得距离[280]等,获得预测类别。这些方法虽然从不同角度遵循了编码矩阵所表达的多分类问题与二分类问题间的映射关系,但是忽略了各二分类器预测结果可能存在的偏差。与 19.3.1 节中关于编码矩阵评价指标的分析类似,ECOC 方法在根据编码矩阵进行预测时还需要分析二分类器实际的预测性能。极端情况下,如果某二分类器在训练数据上对于类别 1 的分类准确率很低,那么当其预测的类别为 1 时,实际的类别往往为 0。

　　鉴于此,在本章提出的算法中,解码过程在最小化码字间距离的同时,还将考虑各二分类器对于不同类别的预测性能。具体地说,对于二分类器 b_i 给出的预测类别 $d_i \in \{1, 0\}$,将根据 b_i 对于类别 d_i 的精确率计算与编码矩阵对应编码的距离。其中,Precision＝$t_p/(t_p+f_p)$,t_p 和 f_p 分别表示当预测类别为 d_i 时实际类别为 d_i 和非 d_i 的样本数。假设各二分类器对未知样本所形成的预测码字为 $d = (d_1, d_2, \cdots, d_l)$,类别 c_j 在编码矩阵中的码字为 $c_j = (m_{j,1}, m_{j,2}, \cdots, m_{j,l})$,那么 d 与类别 c_j 的距离为

$$D(d, c_j) = \sum_{i=1}^{l} \mathrm{prep}_i(d_i) \mid d_i - m_{j,i} \mid + (1 - \mathrm{prep}_i(d_i)) \mid d_i - (1 - m_{j,i}) \mid$$

(19-12)

其中,$\mathrm{prep}_i(d_i)$ 表示分类器 b_i 预测类别为 d_i 时的精确率,$m_{j,i}$ 表示编码矩阵中分类器 b_i 对类别 c_j 的编码。在此基础上,最终的预测类别 $\hat{c}$ 应当使得式(19-12)定义的距离最小:

$$\hat{c} = \arg \min_{j} D(d, c_j)$$

(19-13)

　　根据 19.3.1 节和 19.3.2 节的讨论,本章提出的基于进化纠错输出编码的多分类算法如算法 19-2 所示。其中第 1 行的细节见算法 19-1。

算法 19-2　pLCS_L1BOA_EECOC、pLCS_L1BOA_FR_EECOC算法流程

输入：样本数据 $\mathfrak{D}$;未知样本 s

1：　$M \leftarrow$ EECOC($\mathfrak{D}$)
2：　**for** M 中每个二分类问题 b_i, $i = 1, 2, \cdots, l$ **do**
3：　　　classifier←利用 pLCS_L1BOA 或 pLCS_L1BOA_FR 求解 b_i
4：　　　code$_i$←classifier 对 s 进行预测
5：　**end for**
6：　$c \leftarrow$ (code$_1$, code$_2$, $\cdots$, code$_l$)
7：　根据 c、M 及其各二分类器的预测性能由式(19-13)给出预测结果

19.5　实　验　设　置

19.5.1　测试数据

为了对本章提出的算法进行评价，本章选取了 UCI 数据集[247]中的 15 个多分类数据集作为实验对象，这些数据集的基本信息如表 19-2 所示。

表 19-2　多分类数据集的基本信息

数据集简称	数据集全称	样本数目	特 征 数 目			类别数
			离散类型	连续类型	总计	
allbp	Thyroid-disease	2800	22	7	29	3
allrep	Thyroid-disease	2800	22	6	28	3
car	Car Evaluation	1728	6	0	6	4
cardi-3	Cardiotocography	2126	0	21	21	3
cardi-10	Cardiotocography	2126	0	21	21	10
ecoli	Ecoli	336	0	8	8	8
glass	Glass Identification	214	0	10	10	6
hayes	Hayes-Roth	160	4	0	4	3
heart	Heart Tissue	106	0	9	9	6
iris	Iris	150	0	4	4	3
nursery	Nursery	12 960	8	0	8	5
sat	satellite Image	4435	0	36	36	6
seg	Segmentation	2310	0	19	19	7
wine	Wine	178	0	13	13	3
yeast	Yeast	1483	0	8	8	10

19.5.2　比较对象

与第 17 章和第 18 章的实验类似,本章仍然选取 GAssist 以及 17.7.2 节中提到的 5 种分类算法(见表 17-4)作为比较对象,与本章提出的算法进行对比。需要指出的是,GAssist 将首先作为可直接处理多分类问题的分类算法,参与对比实验。随后,将 GAssist 视为二分类算法,并与本章提出的 EECOC 算法相结合求解多分类问题。此外,实验还将本章提出的 EECOC 算法与一对多纠错输出码(Error-Correcting Output Code with One-vs-the-rest,ECOC-ONE)算法[267]进行比较。后者是目前被广泛使用的一种基于启发式的编码矩阵设计方法。该方法利用验证子集,通过向随机初始化的编码矩阵中逐步添加二分类问题的方式获得最终的编码矩阵。

19.5.3　评价指标与参数设置

本章实验同样选取了 17.7.3 节和 18.6.3 节中的 6 种指标,包括预测准确率、迭代次数、规则比较次数、特征比较次数、分类器中的规则数和特征约简率,从预测水平、计算开销、结果复杂度和特征选择 4 方面对本章提出的算法进行评价。在使用 EECOC 求解编码矩阵时,L1BOA 所使用的种群规模为 200,其他参数设置情况如表 16-1 所示。对于表 17-4 中的 5 种分类算法,仍然按照 WEKA[250] 的默认参数求取结果。

19.6　实　验　结　果

19.6.1　分类准确率

在表 19-2 所示的多分类数据集上,本章提出的 pLCS_L1BOA_EECOC、pLCS_L1BOA_FR_EECOC 以及 GAssist 和其他 5 种分类算法的分类准确率如表 19-3 所示。与表 17-9 类似,表 19-3 最后两行标识了各算法在各个数据集上分类准确率的平均排名以及对应的排名次序。可以看到,本章提出的 pLCS_L1BOA_EECOC 和 pLCS_L1BOA_FR_EECOC 排名最靠前。这与 17.8.2 节中的结果(见表 17-9)一致。

进一步,实验照例对各算法的分类准确率进行了显著性检验,结果如表 19-4 所示。根据显著性检验的结果不难看出,pLCS_L1BOA_EECOC 和 pLCS_L1BOA_FR_EECOC 的预测准确率均高于 GAssist。与其他 5 种分类算法相比较,除了 SVM 外,pLCS_L1BOA_EECOC 和 pLCS_L1BOA_FR_EECOC 的预测水平也有统计意义上的优势。而对于本章提出的 pLCS_L1BOA_EECOC 和 pLCS_L1BOA_FR_EECOC 两种算法,后者的预测水平更高。这与 18.7 节中的实验结果一致(见表 18-7)。

表 19-3 在多分类数据集上各算法的分类准确率

数据集	GAssist	pLCS_LIBOA_EECOC	pLCS_LIBOA_FR_EECOC	NB	C4.5	PART	SVM	KNN
allbp	98.02±0.30	97.67±0.21	98.06±0.09	94.46±0.23	98.04±0.13	97.32±0.12	96.46±0.17	96.36±0.71
allrep	98.65±0.50	99.33±0.25	99.21±0.23	94.64±0.21	98.75±0.62	98.75±0.31	98.75±0.59	97.21±0.56
car	91.89±5.28	92.57±1.77	92.63±1.86	87.25±1.33	92.17±0.95	94.80±1.36	97.92±1.10	92.29±1.04
cardi-3	92.27±0.58	92.39±1.20	92.55±0.88	81.95±1.62	92.37±0.88	91.06±0.79	92.38±1.01	90.22±1.37
cardi-10	64.23±5.54	81.68±0.92	82.55±0.88	67.53±2.17	84.24±1.99	80.94±2.05	82.82±2.22	74.93±2.86
ecoli	76.12±2.54	83.35±1.36	83.42±1.45	85.07±2.73	80.60±2.89	83.58±2.91	85.07±3.45	85.11±3.01
glass	66.59±5.06	69.76±2.43	71.03±2.35	52.38±2.42	69.50±3.09	66.67±3.33	66.67±5.71	65.40±6.56
hayes	79.50±4.14	81.29±3.54	81.02±4.16	73.15±3.34	73.13±4.07	79.38±4.36	75.00±4.87	62.50±4.94
heart	69.52±5.54	67.62±3.16	69.68±4.05	66.67±3.58	66.67±4.89	66.67±3.90	65.06±5.49	66.88±7.88
iris	94.13±2.09	93.89±2.17	94.26±0.96	96.67±1.87	90.00±2.17	90.00±1.48	93.33±1.88	93.33±1.94
nursery	94.80±0.73	97.98±1.00	97.09±0.80	90.59±1.01	96.33±0.44	98.88±0.55	90.98±0.60	98.18±0.11
sat	82.35±1.41	87.71±0.66	87.97±0.41	78.69±0.83	85.37±0.86	85.12±0.95	89.13±0.76	90.42±0.71
seg	89.70±1.99	97.05±0.38	97.06±0.41	80.74±0.64	95.67±1.23	94.89±1.19	96.58±1.27	94.55±1.16
wine	93.81±3.53	95.05±2.48	95.24±2.62	93.81±2.89	94.29±3.02	91.43±2.03	97.14±2.49	95.05±3.24
yeast	52.30±1.45	56.75±0.63	57.12±0.65	56.23±0.59	52.70±1.52	54.05±0.91	57.09±1.04	56.06±2.28
平均排名	5.67	3.07	2.13	6.33	4.73	4.73	3.6	4.93
排名次序	7	2	1	8	4	4	3	6

表 19-4　在多分类数据集上各算法分类准确率的显著性检验结果（α＝0.05）

比 较 对 象	t-test	Wilcoxon test			结论
	p 值	W^+	W^-	p 值	
GAssist 与 NB	0.0392	84	21	0.0223	⊕
GAssist 与 C4.5	0.0797	33	87	0.0626	=
GAssist 与 PART	0.1400	40	80	0.1280	=
GAssist 与 SVM	0.0569	33	87	0.0626	=
GAssist 与 KNN	0.2874	46	74	0.2133	=
pLCS_L1BOA_EECOC 与 GAssist	0.0085	107	13	0.0038	⊕
pLCS_L1BOA_EECOC 与 NB	0.0009	111	9	0.0019	⊕
pLCS_L1BOA_EECOC 与 C4.5	0.0118	106	14	0.0045	⊕
pLCS_L1BOA_EECOC 与 PART	0.0041	104	16	0.0062	⊕
pLCS_L1BOA_EECOC 与 SVM	0.2206	72	48	0.2476	=
pLCS_L1BOA_EECOC 与 KNN	0.0461	86	19	0.0164	⊕
pLCS_L1BOA_FR_EECOC 与 GAssist	0.0054	120	0	0.0003	⊕
pLCS_L1BOA_FR_EECOC 与 pLCS_L1BOA_EECOC	0.0454	95	25	0.0234	⊕
pLCS_L1BOA_FR_EECOC 与 NB	0.0007	113	7	0.0013	⊕
pLCS_L1BOA_FR_EECOC 与 C4.5	0.0031	111	9	0.0019	⊕
pLCS_L1BOA_FR_EECOC 与 PART	0.0028	111	9	0.0019	⊕
pLCS_L1BOA_FR_EECOC 与 SVM	0.1275	78	42	0.1534	=
pLCS_L1BOA_FR_EECOC 与 KNN	0.0298	99	21	0.0134	⊕

19.6.2　训练开销

对于表 19-2 所示的多分类数据集，GAssist、pLCS_L1BOA_EECOC 和 pLCS_L1BOA_FR_EECOC 在训练过程中的计算开销如表 19-5 所示。而表 19-6 显示了对表征训练开销的 3 个指标进行显著性检验的结果。在迭代次数上，pLCS_L1BOA_EECOC、pLCS_L1BOA_FR_EECOC 的结果都显著低于 GAssist，而 pLCS_L1BOA_EECOC 和 pLCS_L1BOA_FR_EECOC 之间没有统计意义上的差别。对于规则比较次数，pLCS_L1BOA_EECOC 仍然低于 GAssist，但 pLCS_L1BOA_FR_EECOC 较 GAssist 没有统计意义上的差别。在特征比较次数上，pLCS_L1BOA_FR_EECOC 的数值小于 GAssist 和 pLCS_L1BOA_EECOC。由于在表征训练过程计算开销的 3 个指标中，特征比较次数的粒度最细（见 18.6.3 节的介绍），所以 pLCS_BOA_FR_EECOC 训练过程的计算开销最少，这与 18.7 节中的实验结果一致（见表 18-9）。

表19-5　在多分类数据集上 GAssist、pLCS_L1BOA_EECOC 和 pLCS_L1BOA_FR_EECOC 在训练过程中的计算开销

数据集	迭代次数			规则比较次数（$\times 10^7$）			特征比较次数（$\times 10^8$）		
	GAssist	pLCS_L1BOA_EECOC	pLCS_L1BOA_FR_EECOC	GAssist	pLCS_L1BOA_EECOC	pLCS_L1BOA_FR_EECOC	GAssist	pLCS_L1BOA_EECOC	pLCS_L1BOA_FR_EECOC
allbp	625±327	455±297	369±237	36.4±24.8	17.6±15.4	51.9±27.5	106±72.0	51.2±44.6	47.4±17.3
allrep	762±415	303±195	460±238	37.2±20.3	29.3±7.66	63.4±27.6	104±56.8	82.1±21.4	60.5±18.6
car	1095±506	768±337	562±237	89.5±41.3	55.8±24.4	72.2±29.9	53.7±24.8	33.5±14.7	42.1±17.7
cardi-3	1129±303	917±367	627±205	85.4±22.9	110±84.1	88.4±30.0	179±48.0	231±176.6	124±46.2
cardi-10	1264±206	1095±311	729±206	67.3±10.9	104±39.7	107±31.7	141±23.0	217±83.3	134±41.8
ecoli	787±314	69.1±16.0	116±56	6.65±236	4.86±0.12	2.05±2.29	5.32±1.88	4.05±0.96	3.34±1.51
glass	739±415	171±91.8	235±234	234±1.16	2.2±0.29	2.44±2.09	2.34±1.16	2.02±0.85	1.92±1.64
hayes	462±398	215±124	172±65.2	1.95±1.38	1.24±0.28	1.39±1.15	0.78±0.55	0.60±0.11	0.51±0.41
heart	782±432	121±41.6	196±205	2.37±1.16	1.52±0.05	1.03±0.89	2.14±1.05	1.21±0.05	0.78±0.67
iris	151±199	35.1±7.41	37.7±65.8	0.56±0.73	0.34±0.01	0.36±0.40	0.22±0.29	0.13±0.02	0.12±0.13
nursery	1407±94.6	807±217	554±165	1027±69.1	905±244	868±285	822±55.25	724±195	640±236
sat	1477±19.4	1382±101	940±56.5	1299±5.23	1454±106	848±118	4675±18.8	5233±382	3923±434
seg	1427±66.1	971±314	784±160	141±6.54	134±39.4	162±38.3	268±12.42	258±74.9	232±62.4
wine	122±123	66.7±5.48	220±166	0.55±0.55	0.45±0.07	0.86±1.25	0.71±0.72	0.50±0.01	0.48±0.84
yeast	1011±317	335±369	360±252	34.7±10.9	20.2±5.70	21.9±16.3	27.7±8.69	16.14±4.56	14.0±12.1

表 19-6　在多分类数据集上 GAssist、pLCS_L1BOA_EECOC 和 pLCS_L1BOA_FR_EECOC
在训练过程中计算开销的显著性检验结果（$\alpha = 0.05$）

指标	比 较 对 象	t-test	Wilcoxon test			结论
		p 值	W^+	W^-	p 值	
迭代次数	pLCS_L1BOA_EECOC 与 GAssist	<0.0001	0	120	0.0003	⊖
	pLCS_L1BOA_FR_EECOC 与 GAssist	0.0003	14	106	0.0045	⊖
	pLCS_L1BOA_FR_EECOC 与 pLCS_L1BOA_EECOC	0.1833	68	52	0.3249	=
规则比较次数	pLCS_L1BOA_EECOC 与 GAssist	0.0275	27	93	0.0305	⊖
	pLCS_L1BOA_FR_EECOC 与 GAssist	0.3961	78	42	0.1534	=
	pLCS_L1BOA_FR_EECOC 与 pLCS_L1BOA_EECOC	0.1119	36	135	0.0147	—
特征比较次数	pLCS_L1BOA_EECOC 与 GAssist	0.0275	27	93	0.0305	⊖
	pLCS_L1BOA_FR_EECOC 与 GAssist	<0.0001	0	120	0.0003	⊖
	pLCS_L1BOA_FR_EECOC 与 pLCS_L1BOA_EECOC	0.0035	26	94	0.0267	⊖

19.6.3　结果复杂度与特征约简率

表 19-7 和表 19-8 分别展示了 GAssist 和本章提出的 pLCS_L1BOA_EECOC、pLCS_
L1BOA_FR_EECOC 获得的分类器中包含的规则数目及对该指标进行显著性分析的结
果。不难看出，3 种算法获得的分类器的规模没有统计意义上的差别，这表明它们的结果
复杂度相同。

表 19-7　在多分类数据集上 GAssist、pLCS_L1BOA_EECOC 和
pLCS_L1BOA_FR_EECOC 获得的分类器中的规则数目

数据集	GAssist	pLCS_L1BOA_EECOC	pLCS_L1BOA_FR_EECOC
allbp	5.73±0.52	6.03±0.53	5.78±0.51
allrep	6.07±0.52	5.86±0.42	5.87±0.50
car	18.1±8.10	10.2±1.65	12.8±1.95
cardi-3	6.10±0.66	9.24±1.47	7.64±1.25
cardi-10	6.43±1.33	9.83±1.51	8.51±1.39
ecoli	5.93±0.37	5.74±0.48	5.79±0.53
glass	5.80±0.48	5.75±0.66	5.79±0.53
hayes	7.43±1.38	5.94±0.56	5.97±0.45
heart	5.93±0.25	5.65±0.67	5.67±0.65

续表

数据集	GAssist	pLCS_L1BOA_EECOC	pLCS_L1BOA_FR_EECOC
iris	5.73±0.52	5.64±0.70	5.72±0.77
nursery	29.9±11.54	17.0±2.58	13.0±2.73
sat	16.9±4.76	31.5±3.71	22.6±3.25
seg	10.47±1.85	9.62±1.56	9.13±1.49
wine	5.80±0.48	5.82±0.44	5.82±0.47
yeast	5.87±0.43	6.00±0.52	6.01±0.55

表 19-8　在多分类数据集上 3 种算法获得的分类器中规则数目的显著性检验结果($\alpha=0.05$)

指标	比 较 对 象	t-test p 值	Wilcoxon test			结论
			W^+	W^-	p 值	
规则数目	pLCS_L1BOA_EECOC 及 GAssist	0.3874	51	69	0.3047	=
	pLCS_L1BOA_FR_EECOC 及 GAssist	0.2075	49.5	70.5	0.2756	=
	pLCS_L1BOA_FR_EECOC 及 pLCS_L1BOA_EECOC	0.0981	40	65	0.2073	=

此外,pLCS_L1BOA_FR_EECOC 算法对于各数据集的特征约简情况如表 19-9 所示。由实验结果可以看出,在特征数目较多(大于 20)的数据集上,例如 allbp、allrep、cardi-3、cardi-10 和 sat 等数据集上,pLC-S_L1BOA_FR_EECOC 可以获得 35% 以上的特征约简率。由表 19-3 所示的结果可知,特征的减少并没有降低算法的分类准确率,这意味着在多分类问题上 pLCS_L1BOA_FR_EECOC 有着良好的特征选择性能。

表 19-9　在多分类数据集上 pLCS_L1BOA_FR_EECOC 的特征约简情况

数 据 集	特 征 数	约简特征数	特征约简率/%
allbp	29	23.12±0.70	79.72
allrep	28	21.84±0.59	78.00
car	6	0.37±0.06	6.17
cardi-3	21	8.31±1.53	39.57
cardi-10	21	8.73±1.53	41.57
ecoli	8	1.45±0.58	18.13

数　据　集	特　征　数	约简特征数	特征约简率/%
glass	10	2.16±0.68	21.60
hayes	4	0.57±0.11	14.25
heart	9	2.78±0.85	30.89
iris	4	0.76±0.44	19.00
nursery	8	1.78±0.65	22.25
sat	36	13.87±0.65	35.68
seg	19	6.78±0.65	22.25
wine	13	7.44±1.84	57.23
yeast	8	1.37±0.64	17.13

19.6.4　纠错输出编码性能

本节通过实验评价 EECOC 算法产生的编码矩阵的性能。为此,实验将 GAssist 视为二分类算法,并利用其解决 EECOC 获得的矩阵中的二分类问题。该组合在表 19-2 所示各数据集上的分类准确率如表 19-10 第 2 列所示。同时,表 19-10 第 3、4 列展示了直接利用 pLCS_L1BOA_EECOC 和 pLCS_L1BOA_FR_EECOC 算法解决各多分类问题的结果。最后,实验利用 ECOC-ONE 产生编码矩阵,再利用 pLCS_L1BOA 和 pLCS_L1BOA_FR 算法求解,结果如表 19-10 最后两列所示。下面通过比较最终的分类准确率评价 EECOC 和 ECOC-ONE 所产生的编码矩阵的优劣。

表 19-10　在多分类数据集上各算法组合的分类准确率

数据集	GAssist	pLCS_L1BOA_ EECOC	pLCS_L1BOA_ FR_EECOC	pLCS_L1BOA_ ECOC-ONE	pLCS_L1BOA_ FR_ECOC-ONE
allbp	97.87±0.14	96.74±0.22	97.74±0.19	96.36±0.12	96.47±0.20
allrep	98.87±0.46	98.49±0.34	98.87±0.41	98.59±0.36	98.48±0.39
car	92.06±1.13	91.34±0.94	91.75±1.21	93.58±1.43	93.20±1.34
cardi-3	92.14±0.92	92.14±1.11	92.04±1.34	92.15±0.87	92.53±1.27
cardi-10	75.89±3.35	66.86±2.63	68.46±3.71	81.47±2.46	81.28±3.19
ecoli	81.42±2.19	76.94±2.72	77.05±1.99	84.19±2.42	84.99±2.84

数据集	GAssist	pLCS_L1BOA_EECOC	pLCS_L1BOA_FR_EECOC	pLCS_L1BOA_ECOC-ONE	pLCS_L1BOA_FR_ECOC-ONE
glass	67.37±3.45	67.82±4.61	69.01±3.37	68.82±3.41	69.42±4.93
hayes	80.09±4.20	80.78±4.54	80.12±3.67	80.46±4.14	80.57±3.92
heart	69.48±5.17	66.61±6.29	68.56±6.33	66.49±5.27	68.79±5.84
iris	93.84±2.27	93.58±2.04	93.74±1.85	93.92±1.47	93.75±1.72
nursery	97.59±0.46	94.87±0.61	94.36±0.72	98.25±0.59	98.31±0.63
sat	85.47±0.82	83.51±0.96	82.16±0.80	87.72±1.06	87.84±0.76
seg	94.72±1.73	89.82±1.67	90.38±1.20	96.31±0.93	96.49±1.48
wine	94.26±2.49	94.24±2.10	93.94±2.38	94.12±3.07	94.38±2.43
yeast	55.21±0.83	52.19±0.92	52.04±1.38	56.51±1.07	56.64±0.94

对表 19-10 与表 19-3 所示算法的分类准确率进行显著性分析,其结果如表 19-11 所示。相比于使用 GAssist、pLCS_L1BOA 和 pLCS_L1BOA_FR 直接求解多分类问题,采用纠错输出编码方法(EECOC 或者 ECOC-ONE)将显著提高原有算法的分类准确率。而当 GAssist、pLCS_L1BOA 和 pLCS_L1BOA_FR 直接求解多分类问题时,它们在分类准确率上没有统计意义的差别。同时,如果均采用 EECOC 产生编码矩阵,EECOC 与 pLCS_L1BOA、pLCS_L1BOA_FR 组合的分类准确率均显著高于 EECOC 与 GAssist 的组合。这主要是由于 pLC-S_L1BOA 和 pLCS_L1BOA_FR 在二分类问题上的预测水平优于 GAssist(详见第 17 章和第 18 章相关的实验部分)。此外,在分类准确率上,EECOC 分别与 pLCS_L1BOA 和 pLCS_L1BOA_FR 的组合较 ECOC-ONE 与这两种二分类算法的组合也有一定优势。这表明,相比于 ECOC-ONE,在使用相同的二分类算法时,EECOC 产生的编码矩阵的性能也有较强的竞争力。

表 19-11　在多分类数据集上各算法组合分类准确率的显著性检验结果($\alpha = 0.05$)

比 较 对 象	t-test	Wilcoxon test			结论
	p 值	W^+	W^-	p 值	
GAssist＋EECOC 与 GAssist	0.0108	108	12	0.0032	⊕
pLCS_L1BOA 与 GAssist	0.3422	66.5	53.5	0.3461	＝
pLCS_L1BOA_FR 与 GAssist	0.1175	67	53	0.3453	＝
pLCS_L1BOA_EECOC 与 pLCS_L1BOA	0.0008	120	0	0.0003	⊕

比 较 对 象	t-test	Wilcoxon test			结论
	p 值	W^+	W^-	p 值	
pLCS_L1BOA_ECOC-ONE 与 pLCS_L1BOA	0.0088	101	19	0.0099	$\oplus$
pLCS_L1BOA_EECOC 与 pLCS_L1BOA_ECOC-ONE	0.0358	88	32	0.0559	$+$
pLCS_L1BOA_FR_EECOC 与 pLCS_L1BOA_FR	0.0005	120	0	0.0003	$\oplus$
pLCS_L1BOA_FR_ECOC-ONE 与 pLCS_L1BOA_FR	0.0068	109	11	0.0027	$\oplus$
pLCS_L1BOA_FR_EECOC	0.0649	89.5	30.5	0.0470	$+$

19.7　本 章 小 结

　　由于第 17 章和第 18 章提出的 pLCS_L1BOA 和 pLCS_L1BOA_FR 算法在直接求解多分类问题时性能出现退化,因此本章采用了基于进化纠错输出编码的算法解决多分类问题。具体地说,本章使用第 16 章提出的 L1BOA 并根据目标问题的自身特点设计编码矩阵,从而将多分类问题转化为若干二分类问题,再利用 pLCS_L1BOA、pLCS_L1BOA_FR 求解转化得到的二分类问题,最后根据编码矩阵并结合各二分类器的预测性能给出最终的预测结果。通过对实际的多分类问题进行的实验表明:与 GAssist 相比,本章所提出的算法能够有效提高预测性能,并减少训练过程的计算开销;而与其他被广泛采用的分类算法相比,本章提出的算法同样能够获得较高的分类准确率。

第 20 章　下篇总结与展望

20.1　主要工作和结论

作为基于遗传算法的机器学习方法的一种,学习分类器使用显式的规则对知识进行表示,在监督学习或强化学习机制的基础上,利用遗传算法在规则空间进行搜索,从而完成学习任务。规则空间的搜索效率是影响学习分类器性能的关键。本篇从提高规则空间的搜索质量出发,着眼于分类问题,提出了基于分布估计算法的学习分类器,并从以下 4 方面开展研究工作。

(1) 针对贝叶斯优化算法(BOA)需要在贝叶斯网络学习过程中对网络复杂度加以额外控制的问题,提出了一种基于 L1 正则化贝叶斯网络的分布估计算法(L1BOA)。在学习网络结构的过程中,该算法首先从参数估计的角度建立候选父节点的选择机制,利用 L1 正则化的稀疏性为各个节点挑选候选父节点,并在候选父子节点对范围内确定最终的网络结构,从而能够根据目标问题的特点合理控制网络复杂度。通过对不同类型的测试函数进行的实验表明:L1BOA 达到或超过了对网络复杂度实施最优额外控制时 BOA 的性能,同时,相比于 BOA,L1BOA 学习到的贝叶斯网络结构能够更为准确地反映目标问题中变量间的链接关系。

(2) 为提高学习分类器对规则空间的搜索质量,提出了基于分布估计算法的分类器进化算法(pLCS_L1BOA)。该算法根据 Pittsburgh 式学习分类器知识表示的层级特点,将分类器进化划分为规则和规则集两个层次。规则层次的进化利用 L1BOA 实现。规则集层次的进化过程则采用规则粒度的交叉算子实现规则集的重组,从而避免破坏已知的规则结构。通过对构造的和实际的二分类问题进行的实验表明:较现有的 Pittsburgh 式学习分类器,pLCS_L1BOA 能够获得更高的分类准确率,并能够减少训练过程的计算开销;与其他广泛使用的分类算法相比,pLCS_L1BOA 也能获得较高的分类准确率。

(3) 在 pLCS_L1BOA 的基础上,充分利用分布估计算法获得的关于规则的统计信息,提出了面向学习分类器的嵌入式特征选择算法。该算法首先根据规则统计信息计算各个特征的冗余度,获得待删除的冗余特征。然后,利用规则重组过程中学习到的贝叶斯网络结构考察待删除特征间的关联关系,确定并删除冗余特征。通过对包含冗余特征的构造问题和实际问题进行的实验表明:与 pLCS_L1BOA 相比,整合了嵌入式特征选择算法后的 pLCS_L1BOA(称为 pLCS_L1BOA_FR)能够以更小的训练开销获得更高的分类准确率;在所选特征规模相同的情况下,与其他的特征选择方法相比,嵌入式特征选择算法能够使 pLCS_L1BOA 获得更高的分类准确率。

(4)针对多分类问题,提出了基于进化纠错输出编码的多分类算法。该算法首先利用 L1BOA 并结合目标问题的自身特点,产生将多分类问题转化为若干二分类问题的编码矩阵。然后使用 pLCS_L1BOA、pLCS_L1BOA_FR 求解二分类问题,进而完成多分类任务。通过对实际多分类问题进行的实验表明:基于进化纠错输出编码的多分类算法的分类准确率较现有的 Pittsburgh 式学习分类器更高,训练开销更小,同时其分类准确率也高于其他分类算法。

20.2　未来研究工作展望

本篇尝试利用分布估计算法改善全局搜索能力,在一定程度上提高了 Pittsburgh 式学习分类器求解分类问题时的性能。但是目前尚有许多问题有待进一步探索和研究。

(1)除拥有强有力的全局搜索能力外,分布估计算法的优势还体现在能够较好地融合已有的关于目标问题的先验知识。在解决实际问题的过程中,如何根据已有的关于目标问题的知识初始化概率模型,从而缩短寻优过程,是值得探索的问题。

(2)除分布估计算法等全局搜索策略外,局部搜索策略能够使得个体性能在通过种群整体进化得以提高的同时实现非随机性的自我改良。结合学习分类器自身的特点及目标问题的领域知识,设计有效的局部搜索策略,对进一步提高规则空间的搜索能力,有着积极的理论和实际意义。

(3)现有的 Pittsburgh 式学习分类器主要用于解决监督学习问题。对其结构进行修改,使之能够解决无监督学习问题或强化学习问题,将有力推动 Pittsburgh 式学习分类器的发展。

参 考 文 献

[1]　REEVES C R. Modern heuristic techniques for combinatorial problems[M].New York: John Wiley & Sons, Inc., 1993.

[2]　DAVIS L. Handbook of genetic algorithms[M].New York: Van Nostrand Reinhold, 1991.

[3]　LARRAÑAGA P, LOZANO J A. Estimation of distribution algorithms: A new tool for evolutionary computation[M]. New York: Springer Science & Business Media, 2001.

[4]　PELIKAN M, GOLDBERG D E, LOBO F G. A survey of optimization by building and using probabilistic models[J]. Computational Optimization and Applications, 2002, 21: 5-20.

[5]　HAUSCHILD M, PELIKAN M. An introduction and survey of estimation of distribution algorithms[J]. Swarm and Evolutionary Computation, 2011, 1(3): 111-128.

[6]　MÜHLENBEIN H, PAASS G. From recombination of genes to the estimation of distributions I. Binary parameters[C]. Proceedings of the 4th Parallel Problem Solving from Nature, 1996: 178-187.

[7]　SHIR O M. Niching in evolutionary algorithms[J]. Handbook of Natural Computing. Springer, 2012: 1035-1069.

[8]　GOLDBERG D E, RICHARDSON J. Genetic algorithms with sharing for multimodal function optimization [C]. Proceedings of the 2nd International Conference on Genetic Algorithms, 1987: 4149.

[9]　PÉTROWSKI A. A clearing procedure as a niching method for genetic algorithms[C]. Proceedings of the 1st IEEE International conference on Evolutionary Computation, 1996: 798-803.

[10]　DE JONG K A. An analysis of the behavior of a class of genetic adaptive systems[M].Ann Arbor: University of Michigan Press, 1975.

[11]　PEÑA J M, LOZANO J A, LARRAÑAGA P. Globally multimodal problem optimization via an estimation of distribution algorithm based on unsupervised learning of Bayesian networks[J]. Evolutionary Computation, 2005, 13(1): 43-66.

[12]　EMMENDORFER L R, POZO A T R. An empirical evaluation of linkage learning strategies for multimodal optimization [C]. Proceedings of the 7th Institute of Electrical and Electronics Engineers Congress on Evolutionary Computation, 2007: 326-333.

[13]　EMMENDORFER L R, POZO A T R. An incremental approach for niching and building block detection via clustering[C]. Proceedings of the 7th International Conference on Intelligent Systems Design and Applications, 2007: 303-308.

[14]　EMMENDORFER L, POZO A. A clustering-based approach for linkage learning applied to multimodal optimization[J]. Linkage in Evolutionary Computation, 2008: 225-248.

[15]　EMMENDORFER L R, POZO A T R. Effective linkage learning using low-order statistics and

clustering[J]. IEEE Transactions on Evolutionary Computation, 2009, 13(6): 1233-1246.

[16] CHUANG C Y, HSU W L. Multivariate multi-model approach for globally multimodal problems [C]. Proceedings of the 12th Annual Conference on Genetic and Evolutionary Computation, 2010: 311-318.

[17] SANTIAGO A, HUACUJA H J F, DORRONSORO B, et al. A survey of decomposition methods for multi-objective optimization [J]. Recent Advances on Hybrid Approaches for Designing Intelligent Systems, 2014: 453-465.

[18] BADER J, ZITZLER E. HypE: An algorithm for fast hypervolume-based many-objective optimization[J]. Evolutionary Computation, 2011, 19(1): 45-76.

[19] BEUME N, NAUJOKS B, EMMERICH M. SMS-EMOA: Multiobjective selection based on dominated hypervolume [J]. European Journal of Operational Research, 2007, 181 (3): 1653-1669.

[20] BALUJA S. Population-based incremental learning. a method for integrating genetic search based function optimization and competitive learning[R]. Carnegie-Mellon Univ Pittsburgh Pa Dept Of Computer Science, 1994.

[21] HARIK G R, LOBO F G, GOLDBERG D E. The compact genetic algorithm[J]. Institute of Electrical and Electronics Engineers Transactions on Evolutionary Computation, 1999, 3(4): 287-297.

[22] HAN K H, KIM J H. Quantum-inspired evolutionary algorithm for a class of combinatorial optimization[J]. IEEE Transactions on Evolutionary Computation, 2002, 6(6): 580-593.

[23] ZHOU S, SUN Z. A new approach belonging to EDAs: quantum-inspired genetic algorithm with only one chromosome [C]. Proceedings of the 1st Advances in Natural Computation: First International Conference, 2005: 141-150.

[24] LEE J Y, KIM M S, LEE J J. Compact genetic algorithms using belief vectors[J]. Applied Soft Computing, 2011, 11(4): 3385-3401.

[25] HAN K H, KIM J H. Quantum-inspired evolutionary algorithms with a new termination criterion, H_ε gate, and two-phase scheme[J]. IEEE Transactions on Evolutionary Computation, 2004, 8(2): 156-169.

[26] PLATEL M D, SCHLIEBS S, KASABOV N. Quantum-inspired evolutionary algorithm: A multimodel EDA[J]. IEEE Transactions on Evolutionary Computation, 2008, 13(6): 1218-1232.

[27] RUDLOF S, KÖPPEN M. Stochastic hill climbing with learning by vectors of normal distributions[C]. Proceedings of the 1st Online Workshop on Soft Computing, 1996.

[28] ČREPINŠEK M, LIU S H, MERNIK M. Exploration and exploitation in evolutionary algorithms: A survey[J]. ACM Computing Surveys, 2013, 45(3): 1-33.

[29] LINDLEY D V. An introduction to Bayesian inference and decision[J]. Journal of the Operational Research Society, 1974, 25(2): 336-337.

[30] KOCH K R. Introduction to Bayesian statistics[M].New York：Springer，2007.

[31] GUPTA A K，NADARAJAH S. Handbook of beta distribution and its applications[M].Boca Raton：CRC Press，2004.

[32] RUSSELL S J. Artificial intelligence a modern approach[M]. London：Pearson Education，Inc.，2010.

[33] MARTELLO S，TOTH P. Knapsack problems：algorithms and computer implementations[M]. New York：John Wiley & Sons，Inc.，1990.

[34] KAUFFMAN S，LEVIN S. Towards a general theory of adaptive walks on rugged landscapes[J]. Journal of theoretical Biology，1987，128(1)：11-45.

[35] KAUFFMAN S A. Adaptation on rugged fitness landscapes[J]. Lectures in the Sciences of Complexity，1989，1：527-618.

[36] BÄCK T，FOGEL D B，MICHALEWICZ Z. Handbook of evolutionary computation[J]. Release，1997，97(1)：B1.

[37] PELIKAN M，SASTRY K，GOLDBERG D E，et al. Performance of evolutionary algorithms on NK landscapes with nearest neighbor interactions and tunable overlap[C]. Proceedings of the 11th Annual Conference on Genetic and Evolutionary Computation，2009：851-858.

[38] PLATEL M D，SCHLIEBS S，KASABOV N. A versatile quantum-inspired evolutionary algorithm[C]. Proceedings of the 7th Institute of Electrical and Electronics Engineers Congress on Evolutionary Computation，2007：423-430.

[39] WEINBERGER E D. NP completeness of Kauffman's NK model，a tuneably rugged fitness landscape[R]. Santa Fe Institute，1996.

[40] SASTRY K，GOLDBERG D E，LLORÀ X. Towards billion-bit optimization via a parallel estimation of distribution algorithm[C]. Proceedings of the 9th Annual Conference on Genetic and Evolutionary Computation，2007：577-584.

[41] ZHANG G. Quantum-inspired evolutionary algorithms：a survey and empirical study[J]. Journal of Heuristics，2011，17(3)：303-351.

[42] PELIKAN M，GOLDBERG D E，CANTU-PAZ E. Linkage problem，distribution estimation，and Bayesian networks[J]. Evolutionary Computation，2000，8(3)：311-340.

[43] YU T L，SASTRY K，GOLDBERG D E. Linkage learning，overlapping building blocks，and systematic strategy for scalable recombination[C]. Proceedings of the 7th Annual Conference on Genetic and Evolutionary Computation，2005：1217-1224.

[44] KIM J，HWANG I，KIM Y H，et al. Genetic approaches for graph partitioning：a survey[C]. Proceedings of the 13th Annual Conference on Genetic and Evolutionary Computation，2011：473-480.

[45] ERBAS C，CERAV-ERBAS S，PIMENTEL A D. Multiobjective optimization and evolutionary algorithms for the application mapping problem in multiprocessor system-on-chip design[J]. IEEE

Transactions on Evolutionary Computation，2006，10(3)：358-374.

[46] ABIDO M A. Multiobjective evolutionary algorithms for electric power dispatch problem[J]. IEEE Transactions on Evolutionary Computation，2006，10(3)：315-329.

[47] KONAK A，COIT D W，SMITH A E. Multi-objective optimization using genetic algorithms：A tutorial[J]. Reliability Engineering & System Safety，2006，91(9)：992-1007.

[48] MIETTINEN K. Nonlinear multiobjective optimization[M]. New York：Springer Science & Business Media，1999.

[49] WIERZBICKI A P. The use of reference objectives in multiobjective optimization[C]. Proceedings of the 3rd Multiple Criteria Decision Making Theory and Application Conference，1980：468-486.

[50] ZHANG Q，LI H. MOEA/D：A multiobjective evolutionary algorithm based on decomposition [J]. IEEE Transactions on Evolutionary Computation，2007，11(6)：712-731.

[51] LI Y，ZHOU A，ZHANG G. A decomposition based estimation of distribution algorithm for multiobjective knapsack problems[C]. Proceedings of the 8th International Conference on Natural Computation，2012：803-807.

[52] JASZKIEWICZ A. On the performance of multiple-objective genetic local search on the 0/1 knapsack problem-a comparative experiment [J]. IEEE Transactions on Evolutionary Computation，2002，6(4)：402-412.

[53] ZITZLER E，THIELE L. Multiobjective optimization using evolutionary algorithms—a comparative case study[C]. Proceedings of the 5th Parallel Problem Solving from Nature—PPSN V：5th International Conference Amsterdam，1998：292-301.

[54] HAN J，KAMBER M. Data mining：concepts and techniques[M]. San Francisco：Morgan Kaufmann，2006.

[55] HASTIE T，TIBSHIRANI R，FRIEDMAN J. The elements of statistical learning：data mining，inference，and prediction[M]. Berlin：Springer Verlag，2001.

[56] BISHOP C. Pattern recognition and machine learning[M]. New York：Springer，2006.

[57] MITCHELL T. Machine Learning[M]. New York：McGraw-Hill Companies，Inc，1997.

[58] LANZI P，STOLZMANN W，WILSON S. Learning classifier systems：from foundations to applica-tions[M]. Berlin：Springer Verlag，2000.

[59] FERNANDEZ A，GARCA S，LUENGO J，et al. Genetics-based machine learning for rule induction：state of the art，taxonomy，and comparative study[J]. IEEE Transactions on Evolutionary Computation，2010，14(6)：913-941.

[60] LIU H，MOTODA H. Feature extraction，construction and selection：a data mining perspective [M]. Holland：Kluwer Academic Publisher，1998.

[61] HOLLAND J. Adaptation in natural and artificial systems[M]. Ann Arbor：University of Michigan Press，1975.

[62] ORRIOLS-PUIG A，CASILLAS J，BERNADO-MANSILLA E. Genetic-based machine learning

systems are competitive for pattern recognition[J]. Evolutionary Intelligence, 2008, 1(3): 209-232.

[63] DARWIN C. The origin of species[M]. New York: Oxford University Press, 1996.

[64] MENDEL J. Experiments in plant hybridization[J]. Verhandlungendes Naturforschenden Vereines in Brunn, 1865, 4: 3-47.

[65] FREITAS A. Data mining and knowledge discovery with evolutionary algorithms[M]. Berlin: Springer Verlag, 2002.

[66] RECHENBERG I. Evolution strategie: optimierung technischer systeme nach prinzipien der biologischen evolution[M]. Stuttgart: Fromman-Holzboog, 1973.

[67] FOGEL L. On the organization of intellect[D]. University of California, 1964.

[68] HOLLAND J. Adaptation in natural and artificial systems: an introductory analysis with applications to biology, control, and artificial intelligence[M].Boston: MIT Press, 1992.

[69] GOLDBERG D. Genetic algorithms in search, optimization, and machine learning[M].Boston: Addison-Wesley, 1989.

[70] KOZA J. Genetic programming: on the programming of computers by means of natural selection [M].Boston: MIT Press, 1992.

[71] GOLDBERG D. The design of innovation: lessons from and for competent genetic algorithms [M].Boston: Kluwer Academic Publishers Norwell, 2002.

[72] HOLLAND J, REITMAN J. Cognitive systems based on adaptive algorithms[M]. San Diego: Academic Press, 1978: 313-329.

[73] BERNADO-MANSILLA E, GARRELL-GUIU J. Accuracy-based learning classifier systems: models, analysis and applications to classification tasks[J]. Evolutionary Computation, 2003, 11 (3): 209-238.

[74] TAMEE K, BULL L, PINNGERN O. Towards clustering with learning classifier systems[M]. Berlin: Springer, 2008: 191-204.

[75] SHI L, SHI Y, GAO Y, et al. XCSc: A novel approach to clustering with extended classifier system[J]. International Journal of Neural Systems, 2011, 21(1): 79-93.

[76] BUTZ M, PELIKAN M. Studying XCS/BOA learning in boolean functions: structure encoding and random boolean functions[C]. Proceedings of the 8th Annual Conference on Genetic and Evolutionary Computation. 2006: 1449-1456.

[77] BUTZ M, PELIKAN M, LLORA X, et al. Automated global structure extraction for effective local building block processing in XCS[J]. Evolutionary Computation, 2006, 14(3): 345-380.

[78] HOLLAND J. Outline for a logical theory of adaptive systems[J]. Journal of the Association for Computing Machinery, 1962, 9(3): 297-314.

[79] WILSON S. Classifier fitness based on accuracy[J]. Evolutionary Computation, 1995, 3(2): 149-175.

［80］ KOVACS T. Strength or accuracy? Fitness calculation in learning classifier systems［C］. Proceedings of the Learning Classifier Systems：From Foundations to Applications，2000：143-160.

［81］ BUTZ A，GOLDBERG B，STOLZMANN C. The anticipatory classifier system and genetic generalization［J］. Natural Computing，2002，1(4)：427-467.

［82］ BULL L. Two simple learning classifier systems［M］. Berlin Heidelberg：Springer，2005：63-89.

［83］ SMITH S F. A learning system based on genetic adaptive algorithms［M］.Pittsburgh：University of Pittsburgh，1980.

［84］ DE JONG K，SPEARS W，GORDON D. Using genetic algorithms for concept Learning［J］. Machine Learning，1993，13(2)：161-188.

［85］ JANIKOW C. A knowledge-intensive genetic algorithm for supervised learning［J］. Machine Learning，1993，13(2)：189-228.

［86］ BACARDIT J. Pittsburgh genetics-based machine learning in the data mining era：representations，generalization，and run-time［D］. Barcelona：Ramon Llull University，2004.

［87］ BACARDIT J，BUTZ M. Data mining in learning classifier systems：comparing XCS with Gassist ［C］. Proceedings of 10th Learning Classifier Systems. Berlin Heidelberg：Springer，2007：282-290.

［88］ JOLLIFFE I. Principal component analysis［M］. New York：Springer Verlag，2002.

［89］ LEWIS II P. The characteristic selection problem in recognition systems［J］. IRE Transactions on Information Theory，1962，8(2)：171-178.

［90］ LANGLEY P. Selection of Relevant Features in Machine Learning［C］. Proceedings of the AAAI Fall 94 Symposium on Relevance. AAAI Press，1994：140-144.

［91］ DAVIES S，RUSSL S. NP-completeness of searches for smallest possible feature sets［C］. Proceedings of the AAAI Fall 94 Symposium on Relevance. AAAI Press，1994：140-144.

［92］ BLUM A L，LANGLEY P. Selection of relevant features and examples in machine learning［J］. Artificial Intelligence，1997，97(12)：245-271.

［93］ DASH M，LIU H. Feature selection for classification［J］. Intelligenet Data Analysis，1997，1(3)：131-156.

［94］ KIRA K，RENDELL L A. A practical approach to feature selection［C］. Machine Learning Proceedings. Amsterdam：Elsevier，1992：249-256.

［95］ KONONENKO I. Estimating attributes：analysis and extensions of RELIEF［C］. Proceedings of the 7th European Conference on Machine Learning，1994：171-182.

［96］ KOLLER D，SAHAMI M. Toward optimal feature selection［R］. San Francisco：Stanford InfoLab，1996.

［97］ KOHAVI R，JOHN G H. Wrappers for feature subset selection［J］. Artificial Intelligence，1997，97：273-324.

［98］ KITTLER J. Feature set search algorithms［C］. Proceedings of the Pattern Recognition and Signal Processing，1978：41-60.

［99］ YANG J，HONAVAR V. Feature subset selection using a genetic algorithm［J］. IEEE Intelligent Systems and their Applications，1998，13(2)：44-49.

［100］ MARTIN-BAUTISTA M J，VILA M A. A survey of genetic feature selection in mining issues ［C］. Proceedings of the 1st IEEE Congress on Evolutionary Computation，1999，2：1314-1321.

［101］ QUINLAN J R. C4.5：programs for machine learning［M］. Burlington：Morgan Kaufmann Publishers Inc.，1992.

［102］ QUINLAN J R. Induction of decision trees［J］. Machine Learning，1986，1：81-106.

［103］ BREIMAN L，FRIEDMAN J，OLSHEN R，et al. CART：classification and regression trees ［M］. Belmont：Wadsworth，1984.

［104］ DUDA R，HART P，STORK D. Pattern classification［M］. New York：John Wiley & Sons，Inc.，2001.

［105］ GUYON I，WESTON J，BARNHILL S，et al. Gene selection for cancer classification using support vector machines［J］. Machine Learning，2002，46：389-422.

［106］ DARKINS R. The selfish gene［M］. New York：Oxford University Press，1976.

［107］ MERZ P，FREISLEBEN B. Memetic algorithms and the fitness landscape of the graph bi-partitioning problem［C］. Proceedings of the Parallel Problem Solving from Nature. Berlin Heidelberg：Springer，1998：765-774.

［108］ ALI W，TOPCHY A. Memetic optimization of video chain designs［C］. Proceedings of the 6th Genetic and Evolutionary Computation Conference，2004：869-882.

［109］ WONG K W，ONG Y S，EREN H，et al. Hybrid fuzzy modelling using memetic algorithm for hydrocyclone control［C］. Proceedings of the 3rd International Conference on Machine Learning and Cybernetics，2004(7)：4188-4193.

［110］ YEH W. An efficient memetic algorithm for the multi-stage supply chain network problem［J］. The International Journal of Advanced Manufacturing Technology，2005，29(7)：803-813.

［111］ 刘漫丹. 文化基因算法（Memetic Algorithm）研究进展［J］. 自动化技术与应用，2007，26 (011)：1-4.

［112］ BLAKEMORE S. The meme machine［M］ Oxford：Oxford University Press，1999.

［113］ WILSON E O. Sociobiology：the new synthesis［M］. Cambridge：Belknap，1975.

［114］ MOSCATO P. On evolution，search，optimization，genetic algorithms and martial arts：Towards memetic algorithms ［J］. Caltech Concurrent Computation Program，1989，826 (1989)：37.

［115］ HART W E，KRASNOGOR N，SMITH J E. Editorial introduction special issue on memetic algorithms［J］. Evolutionary Computation，2004，12(3)：5-6.

［116］ ONG Y S，KRASNOGOR N，ISHIBUCHI H. Special issue on memetic algorithms［J］. IEEE

Transactions on Systems，Man，and Cybernetics，Part B：Cybernetics，2007，37(1)：2-5.

[117] HART W E，Krasnogor N. Recent advances in memetic algorithms[M].Berlin：Springer，2005.

[118] ONG Y S，LIM M H，ZHU N，et al. Classification of adaptive memetic algorithms：a comparative study[J]. IEEE Transactions on Systems，Man，and Cybernetics，Part B：Cybernetics，2006，36(1)：141-152.

[119] ZHU Z，ONG Y S，DASH M. Wrapper-filter feature selection algorithm using a memetic framework[J]. IEEE Transactions on Systems，Man，and Cybernetics，Part B：Cybernetics，2007，37(1)：70-76.

[120] 焦李成，刘静，钟伟才. 协同进化计算与多智能体系统[M].北京：科学出版社，2006.

[121] EHRLICH P R，RAVEN P H. Butterflies and plants：a study in coevolution[J]. Evolution，1964(18)：586-608.

[122] JANZEN D H. When is it coevolution? [J].Evolution，1980，34(3)：611-612.

[123] 郭圆平. 动态种群规模的协同进化算法模型、理论与应用[D].合肥：中国科学技术大学，2008.

[124] HILLIS W D. Co-evolving parasites improve simulated evolution as an optimization procedure [J]. Physica D Nonlinear Phenomena，1990，42(1-3)：228-234.

[125] POTTER M A，JONG K A D. Cooperative coevolution：An architecture for evolving coadapted subcomponents[J]. Evolutionary Computation，2000，8(1)：1-29.

[126] ROSIN C D，BELEW R K. New methods for competitive coevolution[J]. Evolutionary Computation，1997，5(1)：1-29.

[127] KIM Y K，KIM J Y，KIM Y. A tournament-based competitive coevolutionary algorithm[J]. Applied Intelligence，2004，20(3)：267-281.

[128] HUSBANDS P，MILL F. Simulated co-evolution as the mechanism for emergent planning and scheduling[C]. Proceedings of the 4th International Conference on Genetic Algorithms，1991：264-270.

[129] PANAIT L，WIEGAND R P，LUKE S. Improving coevolutionary search for optimal multiagent behaviors[C]. Proceedings of the 18th International Joint Conference on Artificial intelligence，2003：653-658.

[130] PANAIT L，LUKE S，HARRISON J F. Archive-based cooperative coevolutionary algorithms [C]. Proceedings of the 8th Annual Conference on Genetic and Evolutionary Computation，2006：345-352.

[131] BACARDIT J，STOUT M，HIRST J，et al. Automated alphabet reduction method with evolutionary algorithms for protein structure prediction[C]. Proceedings of the 9th Annual Conference on Genetic and Evolutionary Computation，2007：346-353.

[132] LLORA X，REDDY R，MATESIC B，et al. Towards better than human capability in diagnosing prostate cancer using infrared spectroscopic imaging[C]. Proceedings of the 9th Annual Conference on Genetic and Evolutionary Computation，2007：2098-2105.

[133] LANZI P L. Learning classifier systems：then and now[J]. Evolutionary Intelligence，2008，1：63-82.

[134] FAYYAD U，IRANI K. Multi-interval discretization of continuous-valued attributes for classification learning[C]. Proceedings of the 9th International Joint Conference on Articial Intelligence，1993，1022-1029.

[135] STEINBACH M，TAN P. kNN：k-Nearest Neighbors[J]. International Statistical Review，2010，78(1)：151-162.

[136] WILCOXON F. Individual comparisons by ranking methods[M]. New York：Springer，1992.

[137] 陈国良. 并行计算：结构·算法·编程[M]. 北京：高等教育出版社，2011.

[138] HWANG K，JOTWANI N. Advanced computer architecture：parallelism，scalability，programmability[M]. New York：McGraw-Hill，1993.

[139] AHMAD I，KWOK Y K. On exploiting task duplication in parallel program scheduling[J]. IEEE Transactions on Parallel and Distributed Systems，1998，9(9)：872-892.

[140] EL-REWINI H，LEWIS T G，ALI H H. Task scheduling in parallel and distributed systems[M].Upper Saddle River：Prentice-Hall，Inc.，1994.

[141] KWOK Y K，AHMAD I. Static scheduling algorithms for allocating directed task graphs to multiprocessors[J].Association for Computing Machinery Computing Surveys，1999，31(4)：406-471.

[142] ULLMAN J D. NP-complete scheduling problems [J]. Journal of Computer and System Sciences，1975，10(3)：384-393.

[143] HU T C. Parallel sequencing and assembly line problems[J]. Operations Research，1961，9(6)：841-848.

[144] COFFMAN E G，GRAHAM R L. Optimal scheduling for two-processor systems[J]. Acta Informatica，1972，1：200-213.

[145] PAPADIMITRIOU C H，YANNAKAKIS M. Scheduling interval-ordered tasks[J]. SIAM Journal on Computing，1979，8(3)：405-409.

[146] ADAM T L，CHANDY K M，DICKSON J R. A comparison of list schedules for parallel processing systems[J]. Communications of the Association for Computing Machinery，1974，17(12)：685-690.

[147] KWOK Y K，AHMAD I. Dynamic critical-path scheduling：An effective technique for allocating task graphs to multiprocessors[J]. IEEE Transactions on Parallel and Distributed Systems，1996，7(5)：506-521.

[148] HWANG J J，CHOW Y C，ANGER F D，et al. Scheduling precedence graphs in systems with interprocessor communication times[J]. SIAM Journal on Computing，1989，18(2)：244-257.

[149] WU M Y，GAJSKI D D. Hypertool：A programming aid for message-passing systems[J]. IEEE Transactions on Parallel and Distributed Systems，1990，1(3)：330-343.

[150] TOPCUOGLU H，HARIRI S，WU M Y. Performance-effective and low-complexity task scheduling for heterogeneous computing[J]. IEEE Transactions on Parallel and Distributed Systems，2002，13(3)：260-274.

[151] DAOUD M I，KHARMA N. A high performance algorithm for static task scheduling in heterogeneous distributed computing systems[J]. Journal of Parallel and Distributed Computing，2008，68(4)：399-409.

[152] YANG T，GERASOULIS A. DSC：Scheduling parallel tasks on an unbounded number of processors[J]. IEEE Transactions on Parallel and Distributed Systems，1994，5(9)：951-967.

[153] GLOVER F，KOCHENBERGER G. Handbook of Metaheuristics[M]. Norwell：Kluwer Academic Publishers，2003.

[154] KALASHNIKOV A V，KOSTENKO V A. A parallel algorithm of simulated annealing for multiprocessor scheduling[J]. Journal of Computer & Systems Sciences International，2008，47(3)：455.

[155] PORTO S C S，RIBEIRO C C. A tabu search approach to task scheduling on heterogeneous processors under precedence constraints[J]. International Journal of High Speed Computing，1995，7(01)：45-71.

[156] ERCAN M F，OĞUZ C. Performance of local search heuristics on scheduling a class of pipelined multiprocessor tasks[J]. Computers & Electrical Engineering，2005，31(8)：537-555.

[157] DAVIDOVIĆ T，HANSEN P，MLADENOVIĆ N. Permutation-based genetic，tabu，and variable neighborhood search heuristics for multiprocessor scheduling with communication delays[J]. Asia-Pacific Journal of Operational Research，2005，22(03)：297-326.

[158] HOU E S H，ANSARI N，REN H. A genetic algorithm for multiprocessor scheduling[J]. IEEE Transactions on Parallel and Distributed Systems，1994，5(2)：113-120.

[159] YU H. Optimizing task schedules using an artificial immune system approach[C]. Proceedings of the 10th Annual Conference on Genetic and Evolutionary Computation，2008：151-158.

[160] BOCTOR F F，RENAUD J，RUIZ A，et al. Ant colony optimization for mapping and scheduling in heterogeneous multiprocessor systems[C]. Proceedings of the 8th International Conference on Embedded Computer Systems：Architectures，Modeling and Simulation，2008：142-149.

[161] OMIDI A，RAHMANI A. Multiprocessor independent tasks scheduling using a novel heuristic PSO algorithm[C]. Proceedings of the 2nd IEEE International Conference on Computer Science and Information Technology，2009：369-373.

[162] AHMAD I，DHODHI M K. Multiprocessor scheduling in a genetic paradigm[J]. Parallel Computing，1996，22(3)：395-406.

[163] CORREA R C，FERREIRA A，REBREYEND P. Scheduling multiprocessor tasks with genetic algorithms[J]. IEEE Transactions on Parallel and Distributed Systems，1999，10(8)：825-837.

[164] WU A S, YU H, JIN S, et al. An incremental genetic algorithm approach to multiprocessor scheduling[J]. IEEE Transactions on Parallel and Distributed Systems, 2004, 15(9): 824-834.

[165] BONYADI M R, MOGHADDAM E M. A bipartite genetic algorithm for multi-processor task scheduling[J]. International Journal of Parallel Programming, 2009, 37: 462-487.

[166] ZOMAYA A Y, WARD C, MACEY B. Genetic scheduling for parallel processor systems: comparative studies and performance issues[J]. IEEE Transactions on Parallel and Distributed Systems, 1999, 10(8): 795-812.

[167] SHAHID A, BENTEN M S T, SAIT S M. GSA: scheduling and allocation using genetic algorithm[C]. Proceedings of the Conference on European Design Automation, 1994: 84-89.

[168] OMARA F A, ARAFA M M. Genetic algorithms for task scheduling problem[J]. Journal of Parallel and Distributed Computing, 2010, 70(1): 13-22.

[169] KRASNOGOR N, SMITH J. A tutorial for competent memetic algorithms: model, taxonomy, and design issues[J]. IEEE Transactions on Evolutionary Computation, 2005, 9(5): 474-488.

[170] GOH C K, TEOH E J, TAN K C. A hybrid evolutionary approach for heterogeneous multiprocessor scheduling[J]. Soft Computing, 2009, 13: 833-846.

[171] JELODAR M, FAKHRAIE S, MONTAZERI F, et al. A representation for genetic-algorithm-based mul-tiprocessor task scheduling[C]. Proceedings of the IEEE Congress on Evolutionary Computation, 2006: 16-21.

[172] HWANG R, GEN M, KATAYAMA H. A comparison of multiprocessor task scheduling algorithms with communication costs[J]. Computers & Operations Research, 2008, 35(3): 976-993.

[173] WEN Y, XU H, YANG J. A heuristic-based hybrid genetic algorithm for heterogeneous mul-tiprocessor scheduling [C]. Proceedings of the 12th Annual Conference on Genetic and Evolutionary Computation, 2010: 729-736.

[174] MLADENOVIĆ N, HANSEN P. Variable neighborhood search[J]. Computers & Operations Research, 1997, 24(11): 1097-1100.

[175] HANSEN P, PÉREZ N M A M. Variable neighbourhood search: methods and applications[J]. Annals of Operations Research, 2010, 175: 367-407.

[176] GERASOULIS A, YANG T. Performance bounds for column-block partitioning of parallel Gaussian elimination and Gauss-Jordan methods[J]. Applied Numerical Mathematics, 1994, 16 (1-2): 283-297.

[177] CHUNG Y C, RANKA S. Applications and performance analysis of a compile-time optimization approach for list scheduling algorithms on distributed memory multiprocessors[C]. Proceedings of the Supercomputing Conference, 1992: 512-521.

[178] DEMŠAR J. Statistical comparisons of classifiers over multiple data sets[J]. The Journal of Machine Learning Research, 2006, 7: 1-30.

[179] FRIEDMAN M. A comparison of alternative tests of significance for the problem of m rankings [J]. The Annals of Mathematical Statistics, 1940, 11(1): 86-92.

[180] IMAN R L, Davenport J M. Approximations of the critical region of the fbietkan statistic[J]. Communications in Statistics—Theory and Methods, 1980, 9(6): 571-595.

[181] HOLM S. A simple sequentially rejective multiple test procedure[J]. Scandinavian Journal of Statistics, 1979: 65-70.

[182] STUART R, PETER N. Artificial intelligence: a modern approach[M]. Upper Saddle River: Prentice Hall, 2003.

[183] SIGAUD O, WILSON S W. Learning classifier systems: a survey[J]. Soft Computing, 2007, 11: 1065-1078.

[184] URBANOWICZ R J, MOORE J H. Learning classifier systems: a complete introduction, review, and roadmap[J]. Journal of Artificial Evolution and Applications, 2009(1): 1-25.

[185] BACARDIT J, BERNADO-MANSILLA E, BUTZ M V. Learning classifier systems: looking back and glimpsing ahead[C]. Proceedings of the Learning Classifier Systems: 10th International Workshop, 2008: 1-21.

[186] JONG K D. Evolutionary Computation: A Unified Approach. Cambridge[M]. Boston: MIT Press, 2006.

[187] LLORÀ X, PRIYA A, BHARGAVA R. Observer-invariant histopathology using genetics-based machine learning[J]. Natural Computing, 2009, 8(1): 101-120.

[188] SHAFI K, KOVACS T, ABBASS H A, et al. Intrusion detection with evolutionary learning classifier systems[J]. Natural Computing, 2009, 8: 3-27.

[189] PREEN R. An XCS approach to forecasting financial time series[C]. Proceedings of the 11th Annual Conference Companion on Genetic and Evolutionary Computation Conference, 2009: 2625-2632.

[190] PELIKAN M, GOLDBERG D E, CANTÚ-PAZ E. BOA: The Bayesian optimization algorithm [C]. Proceedings of the 1st Genetic and Evolutionary Computation Conference, 1999: 525-532.

[191] HAUSCHILD M, PELIKAN M, SASTRY K, et al. Analyzing probabilistic models in hierarchical BOA [J]. IEEE Transactions on Evolutionary Computation, 2009, 13 (6): 1199-1217.

[192] PELIKAN M, PELIKAN M. Hierarchical Bayesian optimization algorithm [M]. Berlin Heidelberg: Springer, 2005.

[193] PELIKAN M, GOLDBERG D E, TSUTSUI S. Hierarchical Bayesian optimization algorithm: toward a new generation of evolutionary algorithms [C]. Proceeding of the 42nd Annual Conference of the Society of Instrument and Control Engineers, 2003: 2738-2743.

[194] CORREA E S, SHAPIRO J L. Model complexity vs. performance in the Bayesian optimization algorithm[C]. Proceedings of the Parallel Problem Solving from Nature-PPSN: 9th International

Conference，2006：998-1007.

[195] YU X，GEN M. Introduction to evolutionary algorithms[M].New York：Springer Science & Business Media，2010.

[196] RECHENBERG I. Evolutionsstrategie：Optimierung Technischer Systeme Nach Prinzipien der Biologischen Evolution[M].Stuttgart：Fromman-Holzboog，1973.

[197] CLERC M. Particle Swarm Optimization[M].New York：John Wiley & Sons，2010.

[198] DORIGO M，BIRATTARI M，STUTZLE T. Ant colony optimization[J]. IEEE Computational Intelligence Magazine，2006，1(4)：28-39.

[199] CASTRO L N，TIMMIS J. Artificial immune systems：a new computational intelligence approach[M].New York：Springer Science & Business Media，2002.

[200] DAS S，SUGANTHAN P N. Differential evolution：A survey of the state-of-the-art[J]. IEEE Transactions on Evolutionary Computation，2010，15(1)：4-31.

[201]   DEB K，GOLDBERG D E. Sufficient conditions for deceptive and easy binary functions[J]. Annals of Mathematics and Artificial Intelligence，1994，10：385-408.

[202] THIERENS D. Analysis and Design of Genetic Algorithms [D]. Leuven：University of Leuven，1995.

[203] HARIK G，CANTÚ-PAZ E，GOLDBERG D E，et al. The gambler's ruin problem，genetic algorithms，and the sizing of populations[J]. Evolutionary Computation，1999，7(3)：231-253.

[204] PELIKAN M，SASTRY K，CANTÚ-PAZ E. Scalable optimization via probabilistic modeling：from algorithms to applications[M].Berlin Heidelberg：Springer，2006.

[205] MÜHLENBEIN H. The equation for response to selection and its use for prediction [J]. Evolutionary Computation，1997，5(3)：303-346.

[206] DE J，BONET J S D，ISBELL C L，et al. MIMIC：Finding Optima by Estimating Probability Densities[C]. Proceedings of the 9th Advances in Neural Information Processing Systems，1996：424-430.

[207] PELIKAN M，MÜHLENBEIN H. The bivariate marginal distribution algorithm[C]. Proceedings of the Advances in Soft Computing：Engineering Design and Manufacturing，1999：521-535.

[208] BOSMAN P A N，THIERENS D. Linkage information processing in distribution estimation algorithms[J]. Utrecht University：Information and Computing Sciences，1999.

[209] KOLLER D，FRIEDMAN N. Probabilistic graphical models：principles and techniques[M]. Boston：MIT Press，2009.

[210] MÜHLENBEIN H，MAHNIG T，RODRIGUEZ A O. Schemata，distributions and graphical models in evolutionary optimization[J]. Journal of Heuristics，1999，5(2)：215-247.

[211]   HARIK G R，LOBO F G，SASTRY K. Linkage learning via probabilistic modeling in the Extended Compact Genetic Algorithm (ECGA) [J]. Scalable Optimization via Probabilistic Modeling，2006：39-61.

［212］ ETXEBERRIA R，LARRANAGA P. Global optimization using bayesian networks［C］. Proceedings of the 2nd Symposium on Artificial Intelligence，1999：332-339.

［213］ SUTTON R S，BARTO A G. Reinforcement learning：an introduction［M］. Boston：MIT Press，2018.

［214］ HOLMES J H，LANZI P L，STOLZMANN W，et al. Learning classifier systems：New models，successful applications［J］. Information Processing Letters，2002，82(1)：23-30.

［215］ WILSON S W. ZCS：A zeroth level classifier system［J］. Evolutionary Computation，1994，2(1)：1-18.

［216］ BUTZ M V. Rule-based evolutionary online learning systems［M］. Berlin：Springer-Verlag，2006.

［217］ ORRIOLS-PUIG A，CASILLAS J，BERNADO-MANSILLA E. Fuzzy-UCS：a Michigan-style learning fuzzy-classifier system for supervised learning［J］. Institute of Electrical and Electronics Engineers Transactions on Evolutionary Computation，2008，13(2)：260-283.

［218］ ORRIOLS-PUIG A，BERNADO-MANSILLA E，GOLDBERG D E，et al. Facetwise analysis of XCS for problems with class imbalances［J］. IEEE Transactions on Evolutionary Computation，2009，13(5)：1093-1119.

［219］ TAMEE K，BULL L，PINNGERN O. Towards clustering with XCS［C］. Proceedings of the 9th Annual Conference on Genetic and Evolutionary Computation，2007：1854-1860.

［220］ BUTZ M V，LANZI P L，WILSON S W. Function approximation with XCS：hyperellipsoidal conditions，recursive least squares，and compaction［J］. IEEE Transactions on Evolutionary Computation，2008，12(3)：355-376.

［221］ PEÑARROYA J B. Pittsburgh genetic-based machine learning in the data mining era：representations，generalization，and run-time［D］. Barcelona：Universitat Ramon Llull，2004.

［222］ CHICKERING M，HECKERMAN D，MEEK C. Large-sample learning of Bayesian networks is NP-hard［J］. Journal of Machine Learning Research，2004，5：1287-1330.

［223］ HECKERMAN D，GEIGER D，CHICKERING D M. Learning Bayesian networks：the combination of knowledge and statistical data［J］. Machine Learning，1995，20：197-243.

［224］ CHENG G. Learning Bayesian Networks From Data：An Information-Theory Based Approach［J］. Artificial Intelligence，2002，137(1-2).

［225］ SCHWARZ G. Estimating the dimension of a model［J］. The Annals of Statistics，1978，6(2)：461-464.

［226］ COVER T M，THOMAS J A. Elements of information theory［M］. Ann Arbor：Wiley-Interscience，2006.

［227］ ANDREW G，GAO J. Scalable training of L1-regularized log-linear models［C］. Proceedings of the 24th International Conference on Machine Learning. 2007：33-40.

［228］ TIBSHIRANI R. Regression shrinkage and selection via the lasso［J］. Journal of the Royal

Statistical Society: Series B (Methodological), 1996, 58(1): 267-288.

[229] SCHMIDT M. Graphical model structure learning with L1-regularization[D]. Vancouver: University of British Columbia, 2010.

[230] VIDAURRE D, BIELZA C, LARRAÑAGA P. Learning an L1-regularized Gaussian Bayesian network in the equivalence class space[J]. Institute of Electrical and Electronics Engineers Transactions on Systems, Man, and Cybernetics, Part B (Cybernetics), 2010, 40(5): 1231-1242.

[231] TEYSSIER M, KOLLER D. Ordering-based search: a simple and effective algorithm for learning Bayesian networks[C]. Proceedings of the 21st Conference on Uncertainty in Artificial Intelligence, 2005: 584-590.

[232] MEINSHAUSEN N, BÜHLMANN P. High-dimensional graphs and variable selection with the lasso[J]. The Annals of Statistics, 2006, 34(3): 1436-1462.

[233] COOPER G F, HERSKOVITS E. A Bayesian method for the induction of probabilistic networks from data[J]. Machine Learning, 1992, 9(4): 309-347.

[234] LIMA C F, PELIKAN M, GOLDBERG D E, et al. Linkage learning accuracy in the Bayesian optimization algorithm[M]//Linkage in Evolutionary Computation, New York: Springer, 2008: 87-107.

[235] LOZANO J A, LARRAÑAGA P, INZA I N, et al. Towards a new evolutionary computation: advances on estimation of distribution algorithms[M]. New York: Springer Science & Business Media, 2006.

[236] CHEN Y, GOLDBERG D E. Convergence time for the linkage learning genetic algorithm[J]. Evolutionary Computation, 2005, 13(3): 279-302.

[237] SHESKIN D J. Handbook of parametric and nonparametric statistical procedures[M]. Boca Raton: CRC Press, 2020.

[238] GARCÍA S, MOLINA D, LOZANO M, et al. A study on the use of non-parametric tests for analyzing the evolutionary algorithms' behaviour: a case study on the CEC'2005 special session on real parameter optimization[J]. Journal of Heuristics, 2009, 15: 617-644.

[239] GARCÍA S, FERNÁNDEZ A, LUENGO J, et al. A study of statistical techniques and performance measures for genetics-based machine learning: accuracy and interpretability[J]. Soft Computing, 2009, 13(10): 959-977.

[240] GARCÍA S, FERNÁNDEZ A, LUENGO J, et al. Advanced nonparametric tests for multiple comparisons in the design of experiments in computational intelligence and data mining: Experimental analysis of power[J]. Information Sciences, 2010, 180(10): 2044-2064.

[241] SU C T, HSU J H. An extended chi2 algorithm for discretization of real value attributes[J]. IEEE Transactions on Knowledge and Data Engineering, 2005, 17(3): 437-441.

[242] YU E L, SUGANTHAN P N. Ensemble of niching algorithms[J]. Information Sciences, 2010,

180(15): 2815-2833.

[243] CEDEÑO W, VEMURI V R, SLEZAK T. Multiniche crowding in genetic algorithms and its application to the assembly of DNA restriction-fragments[J]. Evolutionary Computation, 1994, 2(4): 321-345.

[244] DELLA CIOPPA A, DE STEFANO C, MARCELLI A. Where are the niches? Dynamic fitness sharing[J]. IEEE Transactions on Evolutionary Computation, 2007, 11(4): 453-465.

[245] KIM J K, CHO D H, JUNG H K, et al. Niching genetic algorithm adopting restricted competition selection combined with pattern search method[J]. IEEE Transactions on Magnetics, 2002, 38(2): 1001-1004.

[246] HARIK G R. Finding multimodal solutions using restricted tournament selection[C]. Proceedings of the International Computer Games Association, 1995, 24-31.

[247] HAMMING R W. Error detecting and error correcting codes[J]. The Bell System Technical Journal, 1950, 29(2): 147-160.

[248] ASUNCION A, NEWMAN D. UCI machine learning repository[EB/OL]. 2007. http://archive.ics.uci.edu/mi/.

[249] BUTZ M V, GOLDBERG D E, THARAKUNNEL K. Analysis and improvement of fitness exploitation in XCS: Bounding models, tournament selection, and bilateral accuracy[J]. Evolutionary Computation, 2003, 11(3): 239-277.

[250] WITTEN I H, FRANK E. Data mining: practical machine learning tools and techniques with Java implementations[J]. Association for Computing Machinery Sigmod Record, 2002, 31(1): 76-77.

[251] FRANK E, WITTEN I H. Generating accurate rule sets without global optimization[C]. Proceedings of the 15th Machine Learning International Conference, 1998, 36: 144-151.

[252] CRISTIANINI N, SHAWE-TAYLOR J. An introduction to support vector machines and other kernel-based learning methods[M]. Cambridge: Cambridge University Press, 2000.

[253] LLORA X, SASTRY K. Fast rule matching for learning classifier systems via vector instructions[C]. Proceedings of the 8th Annual Conference on Genetic and Evolutionary Computation. 2006: 1513-1520.

[254] GUYON I, ELISSEEFF A. An introduction to variable and feature selection[J]. Journal of machine learning research, 2003, 3(3): 1157-1182.

[255] TUV E, BORISOV A, RUNGER G, et al. Feature selection with ensembles, artificial variables, and redundancy elimination[J]. Journal of Machine Learning Research, 2009, 10(12): 1341-1366.

[256] GUYON I, SAFFARI A, DROR G, et al. Model selection: beyond the bayesian/frequentist divide[J]. Journal of Machine Learning Research, 2010, 11(1): 61-87.

[257] WESTON J, MUKHERJEE S, CHAPELLE O, et al. Feature Selection for SVMs[C].

Proceedings of the 22nd Advances in Neural Information Processing Systems，2009：526-532.

[258] PELLET J P，ELISSEEFF A. Using Markov blankets for causal structure learning[J]. Journal of Machine Learning Research，2008，9(7)：1295-1342.

[259] ALIFERIS C F，STATNIKOV A，TSAMARDINOS I，et al. Local causal and Markov blanket induction for causal discovery and feature selection for classification part I：algorithms and empirical evaluation[J]. Journal of Machine Learning Research，2010，11(1)：171-234.

[260] ABEDINI M，KIRLEY M. CoXCS：A coevolutionary learning classifier based on feature space partitioning[C]. Proceedings of the 22nd Australasian Conference on Artificial Intelligence，2009：360-369.

[261] ABEDINI M，KIRLEY M. A multiple population XCS：evolving condition-action rules based on feature space partitions [C]. Proceedings of the 12th IEEE Congress on Evolutionary Computation，2010：1-8.

[262] PEARL J. Probabilistic reasoning in intelligent systems：networks of plausible inference[M]. Burlington：Morgan Kaufmann Publishers，1991.

[263] ROBNIK-ŠIKONJA M，KONONENKO I. Theoretical and empirical analysis of ReliefF and RReliefF[J]. Machine Learning，2003，53(1-2)：23-69.

[264] DIETTERICH T G，BAKIRI G. Solving multiclass learning problems via error-correcting output codes[J]. Journal of Artificial Intelligence Research，1994，2(1)：263-286.

[265] CRAMMER K，SINGER Y. On the learn ability and design of output codes for multiclass problems[J]. Machine Learning，2002，47(2-3)：201-233.

[266] PUJOL O，RADEVA P，VITRIA J. Discriminant ECOC：A heuristic method for application dependent design of error correcting output codes[J]. IEEE Transactions on Pattern Analysis and Machine Intelligence，2006，28(6)：1007-1012.

[267] PUJOL O，ESCALERA S，RADEVA P. An incremental node embedding technique for error correcting output codes[J]. Pattern Recognition，2008，41(2)：713-725.

[268] KUNCHEVA L I. Using diversity measures for generating error-correcting output codes in classifier ensembles[J]. Pattern Recognition Letters，2005，26(1)：83-90.

[269] GARCÍA-PEDRAJAS N，FYFE C. Evolving output codes for multiclass problems[J]. IEEE Transactions on Evolutionary Computation，2008，12(1)：93-106.

[270] GARCÍA-PEDRAJAS N，ORTIZ-BOYER D. An empirical study of binary classifier fusion methods for multiclass classification[J]. Information Fusion，2011，12(2)：111-130.

[271] RIFKIN R，KLAUTAU A. In defense of one-vs-all classification [J]. Journal of Machine Learning Research，2004，5：101-141.

[272] MASULLI F，VALENTINI G. Effectiveness of error correcting output codes in multiclass learning problems[C]. Proceedings of the 1st Multiple Classifier Systems：First International Workshop，2000：107-116.

［273］ YULE G U. On the association of attributes in statistics: with illustrations from the material of the childhood society［J］. Philosophical Transactions of the Royal Society of London（Series A），1900，194：257-319.

［274］ KUNCHEVA L I，WHITAKER C J. Measures of diversity in classifier ensembles and their relationship with the ensemble accuracy［J］. Machine Learning，2003，51（2）：181.

［275］ HALKIDI M，BATISTAKIS Y，VAZIRGIANNIS M. Clustering validity checking methods: part Ⅰ［J］. Association for Computing Machinery Sigmod Record，2002，31（2）：40-45.

［276］ HALKIDI M，BATISTAKIS Y，VAZIRGIANNIS M. Clustering validity checking methods: part Ⅱ［J］. Association for Computing Machinery Sigmod Record，2002，31（3）：19-27.

［277］ BEZDEK J C，PAL N R. Some new indexes of cluster validity［J］. IEEE Transactions on Systems，Man，and Cybernetics，1998，28（3）：301-315.

［278］ ALLWEIN E L，SCHAPIRE R E，SINGER Y. Reducing multiclass to binary: a unifying approach for margin classifiers［J］. Journal of Machine Learning Research，2000，1（12）：113-141.

［279］ WINDEATT T，GHADERI R. Coding and decoding strategies for multi-class learning problems［J］. Information Fusion，2003，4（1）：11-21.

［280］ GHADERI R，WINDEATT T. Least squares and estimation measures via error correcting output code［C］. Proceedings of the Multiple Classifier Systems: Second International Workshop，2001：148-157.

附录 A　缩　略　语

1-NN　1-Nearest Neighbor Rule　单近邻规则

ACO　Ant Colony Optimization　蚁群优化

ADI　Adaptive Discretization Interval　自适应离散化区间

ADP　Additively Decomposable Problem　加性可分解问题

AI　Artificial Intelligence　人工智能

AIS　Artificial Immune System　人工免疫系统

ANN　Artificial Neural Network　人工神经网络

BBH　Building Blocks Hypothesis　建筑块假设

BDM　Bayesian-Dirichlet Metric　BD 度量

BIC　Bayesian Information Criterion　贝叶斯信息准则

BM　Bitwise flipping Mutation　逐位翻转变异

BMDA　Bivariate Marginal Distribution Algorithm　双变量边缘分布算法

BOA　Bayesian Optimization Algorithm　贝叶斯优化算法

BTS　Binary Tournament Selection　基于二人锦标赛的选择

BV　Belief Vector　置信向量

CEA　Co-Evolutionary Algorithm　协同进化算法

CGA　Compact Genetic Algorithm　紧致遗传算法

cGABV　Compact Genetic Algorithm using Belief Vector　基于置信向量的紧致遗传算法

CGC　Concept-Guided Combination　概念引导组合

CNF　Conjunctive Normal Form　合取范式

CO　Combinatorial Optimization　组合优化

CoCEA　Cooperative Co-Evolutionary Algorithm　合作型协同进化算法

CoCoLCS _ MFS　Cooperative Co-evolutionary Pittsburgh Learning Classifier System embedded with Memetic Feature Selection　内嵌特征选择的学习分类器算法

ComCEA　Competitive Co-Evolutionary Algorithm　竞争型协同进化算法

CoXCS　Cooperative Coevolution eXtended Classifier System　多种群协同进化的学习分类器

CP　Critical Path　关键路径

DAG   Directed Acyclic Graph   有向无环图

DE   Differential Evolution   差分进化

DL   Deep Learning   深度学习

DM   Data Mining   数据挖掘

DNF   Disjunctive Normal Form   析取范式

DT   Decision Tree   决策树

EA   Evolutionary Algorithm   演化算法

EBNA   Estimation of Bayesian Network Algorithm   贝叶斯网络估计算法

EC   Evolutionary Computation   演化计算

ECGA   Extended Compact Genetic Algorithm   扩展紧致遗传算法

ECOC   Error-Correcting Output Coding   纠错输出编码

ECOC-ONE   Error-Correcting Output Code with One-vs-the-rest   一对多纠错输出码

EDA   Estimation of Distribution Algorithm   分布估计算法

EECOC   Ensemble of Error-Correcting Output Code   纠错输出码集成

EP   Evolutionary Programming   进化编程

EP   External Population   外部种群

ERS   Elitism Replacement Strategy   精英替换策略

ES   Evolution Strategy   进化策略

FDA   Factorized Distribution Algorithm   因子分解分布算法

FS   Feature Selection   特征选择

GA   Genetic Algorithm   遗传算法

GABIL   Genetic Algorithm based Batch-Incremental concept Learner   批量增量概念学习器的遗传算法

GAssist   Genetic Algorithm based classifier system   基于分类系统的遗传算法

GBML   Genetic-Based Machine Learning   基于遗传的机器学习

GIL   Genetic-Based Inductive Learning   基于基因的归纳学习

GLS   Genetic Local Searcher   基于进化的局部搜索算子

GP   Genetic Programming   遗传编程

GS   Greedy Strategy   贪心策略

GVNS   Genetic Variable Neighborhood Search   遗传变量邻域搜索算法

HA   Heuristic Algorithm   启发式算法

HEFT   Heterogeneous Earliest Finish Time   异构最早完成时间

HGA　Hybrid Genetic Algorithm　混合式遗传算法

IBL　Instance-Based Learner　基于实例的学习方法

IFS　Improvement First Strategy　改进优先策略

IG　InfoGain　信息增益

KDD　Knowledge Discovery from Data　从数据中发现知识

KNN　k-Nearest Neighbor　k 近邻算法

L1BOA　L1-regularized Bayesian network-based distribution estimation algorithm　基于 L1 正则化贝叶斯网络的分布估计算法

LCS　Learning Classifier System　学习分类器

LDCP　Longest Dynamic Critical Path　最长动态关键路径

LGA　Lamarckian Genetic Algorithm　拉马克式遗传算法

MA　Memetic Algorithm　Memetic 算法

MDL　Minimum Description Length　最小描述长度

MEDA　Multivariate Estimation of Distribution Algorithm　多变量分布估计算法

MFS　Memetic Algorithm-based Hybrid Wrapper-Filter Feature Selection Approach　基于 MA 的混合式 Wrapper-Filter 特征选择方法

MIMIC　Mutual Information Maximization for Input Clustering　互信息最大化输入聚类算法

ML　Machine Learning　机器学习

MMDA　Multivariate Marginal Distribution Algorithm　多变量边缘分布算法

MOEA/D　Multi-Objective Evolutionary Algorithm based on Adaptive Decomposition　基于分解的多目标演化算法

NB　Naive Bayes　朴素贝叶斯分类器

NSGA-Ⅱ　Non-dominated Sorting Genetic Algorithm-version Ⅱ　非支配排序遗传算法版本Ⅱ

OR　Operations Research　运筹学

PBIL　Population-Based Incremental Learning　基于种群的增量学习算法

PBM　Population-based Method　基于种群的方法

PCA　Principal Component Analysis　主成分分析

pLCS_L1BOA　Probabilistic Learning Classifier System based on L1 BOA　基于 L1BOA 的概率学习分类器系统

PMBGA　Probabilistic Model-Building Genetic Algorithm　基于概率建模的遗传算法

PR   Pattern Recognition   模式识别

PSO   Particle Swarm Optimization   粒子群优化

QEA   Quantum-inspired Evolutionary Algorithm   量子演化算法

QEALL   Quantum-inspired Evolutionary Algorithm with Linkage Learning   带有链接学习的量子演化算法

RF   ReliefF   Relief 特征选择算法

RL   Reinforcement Learning   强化学习

RSPC   Random Single-Point Crossover   随机单点交叉

RTR   Restricted Tournament Replacement   受限锦标赛替换

SA   Simulated Annealing   模拟退火算法

SBE   Sequential Backward Elimination   顺序后向消除法

SCQGA   Single-Chromosome Quantum Genetic Algorithm   单体量子遗传算法

SFS   Sequential Forward Selection   顺序前向选择法

SHCLVND   Stochastic Hill Climbing with Learning by Vectors of Normal Distribution   基于正态分布向量学习的随机爬山算法

SL   Supervised Learning   有监督学习

s-MEDA/D   scale Adaptive Decomposition based Multi-objective Estimation of Distribution Algorithm   基于问题规模自适应分解的多目标分布估计算法

SSGA   Steady State Genetic Algorithm   稳态遗传算法

ST   Schema Theorem   模式定理

SVM   Support Vector Machine   支持向量机

THEDA   Two-level Hierarchical Estimation of Distribution Algorithm   两层分布估计算法

TS   Tabu Search   禁忌搜索

UCS   sUpervised Classifier System   监督分类器系统

UEBNA   Unsupervised Estimation of Bayesian Network Algorithm   贝叶斯网络非监督估计算法

UEDA   Univariate Estimation of Distribution Algorithm   单变量分布估计算法

UL   Unsupervised Learning   无监督学习

UMDA   Univariate Marginal Distribution Algorithm   单变量边缘分布算法

VNS   Variable Neighborhood Search   变邻域搜索

XCS   eXtended Classifier System   扩展分类器系统

图 索 引

表 索 引